# GLOBAL CHANGE

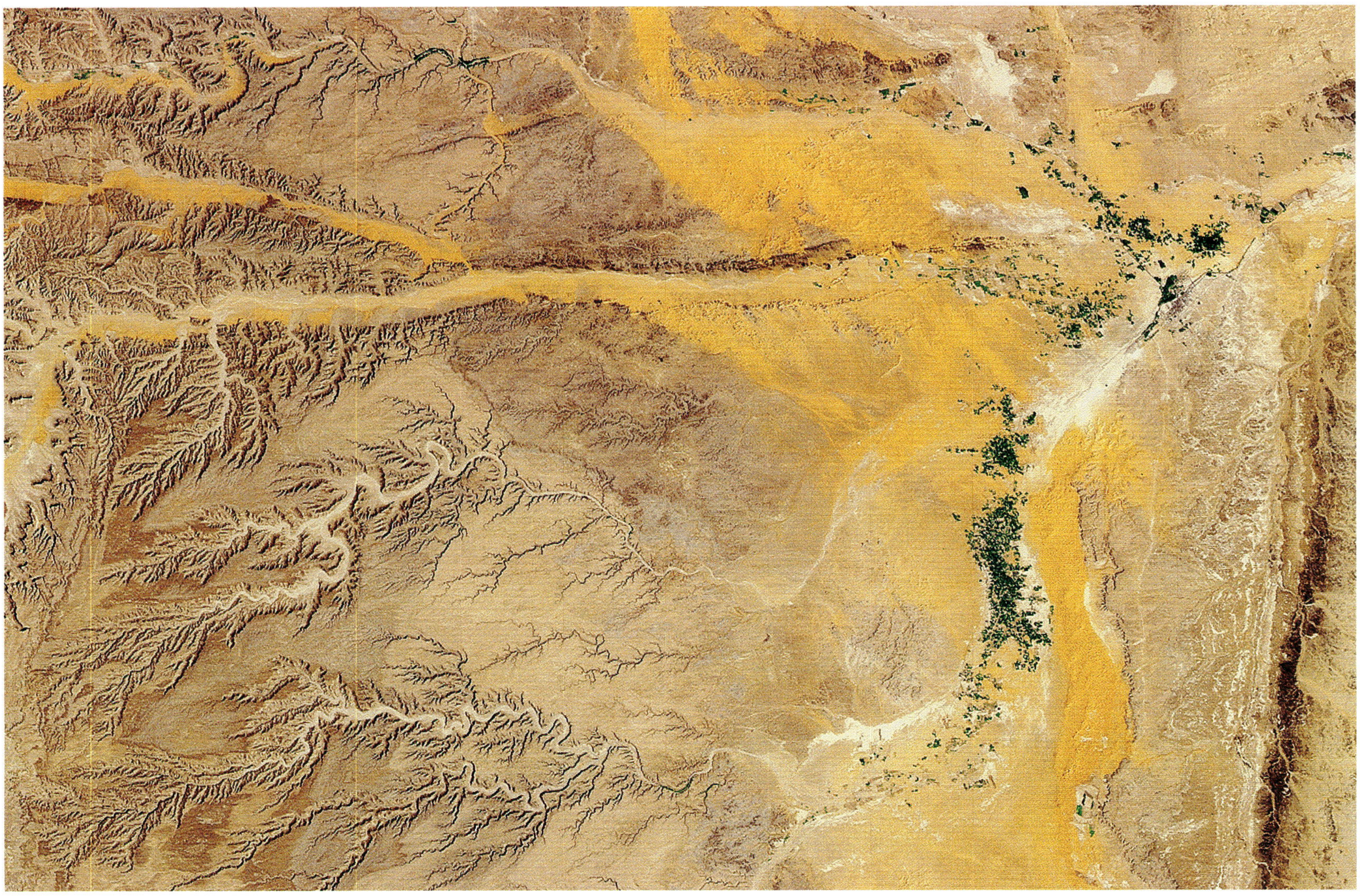
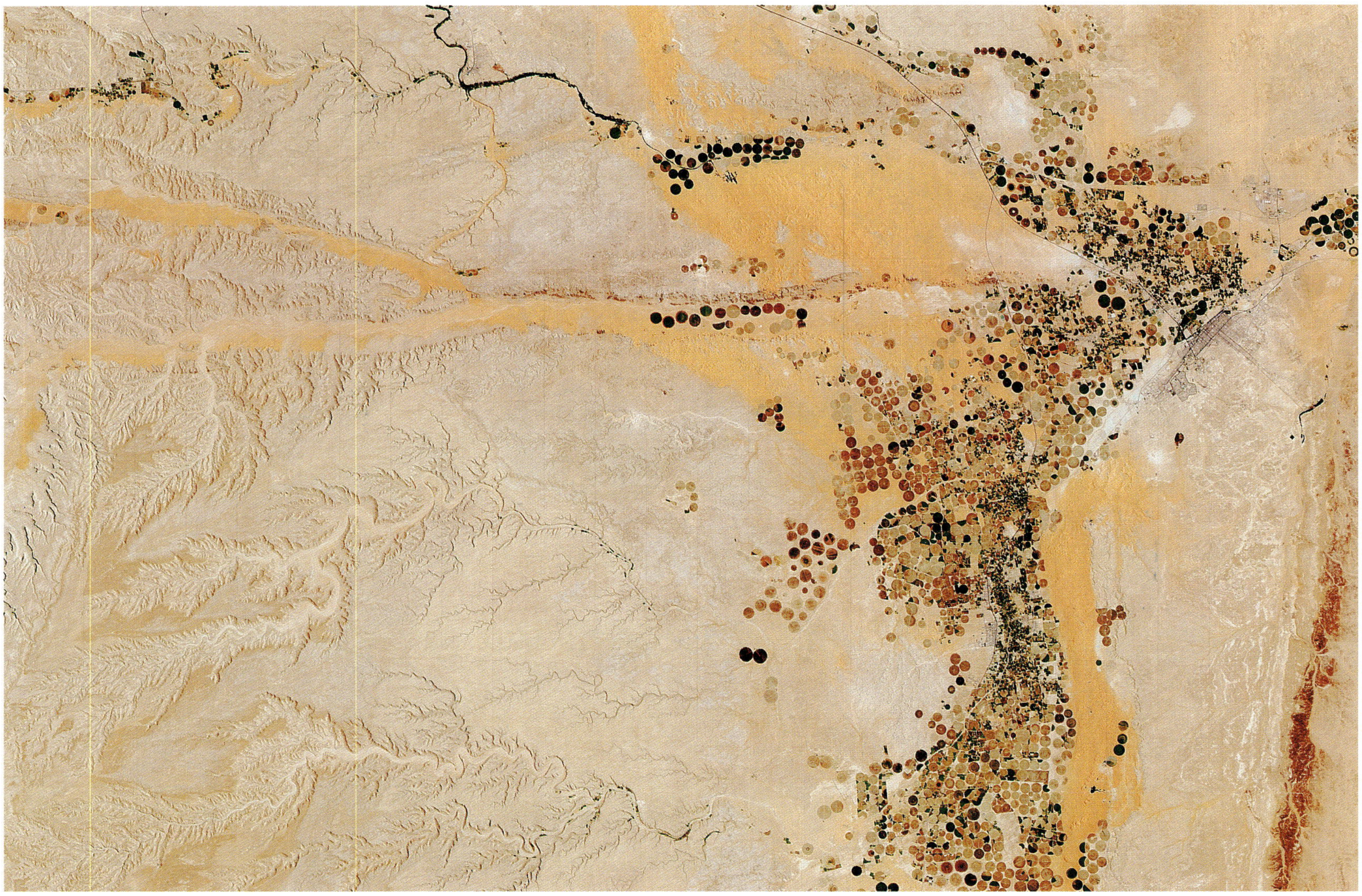

# GEO

# GLOBAL CHANGE

Satellitenbilder dokumentieren,
wie sich die Welt verändert

Herausgegeben von Lothar Beckel

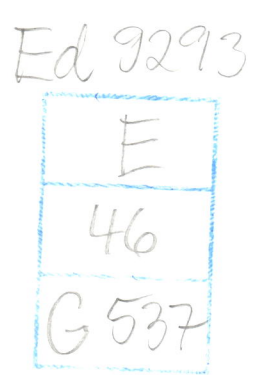

RV Verlag

**Die Autoren**
Univ.-Doz. Dr. Lothar Beckel, Bad Ischl (Seite 14–17, 42–47)
Dr. Ambros Brucker, Lochham (Seite 18–25, 28–31, 34–41, 50/51, 54–59, 62–67, 70–81, 90–93, 96/97,
102–105, 108/109, 114–117, 126/127, 130–147, 152/153, 158/159)
Michael Neumann-Adrian, Feldafing (Seite 8–13)
Prof. Dr. Dr. Ulrich Pietrusky, Ortenburg (Seite 32/33, 110–113, 124/125, 128/129)
Dr. Bernhard Raster, Inning (Seite 48/49, 52/53, 60/61, 86–89, 94/95, 98–101, 118–123, 148/149, 154/155)
Dipl.-Hdl. Alexander Siegmund, Mannheim (Seite 68/69)

Frontispiz: Zweimal die Umgebung der Oase al-Harg in Saudi-Arabien: Das Satellitenbild oben zeigt die
Oase im Jahr 1973, im Bild unten ist der Zustand im Jahr 1989 dargestellt. Deutlich ist die Entwicklung der
Oase in den 16 Jahren zu erkennen: Aus der kleinen, dicht gedrängten Oase mit ihren Fruchtflächen,
die sich großenteils punktuell um Grundwasserbrunnen konzentrieren, ist eine weitgespannte landwirtschaftlich genutzte Flur geworden, die mit der modernen Technik der Kreisregner-Anlagen der Wüste
abgerungen wurde (siehe auch Seite 120/121).

© 1996 RV Reise- und Verkehrsverlag GmbH, München, Stuttgart
© Satellitenbilddaten: Canadian Space Agency, Montreal; Centre Nationale d'Études Spatiales (CNES),
Toulouse; Deutsche Forschungsanstalt für Luft- und Raumfahrt e. V. (DLR), Oberpfaffenhofen; Earth
Observation Satellite Company (EOSAT), Lanham; Energy, Mines and Resources Canada, Federal
Department of Canada, Ottawa; EROS Data Center, U. S. Geological Survey, Sioux Falls; Eurimage, Rom;
European Space Agency (ESA), Paris; European Space Operations Center (der ESA; ESOC), Darmstadt;
European Space Research Institute (der ESA; ESRIN), Frascati; Geospace, Beckel Satellitenbilddaten
GmbH, Salzburg; Hydrometeorological Institute, Prag; Instituto Nacional de Pesquisas Espacias (INPE),
Sao José dos Campos; National Aeronautics and Space Administration (NASA), Houston; National
Environmental Satellite, Data and Information Service (der NOAA; NESDIS), Boulder; National Oceanic
and Atmospheric Administration (NOAA), Boulder; Spacetec, Tromsö; Tom van Sant Inc., Santa
Monica; Universität Bern; World-Sat International Inc., Mississauga

Alle Rechte vorbehalten. Reproduktionen, Speicherung in Datenverarbeitungsanlagen oder Netzwerken,
Wiedergabe auf elektronischen, fotomechanischen oder ähnlichen Wegen, Funk oder Vortrag – auch
auszugsweise – nur mit ausdrücklicher Genehmigung des Copyrightinhabers.

**Konzeption:** Carlo Lauer, Prisma Verlag GmbH, München
**Redaktion und Koordination:** Karl-Heinz Schuster, Prisma Verlag GmbH, München
**Redaktionelle Mitarbeit:** Raphaela Moczynski, München
**Buchgestaltung:** Hubert K. Hepfinger, Freising
**Produktion:** Wolfgang Mudrak, Prisma Verlag GmbH, München
**Umschlaggestaltung:** Studio Schübel, München
**Kartographie:** Geo Data

**Datenauswahl und Datenaufbereitung der Satellitenbildkarten:** Dipl.-Geogr. Jürgen Janoth, Geospace,
Beckel Satellitenbilddaten GmbH, Salzburg
**Digitale Verarbeitung der Satellitenbilder:** Dr. Markus Eisl, Dipl.-Geogr. Jürgen Janoth, Dipl.-Ing.
Gerald Mansberger, Gerald Ziegler, Geospace, Beckel Satellitenbilddaten GmbH, Salzburg
**GIS-Anwendungen:** Mag. Ursula Empl, Franz Gütl, Dipl.-Geogr. Jürgen Janoth, Dipl.-Ing. Werner
Schnetzer, Geospace, Beckel Satellitenbilddaten GmbH, Salzburg

**Layoutrealisation und Satz:** Typographischer Betrieb Walter Biering, Hans Numberger, München
**Lithographie:** Worldscan, München
**Druck und Verarbeitung:** Interdruck Graphischer Großbetrieb GmbH, Hohenossig

Printed in Germany
ISBN 3-575-11794-2

1 2 3 4 5 00 99 98 97 96

# Vorwort

»Global Change«, »Think Global – Act Local« (Denke global – Agiere lokal), »One Earth – One Environment« (Eine Erde – Ein Lebensraum), »Global Village« (Unsere Erde – Ein gemeinsames Dorf), »Globalisierung« und noch andere Schlagworte sind nach der früher gern gebrauchten Aufforderung zum »Umdenken« in den letzten Jahren in den allgemeinen Sprachgebrauch eingeflossen.

In ihnen kommt die weltweite Erkenntnis zum Ausdruck, daß sich auf unserer Erde die Verhältnisse in jeder Beziehung mit zunehmender Geschwindigkeit ändern. Bevölkerungswachstum und -mobilität, Wirtschaftsstrukturen, Kultur und politische Gegebenheiten sind beispielsweise Bestandteile dieser sich ständig gegenseitig beeinflussenden Veränderungen. Wesentliche Ursachen liegen unter anderem in der immer dichter werdenden weltweiten wirtschaftlichen Verknüpfung, der Bildungs- und Wissensexplosion, der scheinbaren Allmacht der Technik, der Geschwindigkeit der Daten- und Informationsübertragung sowie in der Befreiung nahezu aller Kulturen von alten Strukturen. Damit entsteht ein kaum überblickbarer und nicht mehr beherrschbarer Druck auf die natürlichen Ressourcen, von denen unser Sein abhängt.

Es ist eine Frage der Erziehung, des Verständnisses, der (Herzens-) Bildung und damit des Ego, bis zu welchem Grad man dazu bereit ist, sich zur Erhaltung des Wunders unseres »blauen Planeten« und damit unserer Zukunft zu engagieren oder ob man die oben genannten Schlagworte nur im Munde führt.

Worauf gründet sich die immer größer werdende Besorgnis um unsere Erde? Und worauf gründet sich die Erkenntnis, daß sich die Lebensbedingungen allenthalben verschlechtern, daß es um die Natur, in der wir leben und von der wir abhängig sind, nicht mehr gut steht, daß unser »Raumschiff Erde« ein überaus verletzliches, geschlossenes System ist, mit einer dünnen Schicht sehr empfindlicher, aber höchst lebensnotwendiger Atmosphäre, und mit einer noch dünneren Schicht Boden, der die Quelle unserer Nahrungsmittel und unseres Wassers ist, das vielerorts bereits zur Mangelware geworden ist? Sie gründen sich nicht nur auf das gewachsene Problembewußtsein des einzelnen, sondern – vice versa – auch auf die öffentliche Diskussion vor allem durch die Medien.

Einen wesentlichen Teil der Erkenntnisse und ihre objektive Messung verdanken wir der Raumfahrt, deren Nutzen oft in Frage gestellt wurde. Nur sie ermöglicht es uns jedoch, die Erde von außen – mit Abstand – zu betrachten. Mit Hilfe der Raumfahrttechnik läßt sich die Gesamtheit der Erde und vor allem ihre Empfindlichkeit erfassen, und es läßt sich feststellen, ob es sich bei Veränderungen um naturgegebene zyklische Schwankungen oder um Katastrophen handelt, die vom Menschen eingeleitet wurden. Die Ergebnisse dieser Betrachtungen eröffnen Möglichkeiten zur Problemlösung und zur Bewußtseinsbildung.

»Nur wer Abstand nimmt, kommt einer Sache näher«, schreibt Johannes Koren in einem seiner Bücher, das regionale Luftaufnahmen zum Thema hat; und Satellitenaufnahmen stellen das erweiterte Instrument zur globalen Betrachtung dar.

Intention des vorliegenden Atlas ist es, das Bewußtsein zu fördern und das Verständnis zu schärfen für die naturgegebenen Vorgänge und die Folgewirkungen menschlicher Eingriffe in den Naturhaushalt. Gleichzeitig soll er die Faszination vermitteln, die der Blick aus dem Weltraum auf die Erde mit ihrer Vielfalt an Landschaften, Strukturen, Formen und Farben bereithält.

Der Gedanke zu diesem Atlas entstand während einer Sitzung der Europäischen Weltraumorganisation ESA, als die Mitglieder der kanadischen Delegation des Canada Center of Remote Sensing (CCRS) ihr Vorhaben zu einer »Interactive Global Change Encyclopedia«, kurz »Geoscope« genannt, präsentierten. Hierbei sollten die Ergebnisse globaler und regionaler erdbeobachtender Weltraumforschung, die weltweit betrieben wird, auf einem digitalen Informationsträger zusammengefaßt werden, um sie der Allgemeinheit präsentieren zu können. Der Vorschlag, diese digitalen Daten in ein Buch umzusetzen, kam von einem Teilnehmer der deutschen Delegation, von Prof. Dr. Rudolf Winter, der inzwischen die Stelle des Direktors des Space Application Institute am Joint Research Center der Europäischen Kommission bekleidet.

Das CCRS erklärte sich spontan bereit, das Material dafür zur Verfügung zu stellen; Geospace, Salzburg, übernahm seine Verarbeitung. In der Folge entwickelte sich eine intensive und fruchtbare Zusammenarbeit zwischen Geospace und der CCRS, namentlich mit Josef Cihlar und Anne Botman, die das »Geoscope«-Projekt betreute. Vieles, das sich für eine Umsetzung zu einem Buch nicht eignete oder seinen Rahmen gesprengt hätte, wurde weggelassen, anderes wurde hinzugefügt, so daß schließlich ein eigenständiges Produkt begann, Gestalt anzunehmen.

Um die digitalen Informationen in reproduktionsfähige Formen zu bringen, waren Hunderte Stunden an Computerarbeit unter Nutzung der digitalen Bildverarbeitung, der digitalen Kartographie und des Einsatzes geographischer Informationssysteme notwendig; sie wurden in hervorragender Weise von Geospace-Mitarbeitern geleistet: Jürgen Janoth (kartographische Gestaltung), Gerald Mansberger und Gerald Ziegler (Bildverarbeitung). Die Grundlagen für die globalen Darstellungen lieferten die Satellitendaten-Mosaike von Tom van Sant und Bob Stacey; die Daten für die lokalen Darstellungen stammen von ESA, EOSAT, Eurimage und Spot Image.

Möglich wurden die gesamten Arbeiten jedoch erst durch die Unterstützung des Österreichischen Bundesministeriums für Wissenschaft und Forschung, Wien, das dieses Vorhaben im Rahmen eines Kooperationsabkommens mit Kanada großzügig förderte; für das Projekt verantwortlich zeichnete Ministerialrat Dipl.-Ing. Otto Zellhofer.

Was nützten aber die gesamten Anstrengungen ohne einen Verleger? Der Atlas käme nie zustande. Die in jahrelanger, freundschaftlicher und in vielen gemeinsamen Buchprojekten bewährte Zusammenarbeit mit dem Prisma Verlag, München, kam auch hier wieder zum Tragen: Verlagsleiter Carlo Lauer und Redakteur Karl-Heinz Schuster unterstützten das Vorhaben nachhaltig und machten es mit ihrem Einsatz und ihrem bibliophilen Enthusiasmus zu dem Atlas, den Sie, verehrte Leser, nun in Händen halten.

Den genannten Kooperationspartnern wie allen Textautoren, die auf Seite 4 genannt sind, sowie allen anderen Mitarbeitern, die dazu beigetragen haben, diesen Atlas zu realisieren, danke ich als Herausgeber ganz besonders herzlich, und Ihnen als Leser wünsche ich viele anregende Stunden der Entdeckerfreude und des Vergnügens.

Salzburg, im Juli 1996 *Dr. Lothar Beckel*

# Inhalt

| | |
|---|---:|
| Vorwort | 5 |
| Die Menschheit und ihr Raumschiff Erde | 8 |
| Erdbeobachtung aus dem Weltraum | 14 |

| | |
|---|---:|
| **Die Erde aus dem Weltraum** | 18 |
| **Die Erde im Wandel der Tageszeiten** | 20 |
| **Die Erde im Wandel der Jahreszeiten** | 22 |
| **Der Siedlungs- und Wirtschaftsraum Erde** | 24 |
| **Das Relief der Erde** | 26 |
| **Das Relief des Meeresbodens** | 28 |
| **Die Plattentektonik** | 30 |
| Die San-Andreas-Verwerfung | 32 |
| **Erdbeben und Vulkanismus** | 34 |
| Der Mount Saint Helens | 36 |
| Hot Spots auf Hawaii | 38 |
| **Die atmosphärische Zirkulation** | 40 |
| **Die Ausbreitung der Wüsten** | 42 |
| Bedrohter Lebensraum Sahelzone | 44 |
| Der Tschadsee verlandet | 48 |
| **Die Wolkenverteilung** | 50 |
| Hurrikan »Andrew« über Florida | 52 |

*Algerien: Die zerklüfteten Tassili in der Sahara*

| | |
|---|---:|
| Krieg um Erdöl | 54 |
| **Die Niederschlagsverteilung** | 56 |
| **Die Sturmgefährdung auf der Erde** | 58 |
| Sandsturm über dem Golf | 60 |
| Überschwemmungsland Bangladesh | 62 |
| **Das Ozonloch über der südlichen Hemisphäre** | 64 |
| **Das Ozonloch über der nördlichen Hemisphäre** | 66 |
| Das Ozon – in Bodennähe zuviel, in der Höhe immer weniger | 68 |
| **Die Temperaturverteilung** | 70 |
| Südföhn in den Alpen | 72 |
| **Globaler Wandel bei doppeltem $CO_2$-Gehalt im Simulationsmodell** | 74 |
| Rückzug der Inlandsgletscher: Der Großglockner | 76 |
| **Windgeschwindigkeiten über den Ozeanen** | 78 |
| **Die Wellenhöhe der Ozeane** | 80 |
| **Die Temperaturverteilung auf der Meeresoberfläche im Sommer** | 82 |
| **Die Temperaturverteilung auf der Meeresoberfläche im Winter** | 84 |
| Das El-Niño-Phänomen | 86 |

*Das Mündungsdelta des Mississippi im Golf von Mexiko*

| | |
|---|---|
| Eis im Nordpolarmeer | 88 |
| **Verteilung des Phytoplanktons in den Ozeanen** | 90 |
| Ebbe und Flut im Wattenmeer | 92 |
| Algenteppich in der Adria | 94 |
| **Die Meeresströmungen** | 96 |
| Der Golfstrom | 98 |
| Tankerunfall vor der nordspanischen Küste | 100 |
| **Die Ausbreitung der Schneedecke auf der nördlichen Hemisphäre** | 102 |
| **Die Ausdehnung des Meereises in der Antarktis** | 104 |
| **Die Landschaftsgürtel der Erde** | 106 |
| **Die Verteilung der Vegetation** | 108 |
| Agrarkolonisation in Rondonia/Brasilien | 110 |
| Rodungen in der Taiga Rußlands | 114 |
| Waldbrände in der Mandschurei | 116 |
| Bodenerosion in den Bad Lands | 118 |
| Künstliche Bewässerung in Saudi-Arabien | 120 |
| Bedrohte Korallenriffe | 122 |

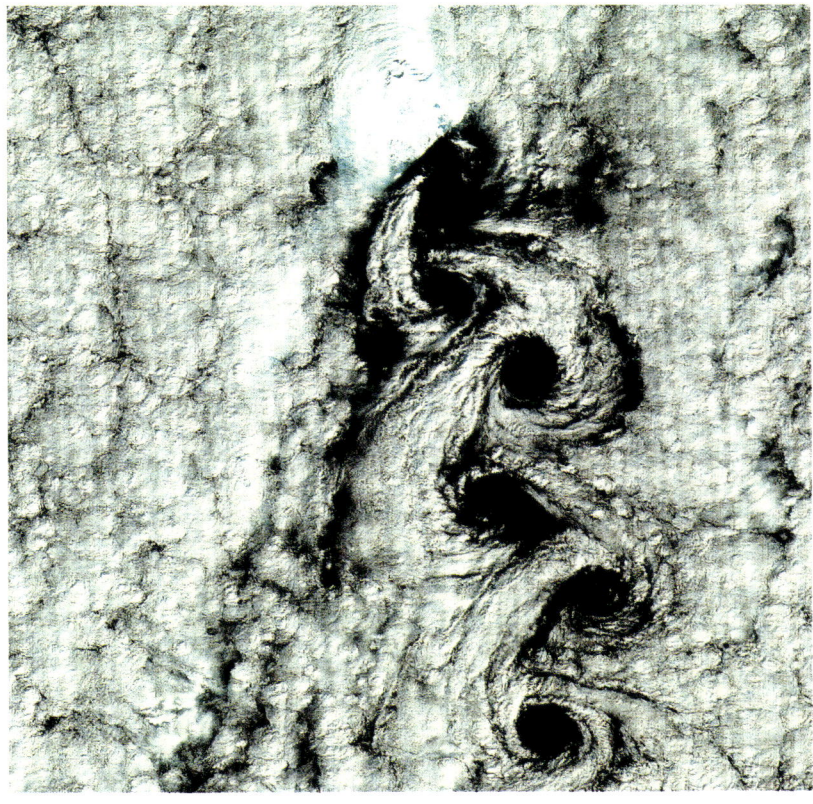

*Wolkenwirbel über Jan Mayen im Nordatlantik*

| | |
|---|---|
| Das weltgrößte Wasserkraftwerk | 124 |
| Die Verlandung des Aralsees | 126 |
| Agglomeration Mexico City | 128 |

| | |
|---|---|
| **Europa aus dem Weltraum** | 130 |
| **Der Siedlungs- und Wirtschaftsraum Europa** | 132 |
| **Digitales Geländemodell Europas** | 134 |
| **Digitales Geländemodell der Alpen** | 136 |
| Bergsturz an der Bischofsmütze | 138 |
| **Alpen: Vergletscherung während der Rißeiszeit** | 140 |
| Der Aletschgletscher | 142 |
| **Das Gewässernetz Europas** | 144 |
| Niederlande: Kampf gegen Meer und Hochwasser | 146 |
| Wasserbau-Projekt an der Donau | 148 |
| **Temperatur- und Niederschlagsverteilung** | 150 |
| Luftverschmutzung im Ruhrgebiet | 152 |
| Luftverschmutzung durch Flugverkehr | 154 |
| **Der Waldbestand** | 156 |
| Waldschäden im Erzgebirge | 158 |
| Bildnachweis, Satellitenbilddaten | 160 |

*Hurrikan »Fefa« über dem Pazifik im August 1991*

## Einführung

# Die Menschheit und ihr Raumschiff Erde

Kaum waren die ersten Russen und Amerikaner in den Wostok- und Apollo-Raumfahrzeugen zu ihren Missionen gestartet – damals in den sechziger und siebziger Jahren, rund um die Erde und zum Mond –, gingen einigen Erdbewohnern die Augen auf: Unser Planet ist selbst eine Art Raumschiff! Und: Wir sitzen alle im selben Raumschiff. Barbara Ward, eine amerikanische Wissenschaftlerin, definierte die neue Befindlichkeit: »Die moderne Naturwissenschaft und Technologie haben ein derart engmaschiges Netzwerk von Kommunikation, Verkehr sowie wirtschaftlicher Abhängigkeit – und potentieller atomarer Vernichtung – geschaffen, daß der Planet Erde auf seiner Reise durch die Unendlichkeit die Intimität, die Zusammengehörigkeit und Verwundbarkeit eines Raumschiffs erreicht hat.«

Vielleicht war die Welt ja schon vorher ein Dorf. Aber noch kein Mensch hatte das Weltdorf aus der Sternenperspektive erblickt. Technik ist äußerst effizient im Verkürzen von Entfernungen, im Beschleunigen von Verbindungen. Die Möglichkeit, Luftaufnahmen aus Ballons und Flugzeugen zu machen, war nur der erste große Schritt, um Überblick zu gewinnen.

*So alt ist der Planet schon, und so kurz erst währt das Dasein der Menschheit, ja die Existenz aller »höheren« Formen des Lebens! Im Meer begann Einzeller-Leben bereits in der ersten Jahrmilliarde, auf dem Land dagegen entwickelten sich Pflanzen und Tiere erst im letzten Zehntel der bisherigen Erdgeschichte.*

Eine neue transkontinentale, ja globale Qualität brachte die unaufhörliche Bilderflut aus den Funksignalen der Satellitenkameras. Diese Bilder, von denen man vor wenigen Jahrzehnten nur träumen konnte, zeigen die Kontinente vorm Horizont des Alls unter Tageslicht und im Nachtdunkel (das die Erde auf diesen Aufnahmen doch nicht in undurchdringliche Schwärze hüllt, Seite 20/21), sie zeigen den Sommer, wie er riesige Regionen rund um den Erdball austrocknet, und den Winter, wie er Schneebänder um die Erde legt (Seite 70/71 und Seite 102/103).

Je länger man auf diese Bilder schaut, auf Küsten, Gebirge, Kontinente, desto mehr glaubt man sich selbst in einer Raumkapsel unterwegs, in einer Umlaufbahn um den Planeten. Selbst in den verfremdeten Farben des vom Computer erzeugten Erdreliefs (Seite 26/27) ist die Schönheit des »blauen Planeten« erkennbar, die Vielfalt und der Reichtum seiner in undenklichen Zeiträumen gewachsenen Land-und-Meer-Gestalt. Wer viel gereist ist, sieht zugleich vor dem inneren Auge die Landschaften und Städte der Erde, die Fremde, die ihm vertraut geworden ist, und die Ferne, die ihm Fernweh macht.

Nicht erst seit gestern weiß der Homo sapiens, daß sein Heimatplanet ein vergleichsweise sandkornwinziges Objekt in einer Milchstraße ist, die sich über 100 000 Lichtjahre erstreckt. Jedes Lichtjahr, erinnern wir uns, entspricht der Entfernung von fast 10 Billionen oder 10 000 Milliarden Kilometern. Jetzt bringen die Satellitenkameras einen enormen Zugewinn an Einsichten über die planetarischen Wirkungszusammenhänge und Kreisläufe. Ein Beispiel, das wir täglich auf dem häuslichen Fernsehschirm wahrnehmen, ist die Wetterkarte. Die Vorhersagen sind verläßlicher geworden, und dank verminderter Fehlerquote dürfen sich die Meteorologen trauen, sie für mehrere Tage anzubieten.

**Warum Satellitenkameras sich auszahlen**

Das Beispiel der TV-Wetterkarte ist nur scheinbar banal. Denn das Klima ist ja ein dominanter Faktor für künftigen Wohlstand oder künftiges Elend der Erdbevölkerung. Die Ursachen von Klimaveränderungen zu kennen ist also von vitalem Interesse. Anders als bei der bemannten Raumfahrt, deren Verhältnis zwischen Preis und Leistung noch immer enttäuscht, hat sich der Aufwand für die Satellitenbilder von Wolken und Meeresströmungen, Wäldern und Wüsten schon gelohnt.

Riesig ist auch der Forschungsbedarf – für die Erkenntnis der Vergangenheit wie für die Konditionierung der Menschheit für die Zukunft. Weder weiß der Klimahistoriker auf die schlichte Frage nach den Ursachen der Eiszeiten eine überzeugende Antwort, noch hat die derzeit geführte Dis-

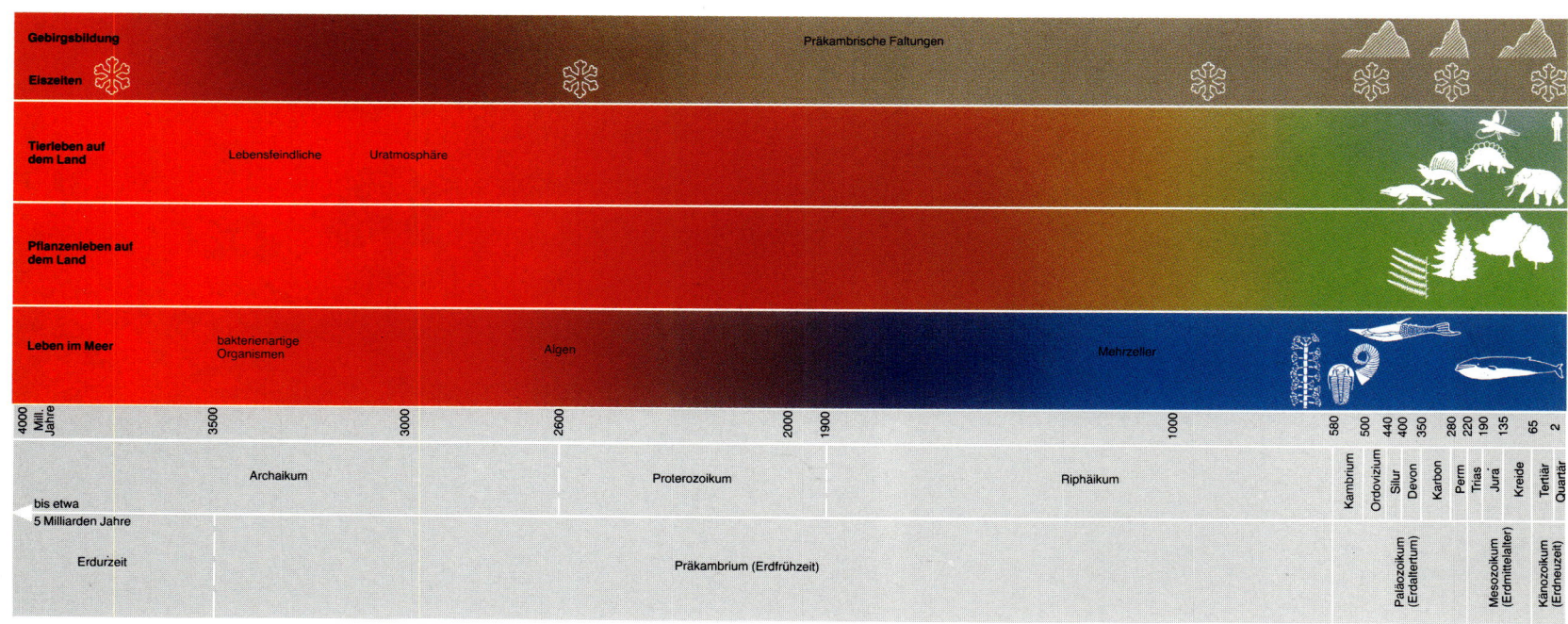

*Die Erde – ein Hitzespeicher! Rund um den Globus schleudern etwa 500 Vulkane mit mehr oder weniger langen Pausen glutflüssige Lava, Lapilli (= Gestein) und Asche aus. Zu den »Schildvulkanen« mit Eruptionen einer dünnflüssigen Lava, die flach geneigte Hänge entstehen läßt, gehört der Kilauea auf Hawaii.*

kussion um die Erwärmung der Erdatmosphäre – Stichwort »Klimakatastrophe« – auch nur annähernd Übereinstimmung erbracht.

Vom Raumschiff Erde zu sprechen, kann ja auch einen Irrtum nahelegen: daß nämlich die vernetzten Systeme des Planeten für die Experten so durchschaubar seien wie die Baupläne einer Rakete oder einer Raumstation. Technologischer Hochmut ist fehl am Platze. Jüngst kommentierte der Klimaforscher Hans-Joachim Schellnhuber in Potsdam den von Menschen gemachten, industriellen »Global Change« mit dem nüchternen Satz: »Wir sind bereits mit einem Flugzeug gestartet, dessen Bedienungsanleitung wir nicht kennen.«

### Wie lang sind viereinhalb Milliarden Jahre?

Das Staunen über den Planeten Erde wird so bald kein Ende haben. Staub und Gas waren am Anfang, sagen heute die meisten Astronomen. Aus einem rotierenden Urnebel, so beschrieb es in den fünfziger Jahren der Physiker und Philosoph Carl Friedrich von Weizsäcker, entstand in der Wechselwirkung von Materie, Schwerkraft, Fliehkraft und Hitze unsere Sonne mit ihren Planeten. Wenn die Schwerkraft den interstellaren Stoff verdichtete, können die Temperaturen infolge der Verdichtung so gewaltig angestiegen sein, daß sie atomare Kernfusionen auslösten. Diese wiederum, so folgerten andere Astronomen, setzten so gigantische Energiemengen

---

\* Die neun Planeten des Sonnensystems werden unterteilt in sonnennahe und sonnenferne. Jene, die der Sonne nahe sind – Merkur, Venus, Erde und Mars –, besitzen in ihrer Substanz einen höheren Anteil schwerer Elemente als jene auf sonnenfernen Bahnen, nämlich der Riese Jupiter, Saturn, Uranus, Neptun und der erst 1930 entdeckte Pluto.

---

frei, daß aus Eruptionen glühender Sonnengase die neun Planeten\* entstanden.

Oder war es noch anders? Man tut gut daran, aller Astronomen-Theorie nur mit Vorbehalt zu glauben. Wurde die interstellare Staub- und Gaswolke zu einer flachen, rotierenden Scheibe? In Jahrmillionen könnte sich in dieser Scheibe ein Zentrum mit konzentrischen Ringen gebildet haben, aus denen dann in einer langen Phase zahlloser Kollisionen mit Meteoriten die Planeten entstanden. Dafür spricht, daß die Planetenbahnen bis heute mit wenigen Grad Abweichung (und mit Ausnahme des Pluto) sämtlich in der Äquatorialebene der Sonne liegen.

Ein Beispiel dafür, wie heftig die Forschung in Bewegung ist, sind die Theorien über das Alter der Erde. Um 1950 berechnete es Weizsäcker nach der »radioaktiven Uhr« des Zerfalls von Uranatomkernen auf rund zwei Milliarden Jahre. Heute steht in den Lehrbüchern eine mehr als doppelt so große Zahl: Vor 4,5 Milliarden Jahre begann das geologische Zeitalter der Erde. Während der ersten anderthalb Milliarden bildete sich die feste Erdkruste. Ihre ältesten Gesteine dürften vor 3,6 Milliarden Jahren entstanden sein.

Dazu ein Denkmodell. Wer kann sich eine Zeitdauer von 50 000 Jahren vorstellen? Etwa so lange ist es her, seit aus der Homo-sapiens-Gruppe unser direkter Ahne hervortrat, den die Wissenschaft – in einem Anflug von Hochstapelei? – Homo sapiens sapiens genannt hat, den klugen und weisen Menschen. Rechnet man die 4,5 Milliarden Jahre Erdvergangenheit und die 50 000 Jahre des Homo sapiens sapiens auf die Dauer eines Kalenderjahrs um, dann schrumpft die 50 000-Jahr-Spanne auf nur 6 Minuten zusammen.

### Das Ei voll Glut und Spannung

In Jahrmilliarden ist die Erde nicht zu innerer Stabilität gekommen, und ein Ende der Unruhe ist nicht abzusehen. Unter der scheinbar verläßlichen Erdkruste – einer Gesteinsschicht, die unter den Kontinenten 30 Kilometer dick ist, unter jungen Faltengebirgen bis zu 70 Kilometer, unter Ozeanen aber nur 7 bis 13 Kilometer, vergleichsweise eierschalendünn – liegt der rund 2900 Kilometer dicke, bis zu 2000 Grad Celsius heiße Erdmantel. Die Tiefe der Erde ist weniger erforscht als der Weltraum. Im Erdkern werden Temperaturen bis zu 4000 Grad Celsius vermutet, seine Nickel-Eisen-Substanz dürfte teils – im äußeren Erdkern – flüssig, im inneren Erdkern bei hoher Dichte fest sein.

Nicht allein ihre innere Hitze macht die Erde unruhig, verursacht vulkanische Eruptionen und Erdbeben. Mächtige Erdinnenkräfte wirken auch im Bau der Erdkruste. Geographen sprechen von endogenen Kräften und der Tektonik. Die roten und gelben

## Einführung

Punkte der Karte »Erdbeben und Vulkanismus« (Seite 34/35) – Rot für Vulkane, Gelb für die sogenannten Hot Spots, die Stellen starker Wärmezufuhr an die Oberfläche – zeigen die Risikozonen der Erde. Die schweren Erdbeben werden fast immer von Plattenbewegungen der Erdkruste verursacht, die ihrerseits von Kräften im Erdmantel bewirkt werden. Nach der Mercalli-Skala der Erdbebenstärken ist auf unserer Karte die Zone schwerster Gefährdungen violett markiert, vom Mercalli-Grad IX und stärker, mit denen die verwüstenden und vernichtenden Beben markiert werden. Erdbeben können aber auch »menschengemacht« sein, beispielsweise durch das Auffüllen eines großen Stausees.

Nicht mehr ganz hilflos ist der Mensch Vulkanausbrüchen und Erdbeben ausgeliefert. In höchstgefährdeten Regionen wie Kalifornien, Japan und China hat die wissenschaftliche Vorhersage bereits Katastrophen verhindert, vor allem durch die rechtzeitige Evakuierung der Bevölkerung.

### Urozean und Urkontinente

Einem Menschen des christlichen Mittelalters wäre der Begriff »Global Change«, globaler Wandel, ganz und gar fremd gewesen. Gott hatte aus der Urflut Land und Meer geschaffen. »Und er sah, daß es gut war«, so steht es im ersten Buch Mose. Am siebten Tag war die Schöpfung vollendet, die Erde würde ihr Antlitz nicht mehr ändern bis zum Jüngsten Tag. In der hochgemuten Überzeugung, daß der Mensch die definitive Krone der Schöpfung, die Erde aber eine flache Scheibe und der sonnenumkreiste Mittelpunkt der Welt sei, mochte sich das christliche Abendland lange Zeit weder von den Erkenntnissen der griechischen Antike noch von genialen Zeitgenossen beirren lassen.

Bis heute haben weder Johannes Kepler und Galileo Galilei noch die von Charles Darwin erstmals beschriebene und seither vielfach bewiesene Evolution der Lebewesen bei manchen christlichen Fundamentalisten eine Chance auf Anerkennung. Für die Theorie der »Kontinentalverschiebung«, eines der markanten Beispiele für unablässigen »Global Change«, hatten im ersten Drittel des 20. Jahrhunderts auch Fachleute nur ein Kopfschütteln übrig.

Der Berliner Geophysiker und Polarforscher Alfred Wegener untersuchte auf drei Grönlandexpeditionen – bei deren letzter er 1930 starb – das arktische Eis und die Kontinentaldrift. Die augenfällige Übereinstimmung der Küstenlinien beiderseits des Atlantiks hatte schon vorher eine stattliche Reihe von Theorien über die Entstehung der Kontinente provoziert. Gegen sie alle hat sich Wegeners Kontinentalverschiebungstheorie mit vielen geologischen Beweisen und etlichen ergänzenden Theorien durchgesetzt. Hinter den im Schneckengang driftenden Großschollen der Kontinente bildeten sich Ozeane, an ihrer Frontseite Gebirgsketten.

Zu den erstaunlichsten Beweisen für diese »Plattentektonik« gehört das rund 70 000 Kilometer lange System der ozeanischen Schwellen, das seit den sechziger Jahren erforscht wird (Seite 30/31). Zentimetergenaue Feinmessungen ergaben, daß die Ozeanböden an diesen Schwellen wachsen (seafloor spreading). Wie das vor sich gehen kann? Während sich inmitten der Ozeane neue Erdkruste bildet, wird alte Kruste unter die Kontinentränder geschoben, und an den Küsten entstehen Tiefbebenherde.

Wegener hatte angenommen, daß die heutigen Kontinente aus einem Urkontinent – er nannte ihn »Pangäa«, All-Erde – entstanden seien, später sah man zwei als wahrscheinlicher an, Laurasia im Norden und Gondwana im Süden. Verursacht wurde die Kontinentalverschiebung vermutlich durch Wärmegefälle zwischen dem Erdkern und der Erdoberfläche. Noch heute verändern die Kontinente ihre Position jährlich um mehrere Zentimeter.

### Langsamkeit und wachsende Beschleunigung

Vom Diamantberg und dem Vogel, der alle tausend Jahre einmal kommt, um seinen Schnabel daran zu wetzen, erzählt ein Märchen. Wenn der Diamantberg völlig verbraucht ist, wird eine Sekunde der Ewigkeit vergangen sein. Man täuscht sich wohl nicht: In dieser Erzählung drückt sich eine ganz unwissenschaftliche, aber doch bewußte Wahrnehmung von sehr langsamem »Global Change« aus.

Die Formierung der Kontinente war sicher eine der mächtigsten aller globalen Veränderungen. Doch gibt es andere, vergleichbar mächtige und ähnlich langsame Vorgänge, wie die Auffaltung von Gebirgen oder deren Abtragung durch Erosion. Mit langsamsten Veränderungen hat sich über lange Strecken auch das erstaunlichste Phänomen des Planeten vollzogen, die Entwicklungsgeschichte des Lebens, wie sie auf ihrem Weg von den ersten Einzellern im Meer bis zur Artenfülle der Pflanzen und Tiere in den jüngsten Erdzeitaltern vorangeschritten ist.

Wohl schon seit dreieinhalb Milliarden Jahren trägt der Planet Leben, aber mehr als drei Milliarden Jahre dauerte es, bis auch das Festland Lebensraum wurde. Welche Zeiträume die Natur für »Experimente« übrig haben kann, die letztlich doch scheitern, zeigt die Ära der bisher größten

*Wie kam es zu Land und Meer in ihrer heutigen Gestalt? Die Antwort gab in seinem Buch »Die Entstehung der Kontinente und Ozeane« 1920 der Geophysiker Alfred Wegener (1880–1930) mit der Theorie der Kontinentalverschiebung.*

*Ausgestorben aus Gründen, die noch immer nicht zweifelsfrei geklärt werden konnten, leben die Saurier fort in unserer Phantasie, in Büchern, in Filmen und auch als pittoreske Bewohner von Freizeitparks und Gärten, wie dieser schwergewichtige Diplodocus im Saurierpark Kleinwelka beim sächsischen Bautzen.*

## Die Menschheit und ihr Raumschiff Erde

Die Saurier, eine kurze Episode in der Geschichte der Erde und des Lebens? Das Zeitgleichnis, in dem wir die Erdvergangenheit auf ein Jahr umgerechnet haben (Seite 9), zeigt im Gegenteil, wie winzig die bisherige Zeitspanne menschlicher Kultur ist. Während sie von den Neandertalern bis zum Internet bisher gerade 6 Minuten gedauert hat, existierten die Saurier bis zu ihrem rätselhaften Aussterben fast zwei volle Wochen dieses Vergleichsjahres. Daß die meisten Menschen das Stichwort »Dinosaurier« mit dem Begriff »Aussterben« assoziieren, erklärt sich mit unserer Unfähigkeit, uns die Dauer erdgeschichtlicher Zeiträume konkret vorzustellen.

Enorme Beschleunigung im »Global Change« ist das Kennzeichen des jüngsten Zehntels der Erdgeschichte: Neue Arten, neue Lebensformen konkurrierten im Kampf ums Dasein. Eis- und Warmzeiten wechselten einander ab.

Ein noch höherer Beschleunigungsfaktor bestimmt die Entwicklung der Menschheit. Über Jahrtausende hielt sie sich etwas auf ihre Fähigkeiten zugute, Wald in Ackerland zu verwandeln, über den Ozean zu segeln und Gold und Silber aus den Bergwerken zu schürfen. Heute wird jedermann von den gedruckten und elektronischen Medien derart mit Fortschritts- und Katastrophenmeldungen überschüttet, daß sich die Zuversicht in die Zukunft mehr und mehr von Zukunftsangst bedrängt findet.

tierischen Lebewesen. Rund 150 Millionen Jahre währte die Zeit der Groß-Reptilien des Mesozoikums, des Erdmittelalters, die als Dinosaurier, wörtlich »schreckliche Echsen«, in riesigen Feuchtwäldern und als Ichthyosaurier (Fisch-Saurier) im Meer die stärksten Lebewesen waren. Welcher »Global Change« ihr Ende verursachte, ist bis heute umstritten. Das bisher größte Saurier-Fossil wurde 1985 in Mexiko gefunden und »Seismosaurier« genannt, die »Erdbeben-Echse«, mit 40 Metern Länge und geschätzten 90 Tonnen Lebendgewicht größer als ein Blauwal.

### Das Nachtbild des Planeten

Schickt man Satellitenkameras zur Nachtzeit um die Erde und montiert die Aufnah-

*Das explosionsartige Anwachsen der Bevölkerungszahl droht die Grenzen der Tragfähigkeit der Erde zu überschreiten und einen für die Menschheit verhängnisvollen »Global Change« auszulösen. Den unter der Last seiner Fahrgäste umstürzenden Kleinbus fotografierte der indonesische Fotograf Sholihuddin auf Java im Jahr 1995.*

## Einführung

*Krieg um die immer kostbareren Ressourcen: Als der irakische Diktator Hussein nach dem Überfall auf Kuwait seine Truppen wieder zurückschicken mußte, ließ er die Ölquellen in Brand setzen. Der Golfkrieg von 1990/1991 wurde zu einer ökologischen Verseuchung, noch lange über die Löschung der Brände hinaus.*

men zu einem Bild, sieht man ein phantastisch reiches Lichtergefunkel (Seite 24/25). Schnell fällt auf, daß nicht dort, wo die meisten Menschen leben, auch die größte Helligkeit strahlt. Zum Beispiel ist die chinesische Nacht weithin stockdunkel. Ölfelder am Persischen Golf und in Nordrußland werden von abgefackeltem Gas noch heller beleuchtet als die urbanen Zentren an der Ostküste Nordamerikas. Als Bevölkerungskarte tauge, meinte der amerikanische Wissenschaftspublizist Nigel Calder, das Bild darum kaum, eher schon sollte man davon ausgehen, »daß jeder Lichtpunkt nicht eine Million Menschen, sondern eine Milliarde Dollar signalisiert«. Paradox genug: Gerade die nächtlichen Aufnahmen der Erde dokumentieren am deutlichsten das enorme Entwicklungs- und Wohlstandsgefälle.

### Die Rettung der Ressourcen: zum Beispiel Wasser

Sich in der »Heimatkunde« des Planeten auszukennen, ist für seine Bewohner erst einmal die Voraussetzung dafür, Wege in die Zukunft zu finden. Wer sich nicht vorsätzlich Sand in die Augen streut, wird von den Fakten lernen. Die Geographie, die Wissenschaft von der Erde, ist die Vorbedingung für »Erdpolitik«, eine verantwortungsbewußte, überstaatliche Politik für die Erde. Das heißt nämlich: eine Politik für unsere Lebensgrundlagen.

Eines der erschreckendsten Bilder dieses Bandes zeigt den Giftqualm brennender kuwaitischer Ölquellen am Persischen Golf (Seite 54/55). Der irakische Aggressor, der seinen Gegnern im Winter 1990/1991 mit der »Mutter aller Schlachten« drohte, fügte dem hochempfindlichen Ökosystem des Golfs schwere Schäden zu.

Allerdings werden die Weltmeere auch in Friedenszeiten nicht gerade als Wasserschutzgebiet behandelt. Gefährdet ist das Mittelmeer. In immensen Mengen leiten die Industrien der Anrainerstaaten industrielle Abwässer ein; sichtbar wurde die Giftfracht, als sie in mehreren Sommern vor der italienischen Adriaküste eine »Algenpest« auslöste und mit ekligem Schaum die Badefreuden verdarb (Seite 94/95, die Algenblüte ist im Kartenbild rot eingefärbt).

Mit noch höherer krimineller Energie wird das Süßwasser verseucht, das nur zwei bis drei Prozent der gesamten Wasservorräte der Erde ausmacht. Als »größte menschengemachte Umweltkatastrophe dieses Jahrhunderts« haben Wasserexperten der UNO die Verseuchung, Versalzung und Schrumpfung des Aralsees bezeichnet (Seite 126/127). Einst anderthalbmal so groß wie die Schweiz, ist der Aralsee heute zur Hälfte verlandet, eine Erblast sowjetischer Agrarpraxis, die bedenkenlos die Zuflüsse des Binnenmeers ableitete.

Auch die mächtigen sibirischen Ströme Jenissej und Ob wurden zu Industriekloaken. Der Jenissej – und damit auch das arktische Nordmeer – ist zudem radioaktiv bedroht, nachdem das Sowjetregime drei Jahrzehnte lang atomare Abfälle in einen künstlich angelegten unterirdischen See »entsorgen« ließ.

In die schwarze Liste technischer Sündenfälle haben sich alle Staaten eingetragen. Nur die reichen Länder sind ohne Hilfe von außen zur Wiedergutmachung an der beschädigten Natur imstande. In Mitteleuropa findet man Beispiele für ökologische Umkehr; eines ist der Rhein, der in den siebziger Jahren als größte Abwasserkloake Europas die Nordsee vergiftete. Schmutzfracht trägt der Strom noch immer, aber sie wurde reduziert, Fische kehren zurück. Ein internationales Schutzprogramm will nun auch die malträtierte Elbe gesunden lassen. Ziellinie für eine Erholung des Flusses, aus dem dann wieder Trinkwasser aufbereitet werden könnte, ist das Jahr 2010.

### Energiequellen: Mutter Erde, Schwester Sonne

Zur Berliner Weltklimakonferenz 1995 war die Errichtung einer künstlichen Eispyra-

*Der viertgrößte Binnensee der Erde, der Aralsee im Süden der ehemaligen Sowjetunion, ist zu großen Teilen nur noch ein Salzsumpf. Die Übernutzung seiner Zuflüsse Amudarija und Syrdarija zur Bewässerung kasachischer, turkmenischer und usbekischer Baumwoll- und Reisfelder ließ die Wasserfläche um mehr als ein Drittel schrumpfen.*

## Die Menschheit und ihr Raumschiff Erde

*Baum und Sonne sind Symbole der Hoffnung – gerade auch in der Energiepolitik. Mit fossilen Brennstoffen wie Kohle, Erdöl und Erdgas werden unersetzliche Ressourcen verbraucht. Aber mit immer höherem Wirkungsgrad der Solarzellen zur direkten Nutzung der Sonnenenergie steigen die Chancen für eine Energiewende.*

mide geplant. Man wollte sie unter der Sonne abtauen lassen, um das Schmelzen der Polkappen zu veranschaulichen. Erdöl, Erdgas, Kohle und Holz in immer größeren Mengen zu verbrennen, belastet die Atmosphäre, läßt die Temperatur und dann auch den Meeresspiegel steigen (Seite 74/75). Ohnehin erschöpfen sich die fossilen Brennstoffe. Bestenfalls leben einige Dutzend Generationen mit ihrer Energie, keinesfalls reichen die Lagerstätten noch für Jahrtausende. Also wird man sich entschließen, doch mehr Kernkraftwerke zu bauen, und mit dem Risiko der radioaktiven Verseuchung zu leben?

Offensichtlich ist die Menschheit zu einem »Global Change« herausgefordert. Wer nicht nur kurzfristig kalkuliert, wird Energiequellen wählen, die sich weder erschöpfen noch lebensbedrohlich sind. Glücklicherweise bietet die Natur die Sonnenwärme und die Erdwärme. Solarenergie und Geothermie kosten, das ist bedauerlich, hohe Anlage-Investitionen. Aber auf längere Sicht amortisieren sich die Kosten.

Ein solarer »Energie-Marshall-Plan für Osteuropa« könnte Alternativen für marode Atomkraftwerke vom Tschernobyl-Typ schaffen, der Transfer von Solartechnologie in manche Entwicklungsländer könnte bedrohte Wälder retten.

### Die Stunde für den »Mental Change«

Jeder Kassandra steht das Verhängnis drohend vor dem inneren Auge, und es macht sie zeitweilig blind für die besseren Chancen. Kassandra kann irren. Die Grenzen des Wachstums sind nicht so unverrückbar, wie ein berühmter Buchtitel des »Club of Rome« im Jahre 1973 suggerierte.

Doch auch ohne Expertenwissen begreifen mehr und mehr Menschen: Der Mensch braucht die Erde, aber die Erde braucht den Menschen nicht. Der Grat zwischen den beiden Zukunftswegen wird schmaler.

Der eine Weg: Durch industrielle Übernutzung kann die Biosphäre ruiniert und das Erbmaterial durch radioaktive Strahlung und ungebremste Genmanipulation unheilbar geschädigt werden. Aber auch der andere Weg ist offen, mit dem Mut zur Utopie.

Heute haben sich erstmals in der Geschichte alle Staaten zu gemeinsamen Aktivitäten zusammengetan. Wo Hungerkatastrophen drohen, wird Hilfe auf den Weg gebracht. Nie zuvor sind sich so viele Menschen verschiedener Kulturen friedlich begegnet. Es gibt die Chance, die »beste aller Welten« zu schaffen, ohne Krieg und Naturzerstörung, ohne Hunger und Elend, dafür mit Streben nach Glück und freier Entfaltung eines jeden Bürgers.

Das Öko-Instrumentarium zur Ausbreitung von Wohlstand ist seit dem »Ölschock« der siebziger Jahre mächtig gewachsen. An Rezepten gegen Überbevölkerung und Verelendung ist kein Mangel. Es fehlt weniger an Erkenntnissen als an Einsicht, an wirtschaftlichem und politischem Willen: Ein »Mental Change« ist überfällig.

*Der Künstler Friedensreich Hundertwasser verwirklichte mit dem »Hundertwasser-Haus« in der Wiener Löwengasse 1983/1985 einen Lebenstraum, nämlich organische Wohnarchitektur zu schaffen, nicht rechtwinklig-nüchtern, sondern naturnah, farbig und mit begrünten Dächern – im Rahmen des sozialen Wohnungsbaus der Gemeinde Wien.*

Einführung

# Erdbeobachtung aus dem Weltraum

Daß der Krieg »der Vater aller Dinge« sei, ist ein oft gehörter Ausspruch, der sich in vielen Vorgängen, vor allem in der Entwicklung der Technik zu beweisen scheint. Ungeheure finanzielle Mittel und Geisteskräfte wurden und werden für die Schaffung ständig neuer Kriegssysteme und -geräte aufgebracht, die dann vielleicht auch wirklich eingesetzt werden. Auf jeden Fall aber werden auch durch die Militär-Technik Veränderungen in Gang gesetzt.

Militär-strategische Überlegungen kennzeichneten auch den Umfang der Entwicklung der Raumfahrt. Doch stehen heute andere Ziele im Vordergrund: die wissenschaftliche Erforschung des Weltalls beispielsweise. Auch ist man bestrebt, ihre Technik zum Wohle der Menschheit zu verwenden, zu versuchen, die Schäden wieder gutzumachen, die jahrzehnte- und mitunter jahrhundertelanger Egoismus in der Summe seiner Erscheinungen verursacht hat. Man beginnt die Wunder der Welt, ihre Verletzlichkeit und die vielfältigen, sich gegenseitig beeinflussenden Verflechtungen zwischen Natur und Mensch besser zu erkennen: Die Raumfahrt bietet die Möglichkeit der Betrachtung und Beobachtung der Erde aus dem Weltraum.

Die Erkundung der Erde aus der Luft begann schon kurz nach der Erfindung des Heißluftballons, als im Jahr 1794 der französische Colonel Jean M. J. Coutelle einen solchen Ballon zur Beobachtung der Schlacht von Fleurance einsetzte. Die ersten Luftaufnahmen, nämlich von seiner Geburtsstadt Paris, machte im Jahre 1858 der auch als Karikaturist bekannte Nadar (eigentlich Gaspard Félix Tournachon) von einem Fesselballon aus.

1910 erfolgte die erste militärische Luftaufklärungsaktion per Flugzeug, die der Franzose Marconnet mit einem Doppeldecker in Nordafrika durchführte. Bald folgte der allgemeine Einsatz der Luftaufklärung im Ersten Weltkrieg, die im Zweiten Weltkrieg größte Ausmaße annahm. Parallel dazu entwickelte sich die Raketentechnik, in der Deutschland führend war.

In den Zeiten des kalten Krieges und des Mißtrauens zwischen West und Ost wurde die Aufklärungstechnik weiter verfeinert. Am 12. September 1949 entdeckte ein amerikanisches Aufklärungsflugzeug in der Atmosphäre Spuren einer sowjetischen Atombombenexplosion. Die Vereinigten Staaten von Amerika, bis dahin die einzige Atommacht der Welt, reagierten darauf mit einer Revision ihrer Verteidigungspolitik, insbesondere für das Atomwaffenprogramm und die Luftstreitkräfte. Um das riesige Territorium der damaligen Sowjetunion besser überwachen zu können, wurde im Februar 1955 der Bau von Erdbeobachtungssatelliten beschlossen, für die bereits seit Mai 1946 Entwürfe vorlagen.

Der Bau der militärischen Satelliten (Codename »Corona«) begann unter strengster Geheimhaltung im März 1955; der erste erfolgreiche Start erfolgte am 31. Januar 1961. Bis zum Mai 1972, als man das Programm einstellte, wurden über einhundert Missionen durchgeführt, bei denen die Satelliten mit hochauflösenden Kameraobjektiven in Erdumlaufbahnen gebracht wurden, die nach Abschluß ihres Auftrags die belichteten Filme abwarfen. Sie wurden von Flugzeugen aufgefangen.

Im Jahre 1957 startete die damalige Sowjetunion ihren ersten Satelliten, Sputnik 1. Die Raumfahrt und damit auch die Erdbeobachtung, deren Nutzen man sehr bald erkannt hatte, nahm von da an eine sehr rasante Entwicklung. 1960 wurde der erste amerikanische Wettersatellit gestartet, 1972 folgte der erste zivile experimentelle Erdbeobachtungssatellit ERS 1, dessen Zweck es war, eine Bestandsaufnahme der globalen Ressourcen durchzuführen und die Eingriffe und Auswirkungen menschlicher Aktivitäten zu erfassen. Seine Entwicklung fiel in eine Zeit, als zum ersten Mal der »Bericht des Club of Rome zur Lage der Menschheit« erschien, der auf die »Grenzen des Wachstums« und die nicht wieder erneuerbaren Ressourcen der Erde hinwies. Heute, ein Vierteljahrhundert nach seinem Start, steht damit der Wissenschaft, Verwaltung und Wirtschaft ein ausgereiftes Instrumentarium zur Verfügung, das aus seinen Anwendungsgebieten nicht mehr wegzudenken ist. Dennoch ist ihre Verwendung noch keine Selbstverständlichkeit geworden.

Satellitenbilder verlangen nämlich eine andere Betrachtungsweise. In ganzheitlicher Sicht sollen sie die großen Zusammenhänge auf der Erde, die Verflechtungen und Abhängigkeiten, die Folgewirkungen von naturgegebenen wie auch durch den Menschen verursachten Veränderungen aufzeigen; und aufgrund der Möglichkeit, Satellitenbilder in regelmäßigen Abständen aufnehmen zu können, erlauben sie die Erfassung zyklischer Vorgänge und dynamischer Erscheinungen sowie damit verbundener Wechselwirkungen.

Der hinter der Fernerkundung aus dem Weltraum stehende Denkansatz ist im Funktionsbild auf Seite 16 zusammengefaßt. Bei seiner Betrachtung ist das Wissen um das rapide Ansteigen der Weltbevölkerung zu hinterlegen, das einen ungeheuren Druck auf alle natürlichen Ressourcen ausübt und mit dem alle Bereiche wie Landnutzung, industrielles Wachstum,

*Die Neuentdeckung der Erde durch die Raumfahrt zeigte erstmals die Einheit aber auch die Zerbrechlichkeit unseres »blauen Planeten«. Die NASA-Astronauten John W. Young und Robert L. Crippen nach der Rückkehr des ersten Space-Shuttle-Fluges am 14. April 1981.*

*Auf seiner ersten Fahrt entdeckte Christoph Kolumbus mit seinen drei Caravellen und 88 Mann 1492 Amerika – eine Fahrt die die Welt veränderte, und die die Zeit der großen Entdeckungsreisen einleitete. Denkmal am Ausgangspunkt der Reise am Hafen von Lissabon.*

# Erdbeobachtung aus dem Weltraum

*Luftaufklärung im Ersten Weltkrieg: Schon bald nach der Entwicklung der ersten Flugzeuge wurde die »Fernaufklärung« für militärische Zwecke im Ersten Weltkrieg eingesetzt. Hier ein Aufklärungsflug eines österreichischen Beobachters in einem Doppeldecker über den Dolomiten zur Erkundung italienischer Stellungen im März 1917.*

*Militärische Fernerkundung während des kalten Krieges: Am 24. Oktober 1964 lieferte der amerikanische Aufklärungssatellit »Corona« die ersten Bilder des chinesischen Atomtestgeländes Lop Nur am Ostrand des Tarimbeckens. An den kreisrunden Straßenanlagen um das Zentrum des Testgebiets waren Meßstationen installiert.*

Kommunikationstechnik, Bildung, Massenverkehr und -transport durch globale Verflechtungen verbunden sind. Um das Gesamtgefüge mit seinen gegenseitigen Durchdringungen abzubilden – nach dem holographischen Weltbild ist »der Teil im Ganzen und das Ganze ist in jedem Teil« – ist die zweidimensionale Darstellung allerdings unzureichend.

Versucht man dennoch, das globale System graphisch wiederzugeben, so ist die Einführung weiterer Vektoren wie Raum und Zeit vonnöten sowie die gedankliche Verknüpfung der einzelnen Themen im »Raum«, hier in Form einer gedachten Kugel (Erde), um die Geschlossenheit des Systems zu veranschaulichen und um aufzuzeigen, daß jedes Moment direkt mit einem anderen Moment/Phänomen in Verbindung steht beziehungsweise in ihm enthalten ist. Ordnet man die Elemente definierten Sphären zu, ergeben sich drei Bereiche:

1. die natürliche Sphäre, die aus abiotischen und biotischen Elementen besteht,
2. die anthropogene Sphäre mit dem Menschen und seiner jeweiligen Kulturstufe, die seine gesamten Aktivitäten enthält, und
3. die sich zwischen diese beiden Bereiche schiebende Kontakt- oder Kollisionssphäre, die auch mit Lebensraum, Umwelt, ökologische Zone und so weiter bezeichnet wird.

In der letzteren Sphäre befinden sich unsere Ressourcen (aus der natürlichen und anthropogenen Sphäre), und in ihr werden Veränderungen zum Positiven oder Negativen (Katastrophen) wirksam. Dies

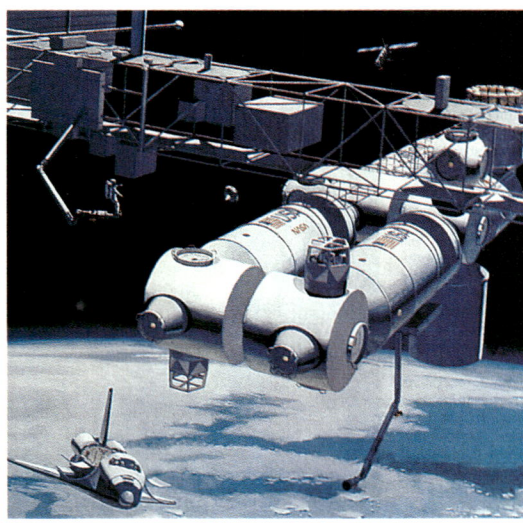

*Modell des ersten künstlichen Erdsatelliten, des Sputnik 1. Er wurde am 4. Oktober 1957 von der damaligen Sowjetunion in eine Erdumlaufbahn gebracht. Das erste Koppelungsmanöver zweier bemannter Raumkapseln gelang im Dezember 1966 mit Gemini 6 und Gemini 7. (Abbildungen oben.) Am 12. April 1981 startete das erste wiederverwendbare »Space Shuttle«, die Raumfähre »Columbia«, von Cape Canaveral in Florida. Die Zukunft im Weltraum: Seit langem geplant, geht die Internationale Raumstation der Verwirklichung entgegen. In ihr werden die teilnehmenden Nationen ihre eigenen Forschungslabors unterhalten. Erdbeobachtung wird eines der wesentlichen Programme der Raumstation sein.*

## Einführung

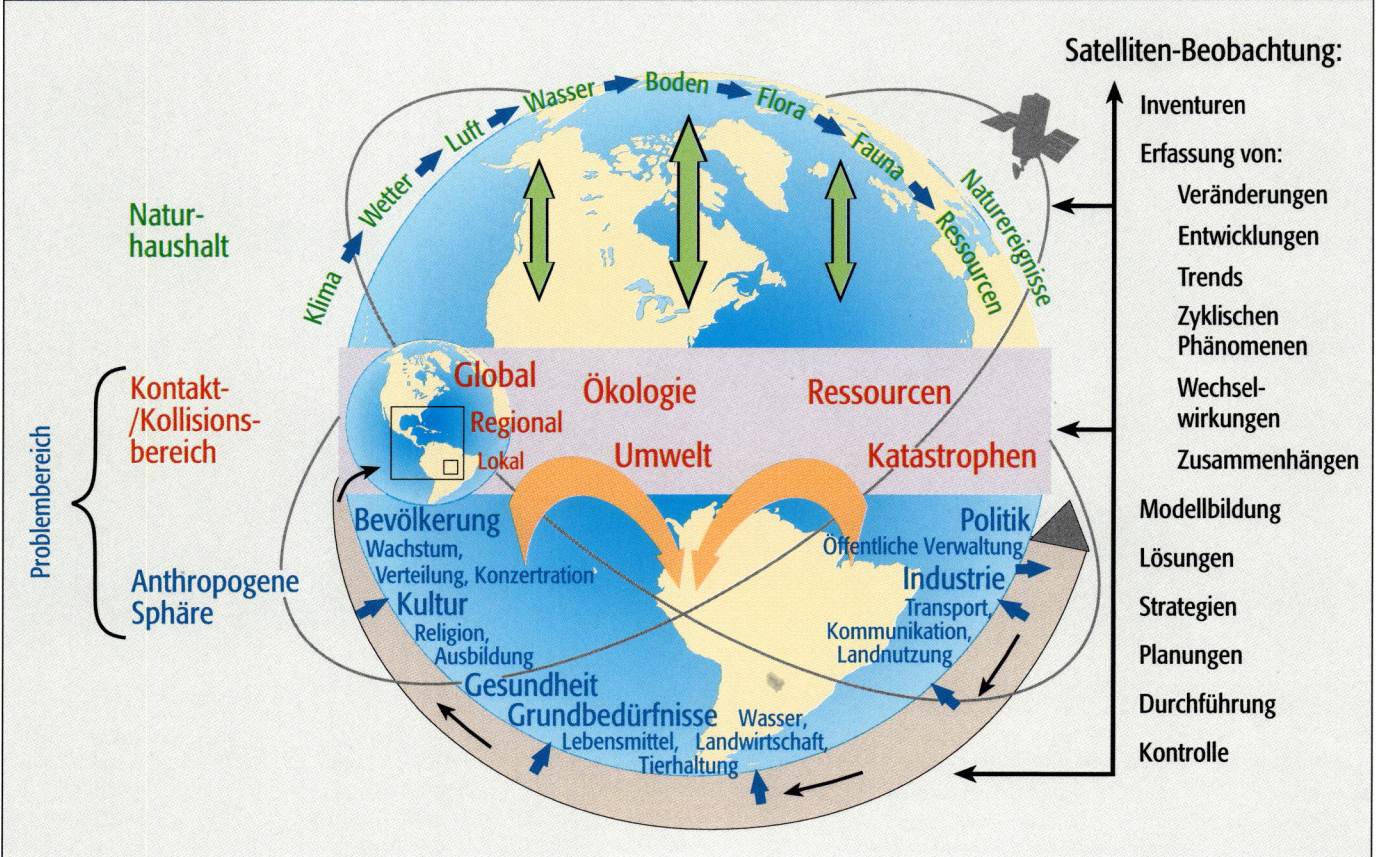

*Erdbeobachtung und das globale System: Natur und Mensch sind auf der Erde in holistischer Weise miteinander verknüpft. Jede Veränderung und jeder Eingriff auf der einen Ebene verursacht durch Wechselwirkung Veränderungen auf der anderen Ebene. Satelliten dienen der Beobachtung und Bewertung solcher Einflüsse; sie erlauben die Entwicklung von Problemlösungen.*

kann auf globaler, regionaler (überstaatlicher) oder lokaler Ebene vonstatten gehen. Was immer der Mensch auf einer dieser drei Ebenen unternimmt, löst in nahezu allen Bereichen eine Reihe von Veränderungen beziehungsweise Folgewirkungen aus, die in der einen oder anderen Form auf ihn zurückschlagen.

Die Inhalte der natürlichen Sphäre sind in hierarchischer Rangfolge eingetragen, wobei jeweils das Nachfolgende vom Vorhergehenden oder Übergeordneten maßgeblich abhängt beziehungsweise mit diesem durch Wechselwirkung verbunden ist (zum Beispiel Boden und Vegetation). In der anthropogenen Sphäre hängt von Herkunft und geographischer Lage der verschiedenen Bevölkerungselemente deren Kulturstufe ab, und damit deren Religion und Erziehung, Dichte, Verteilung, Ausbildung und Bildung.

Auf der Kulturstufe basiert die Gesundheit, die Art und der Umfang der Grundbedürfnisse an Wasser, Nahrung, Kleidung und die damit verbundenen wirtschaftlichen Tätigkeiten. Erst auf höherer »Kulturstufe« entwickelt sich, vielfach in Abhängigkeit von der jeweiligen Religion, eine gehobene Wirtschaft und ein damit verbundenes nachhaltiges Eingreifen in die Ressourcen und somit in die Umwelt. Je mächtiger die Wirtschaft und je weiter die Technik entwickelt sind, umso folgenschwerer werden solche Eingriffe sein. Hand in Hand geht damit die Ausdehnung der Infrastruktur einher und in der Folge die Ausweitung der Kommunikation, die heute durch die Satellitentechnik ein unfaßbares Ausmaß und nicht überblickbare Auswirkungen hat. Jede Kultur und jedes System ist so in »real time« direkt beeinflußbar und wird gewollt oder ungewollt auch beeinflußt. Dadurch ist alles im Um- und Aufbruch, alte Werte verschwinden, neue Werte bilden sich vielfach nicht heraus. Über all dem agiert die vom Menschen eingesetzte Politik, die auf das gesamte System in vielfältigen Formen zurückwirkt, um dann von unten her ihrerseits wieder beeinflußt zu werden.

Erfaßbar wird das Gesamtsystem durch die Betrachtung aus der Ferne. Nur so ordnen sich einzelne Erscheinungen, Maßnahmen und Veränderungen zu Mustern. Alle Auswirkungen der menschlichen Tätigkeiten im Sinne von »Global Change« sind eine Summe gleichartiger Aktionen, Gedanken und Maßnahmen, die im Kleinen irgendwo stattfinden beziehungsweise auftreten, die aber tausendfach von anderen kopiert und gleichzeitig durchgeführt werden. Dadurch entsteht ein ungeheurer Druck auf Lebensraum und Lebensgrundlagen, der bis zum Zusammenbruch führen kann.

Die Satellitenfernerkundung liefert in kurzen oder längeren Zeitabständen synoptische Bestandsaufnahmen der Erde und ermöglicht durch ihre ständige Wiederholbarkeit multitemporale, und, aufgrund der Vielzahl der verfügbaren Instrumente, hypermediale Datenvergleiche, die die Entwicklungen klar erkennen lassen. Die Auswertung der Aufnahmen erfolgt nach hunderterlei Gesichtspunkten, wobei die Einzelergebnisse wiederum entsprechend ihrer gegenseitigen Abhängigkeit miteinander zu verknüpfen sind. Geographische oder fachspezifische Informations-Systeme sind ein erster Schritt dazu. Noch fehlt eine intelligente Daten-Ablage beziehungsweise die Speichermöglichkeit, um rasche und richtige holistische Schlüsse ziehen und Erkenntnisse gewinnen zu können. Ansätze hierzu bieten Überlegungen zu holographischen Speichermedien und fuzzylogischer Datenverarbeitung. Auf eine weitere Erläuterung der Satellitenaufnahmetechnik und der Datenauswertung wird hier verzichtet. Sie sind an anderer Stelle hinlänglich beschrieben worden.

Satellitenaufnahmen liegen in vielfältigen Formen vor: analog und digital, als Rohdaten und verarbeitete (optimierte) Daten oder als interpretierte Daten, als Aufnahmen im sichtbaren Lichtbereich, im nahen, mittleren und thermalen Infrarot, im Radarwellenbereich und im Bereich der langwelligen Mikrowellen und mit unterschiedlichem Auflösungsvermögen (= Größe der Meßfläche auf dem Boden, die einem Bildpunkt der digitalen Aufnahme entspricht), das derzeit von 2 Meter bis 5 Kilometer reicht. Demnächst werden zivile Satelliten-Systeme mit einem Auflösungsvermögen von einem Meter zur Verfügung stehen.

Maßgebliche Lieferanten von Satellitenaufnahmen sind vor allem Spot Image (Frankreich), Eurimage (Italien), Edsat (USA), wobei die beiden letzteren die vielfältigen Daten anderer Satellitenbetreiber mitanbieten. Die Verteilung der Daten erfolgt über weltweite Vertriebsnetze mit nationalen Kontaktstellen.

Zusammenfassend ist festzuhalten, daß die Erdbeobachtung aus dem Weltraum

## Erdbeobachtung aus dem Weltraum

eine geeignete Grundlage für ein »Globales Geographisches Informationssystem« liefert, das

– eine regelmäßige Erfassung der Erdoberfläche mit hoher geometrischer und thematischer Detailerkennbarkeit zur Bestandsaufnahme (Geologie, Energiewirtschaft, Infrastruktur, Morphologie, Bodenkunde, Hydrologie, Vegetationskunde, Landnutzung, Wirtschaft, Kulturlandschaftsforschung, Raumplanung, Umweltschutz und vieles andere mehr) bietet,

– das Erkennen von Veränderungen, Entwicklungen, Trends und das Studium dynamischer, meteorologischer, geophysikalischer, geographischer, biologischer, wasserwirtschaftlicher Phänomene erlaubt, und

– die gegenseitigen Abhängigkeiten und Wechselwirkungen zwischen Natur- und Kultur-Landschaft und die Folgen von Veränderungen beziehungsweise Eingriffen erkennen läßt.

Die Erdbeobachtung ist Grundlage für Entscheidungen auf lokaler, regionaler, nationaler, supranationaler, kontinentaler und globaler Ebene für Politik, Wirtschaft, Ressourcenpflege, Umweltschutz, Raumplanung und viele andere Bereiche. Sie liefert die Daten für Modellbildungen, Lösungen, Strategien, Logistik und Maßnahmen. Sie erlaubt es, die Ergebnisse aller Aktionen festzuhalten und in den Entscheidungsprozeß zurückzuführen.

Weltraumfahrt ist Hochtechnologie und damit Innovation. Sie kann, wenn man es richtig erkennt und sie gefordert wird, ein noch besserer Motor für die Wirtschaft sein als die Rüstung – weil sie friedlichen Zwecken dient und zum allgemeinen Wohle der Menschheit eingesetzt wird. Sie kann mit ihrem »Spin Off«, den vielfältigen, aus ihr abgeleiteten Nutzungen und Vorteilen, die in den klassischen Industrieländern verlorengegangenen Basisindustrien ersetzen und der Erde Beruhigung bieten.

Gelänge es, die für Rüstung verwendeten Mittel für die Raumfahrt umzuwidmen, würde es später (im Zuge der Gleichberechtigung der Geschlechter) nicht mehr heißen: »Der Krieg ist der Vater aller Dinge«, sondern: »Die Weltraumforschung ist die Mutter allen Fortschritts« – ein gewaltiger Anstoß für einen anderen »Global Change«.

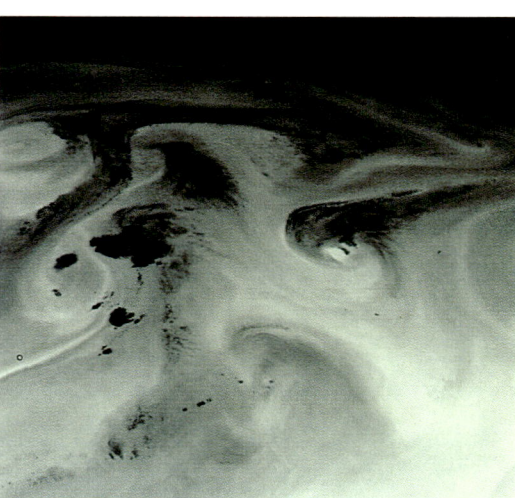

*Wettersatelliten liefern ständig flächendeckende Informationen über das Klima- und Wettergeschehen auf der Erde. Die Aufnahme links zeigt Europa und Nordafrika vom amerikanischen Satelliten NOAA aus gesehen, der die Erde in 1400 Kilometern Höhe umkreist. Mit Sensoren, die die Erdoberfläche zeilenweise abtasten, oder mit Kameras, deren Detailerkennbarkeit unterschiedlich ist, nehmen Satelliten die Erde auf. Diese Einzelbilder des Satelliten Meteosat (aus 36 000 Kilometern Entfernung) zeigen von oben nach unten eine dunstdurchdringende Infrarotaufnahme, eine Aufnahme im Bereich des sichtbaren Lichts, die den atmosphärischen Dunst mit abbildet, und eine Aufnahme im »Wasserdampfabsorptionsband«, das die Luftfeuchtigkeit und Verwirbelung in der oberen Troposphäre in 5 bis 10 Kilometern Höhe zeigt.*

Erde

# Die Erde aus dem Weltraum

**Reliefformen**

-  Hochgebirge (mit Gletscher)
- Mittelgebirge
- Hochland
-  Tiefland
- Grabenbruch
-  Flußdelta
- Kontinentalschelf
- Tiefseegraben
- Meeresrücken
-  Insel

Physische Übersicht

Einzigartig ist das »Gesicht« der Erde. Als einziger Planet des Sonnensystems besitzt sie eine umspannende Wasserfläche, aus der die Festländer wie riesige Inseln herausragen: die zusammenhängenden Kontinente Asien, Europa und Afrika, die die Ostfeste bilden, und die über eine Land- und eine Inselbrücke miteinander verbundene Westfeste Nord- und Südamerikas. Eine Inselbrücke verbindet Australien mit der Ostfeste. Über die Südantillen und untermeerische Strukturen steht das von Eis bedeckte Antarktika mit der Westfeste in Verbindung. Allein der Pazifische Ozean ist größer als alle Landflächen der Erde.

### Erde

# Die Erde im Wandel der Tageszeiten

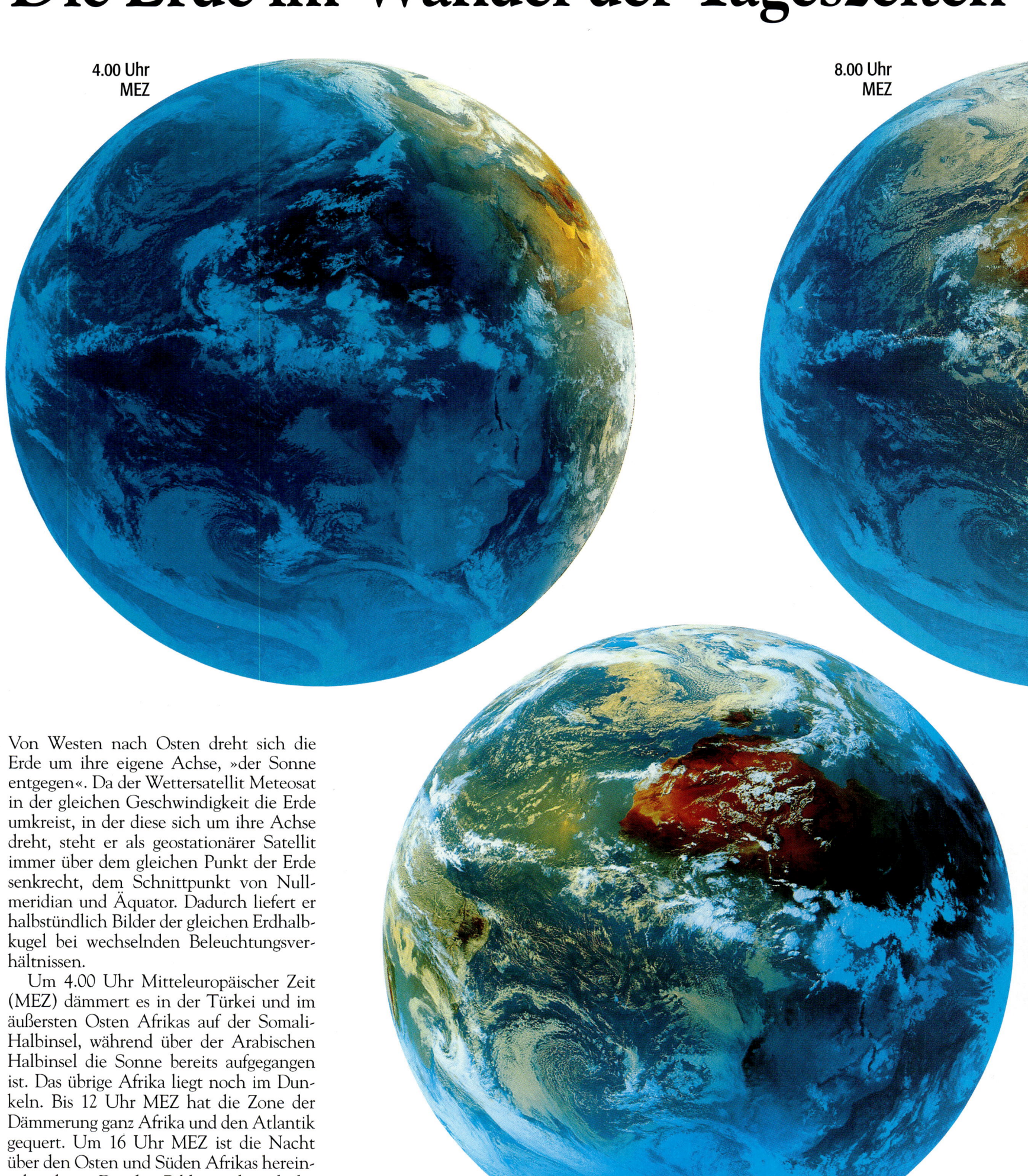

4.00 Uhr MEZ

8.00 Uhr MEZ

16.00 Uhr MEZ

Von Westen nach Osten dreht sich die Erde um ihre eigene Achse, »der Sonne entgegen«. Da der Wettersatellit Meteosat in der gleichen Geschwindigkeit die Erde umkreist, in der diese sich um ihre Achse dreht, steht er als geostationärer Satellit immer über dem gleichen Punkt der Erde senkrecht, dem Schnittpunkt von Nullmeridian und Äquator. Dadurch liefert er halbstündlich Bilder der gleichen Erdhalbkugel bei wechselnden Beleuchtungsverhältnissen.

Um 4.00 Uhr Mitteleuropäischer Zeit (MEZ) dämmert es in der Türkei und im äußersten Osten Afrikas auf der Somali-Halbinsel, während über der Arabischen Halbinsel die Sonne bereits aufgegangen ist. Das übrige Afrika liegt noch im Dunkeln. Bis 12 Uhr MEZ hat die Zone der Dämmerung ganz Afrika und den Atlantik gequert. Um 16 Uhr MEZ ist die Nacht über den Osten und Süden Afrikas hereingebrochen. Da die Bilder während des Nordsommers aufgenommen wurden, liegt der Bereich des Südpols ganztägig im Schatten der Nacht.

# Tageszeiten

12.00 Uhr MEZ

20.00 Uhr MEZ

Auffallend ist an der Bildfolge die geradezu idealtypische symmetrische Anordnung der Klimazonen und Windgürtel, sichtbar an den Wolkenformationen: beiderseits des Äquators die Zone der Innertropischen Konvergenz mit den hoch aufgebauten Gewittertürmen, nördlich und südlich davon der subtropische Hochdruckgürtel der Roßbreiten mit den Nordost- und Südost-Passaten als nahezu wolkenfreie Zone, polwärts anschließend das bewegte Band der Westwindgürtel mit den eingelagerten Zyklonen und Antizyklonen, das hier auch Südafrika mit erfaßt. Die Beleuchtungsverhältnisse und die nach Norden verschobene Lage der Windgürtel lassen den Schluß zu, daß die Bilder, wie bereits erwähnt, im Nordsommer gewonnen wurden.

Die Dynamik der atmosphärischen Zirkulation wird in der Bildfolge festgehalten. Über den Gebirgen der zentralen Sahara, vor allem aber in den Inneren Tropen bauen sich mittags mächtige Wolkentürme auf, die bis zum Spätnachmittag große zusammenhängende Areale überdecken.

Erde

# Die Erde im Wandel der Jahreszeiten

Frühling

Herbst

Der Wechsel der Jahreszeiten wird verursacht durch die Schrägstellung der Erdachse gegenüber der elliptischen Erdumlaufbahn um die Sonne. Da die Erde im Sommer der Nordhalbkugel den Ellipsenbogen im Aphel (Sonnenferne) durchmißt (1-3-5), braucht sie dazu etwas mehr Zeit als im Winterhalbjahr (5-7-1), wenn sie das Ellipsensegment in Sonnennähe (Perihel) zurücklegt. Daher beginnt der Herbst auf der nördlichen Halbkugel nach dem Kalender erst am 23. September.

Die Sonne steht am 21. März und am 23. September senkrecht über dem Äquator (1, 5); dann sind Tag und Nacht gleich lang (2, 6); die Pole sind gleich weit von der Sonne entfernt. Zu diesen Terminen beginnen nach dem Kalender auf der Nordhalbkugel Frühling und Herbst, auf der Südhalbkugel Herbst und Frühling. Wenn die Sonne über dem Nördlichen Wendekreis senkrecht steht (3), herrscht auf der Nordhalbkugel Nordsommer, auf der Südhalbkugel Südwinter. Dann sind auf der Nordhalbkugel die Tage besonders lang (4), innerhalb des Polarkreises geht die

# Jahreszeiten

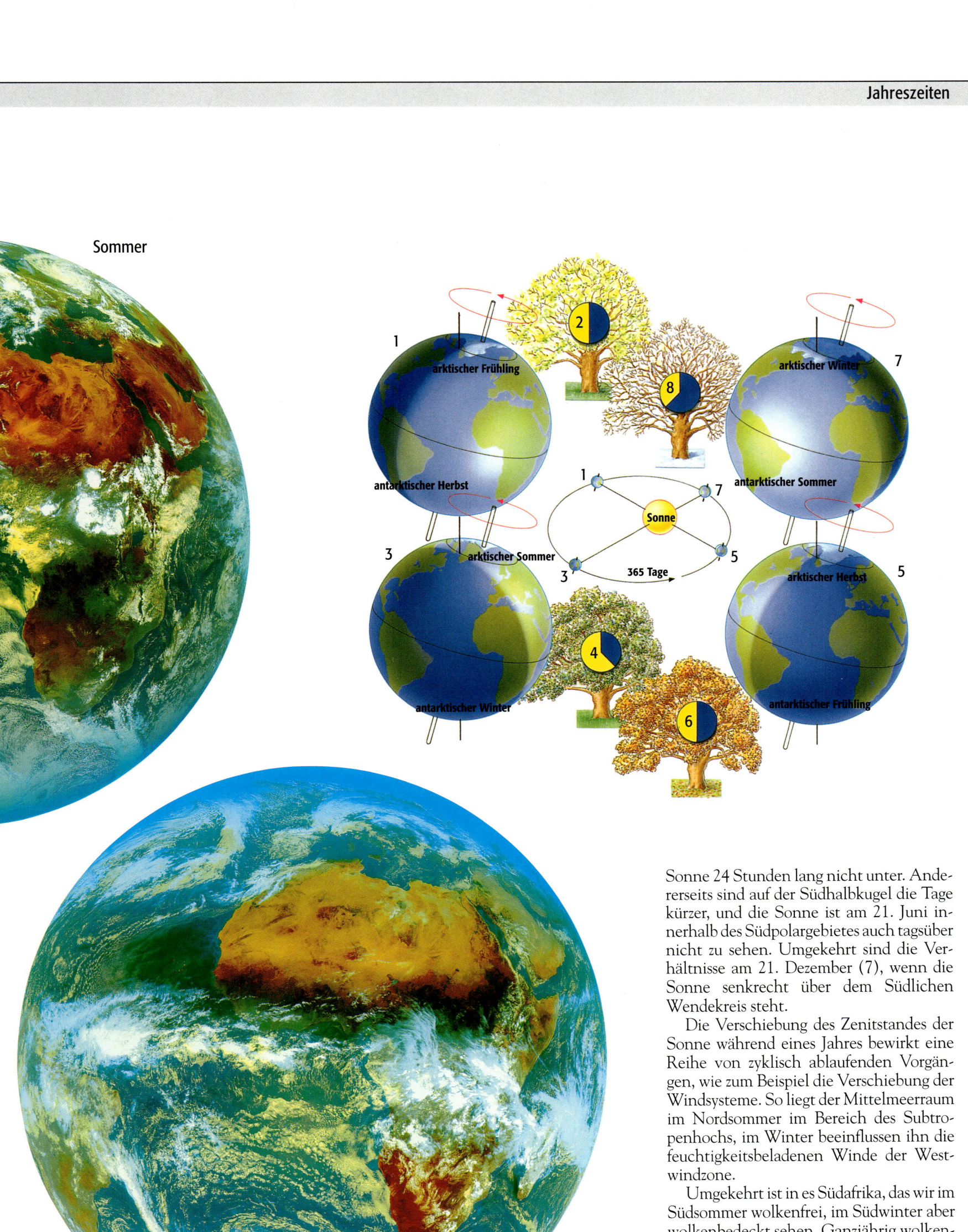

Sonne 24 Stunden lang nicht unter. Andererseits sind auf der Südhalbkugel die Tage kürzer, und die Sonne ist am 21. Juni innerhalb des Südpolargebietes auch tagsüber nicht zu sehen. Umgekehrt sind die Verhältnisse am 21. Dezember (7), wenn die Sonne senkrecht über dem Südlichen Wendekreis steht.

Die Verschiebung des Zenitstandes der Sonne während eines Jahres bewirkt eine Reihe von zyklisch ablaufenden Vorgängen, wie zum Beispiel die Verschiebung der Windsysteme. So liegt der Mittelmeerraum im Nordsommer im Bereich des Subtropenhochs, im Winter beeinflussen ihn die feuchtigkeitsbeladenen Winde der Westwindzone.

Umgekehrt ist in es Südafrika, das wir im Südsommer wolkenfrei, im Südwinter aber wolkenbedeckt sehen. Ganzjährig wolkenfrei sind ausschließlich die Wüstengebiete der Sahara, der Arabischen Wüste sowie die Küstenwüste Namib in Südwestafrika. Die Dunkelheit der Polargebiete im Winter der jeweiligen Halbkugel ist nur bedingt auszumachen.

## Erde

# Der Siedlungs- und Wirtschaftsraum

**Siedlungs- und Wirtschaftsräume, dargestellt anhand von Lichtquellen**

☐ Lichtquellen

Diese Satelliten-Nachtaufnahme eignet sich auch zur Darstellung der Bevölkerungsverteilung. Als helle Stellen zeichnen sich einige eng umgrenzte Räume der Erde ab. Es handelt sich hierbei aber nicht allein um die größten Bevölkerungskonzentrationen, sondern ebenso um Industriezentren sowie um Förderstellen von Erdöl, wo Gas abgefackelt wird. Beispiele dafür sind der Arabisch-Persische Golf, die Erdöloasen

Siedlungs- und Wirtschaftsraum

# Erde

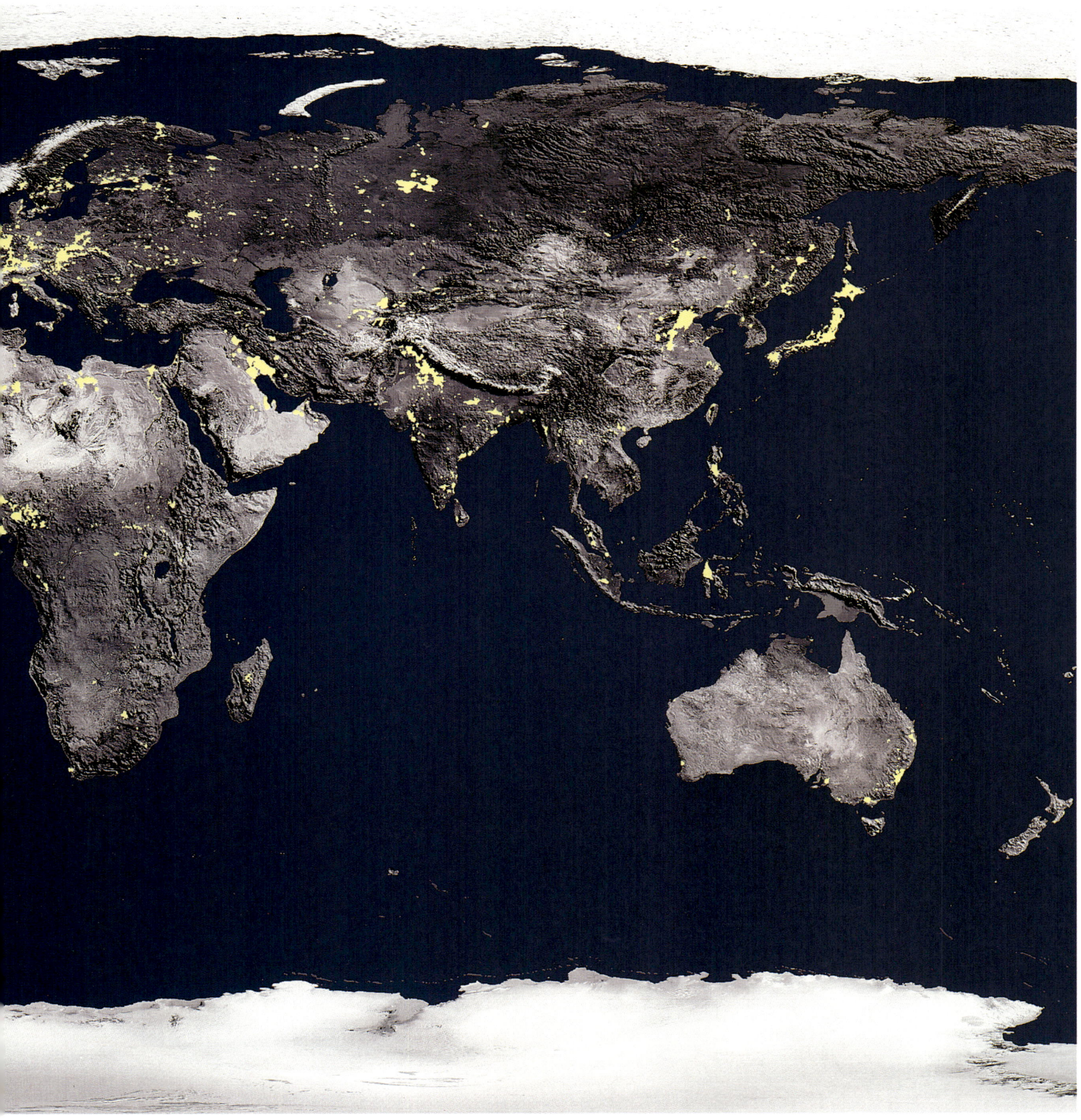

der Sahara, die Fördergebiete im Süden Nigerias oder des sogenannten Dritten Baku inmitten des Westsibirischen Tieflands. Flächenhaft dicht besiedelt sind der Manufacturing Belt im Nordosten der USA, Teile Mittel- und Westeuropas, der Raum Moskau, das Gangestiefland, die Große Ebene in Nordchina, die Inselwelt Japans und auf der Südhalbkugel die Südostküste Australiens und punktuell die Atlantikküste Südamerikas. Die Menschheit konzentriert sich nahe den Küsten sowie in den Stromtiefländern. Demgegenüber erscheinen die großen Wüsten, die Waldgebiete sowie die Polargebiete fast menschenleer.

# Das Relief der Erde

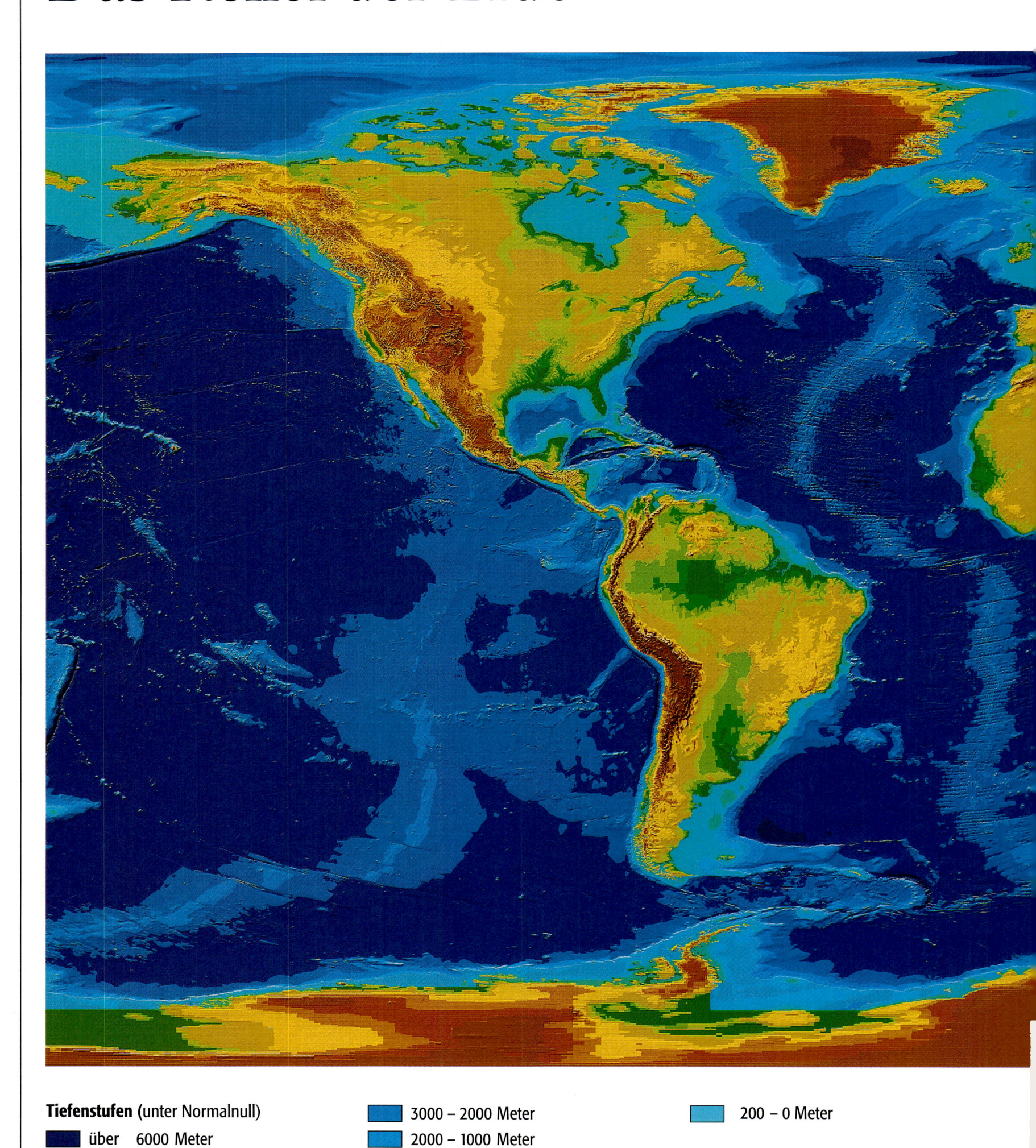

Erde

**Tiefenstufen** (unter Normalnull)
- über 6000 Meter
- 6000 – 4000 Meter
- 4000 – 3000 Meter
- 3000 – 2000 Meter
- 2000 – 1000 Meter
- 1000 – 500 Meter
- 500 – 200 Meter
- 200 – 0 Meter

**Höhenstufen** (über Normalnull)
- 0 – 1 Meter

# Relief

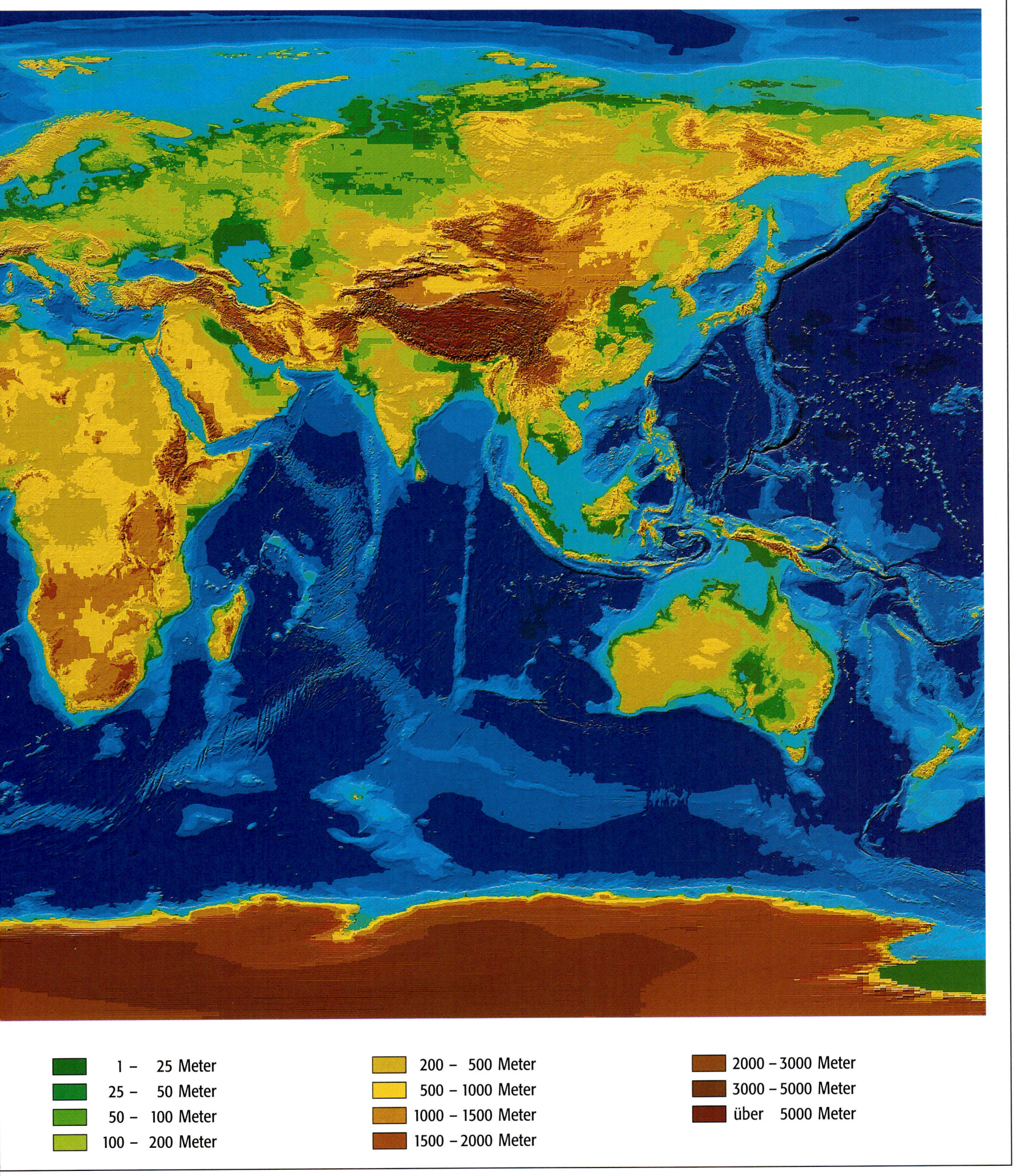

| | | |
|---|---|---|
| ■ 1 – 25 Meter | ■ 200 – 500 Meter | ■ 2000 – 3000 Meter |
| ■ 25 – 50 Meter | ■ 500 – 1000 Meter | ■ 3000 – 5000 Meter |
| ■ 50 – 100 Meter | ■ 1000 – 1500 Meter | ■ über 5000 Meter |
| ■ 100 – 200 Meter | ■ 1500 – 2000 Meter | |

# Das Relief des Meeresbodens

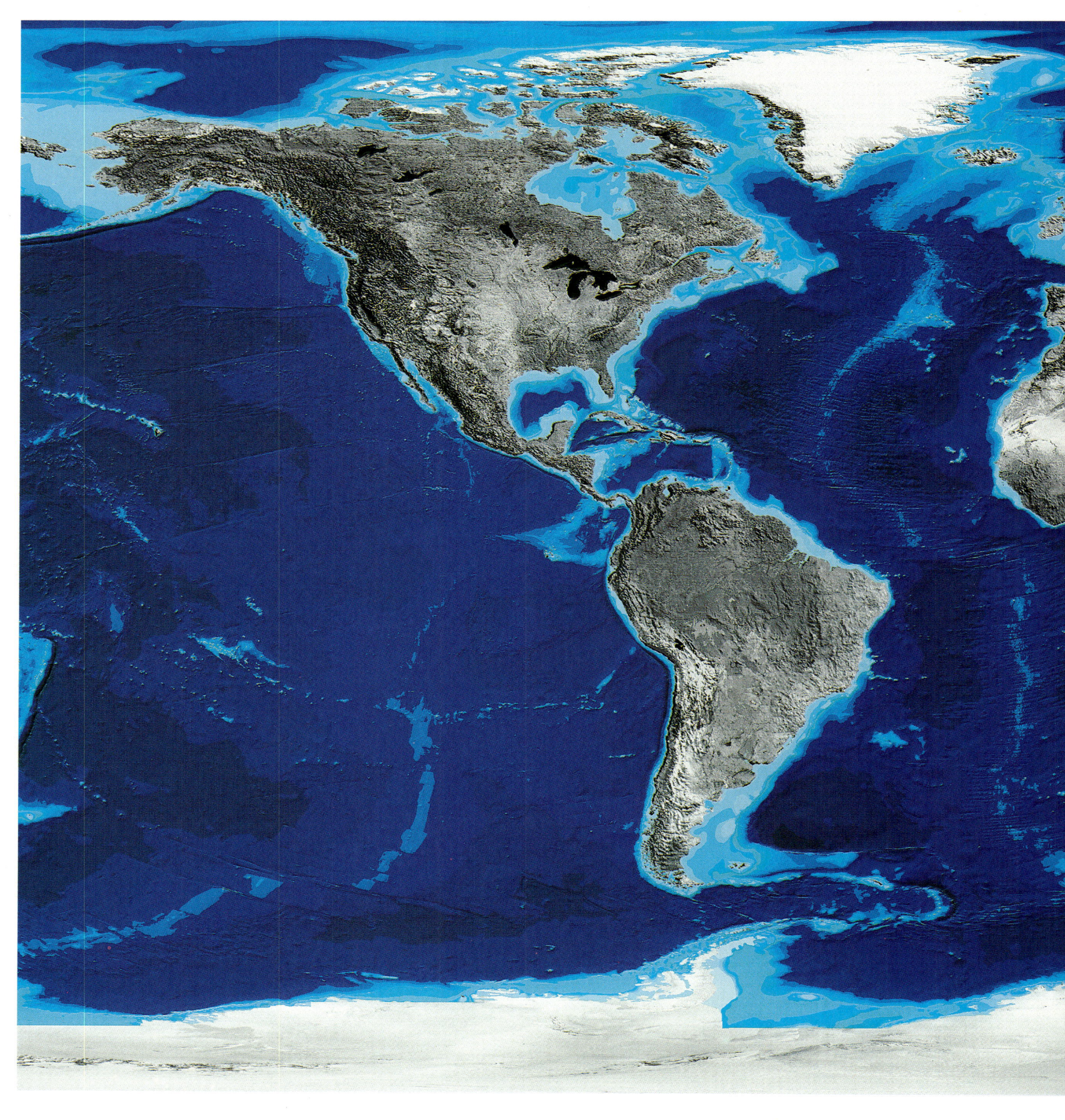

**Tiefenstufen** (unter Normalnull)

- über 6000 Meter
- 6000 – 5000 Meter
- 5000 – 4000 Meter
- 4000 – 3000 Meter
- 3000 – 2500 Meter
- 2500 – 2000 Meter
- 2000 – 1500 Meter
- 1500 – 1000 Meter
- 1000 – 750 Meter
- 750 – 400 Meter
- 400 – 200 Meter

# Relief

- 200 – 100 Meter
- 100 –  25 Meter
-  25 –   0 Meter

Allseits zeichnen an den Küsten die (hellblauen) Schelfmeere die Umrisse des Festlands nach und demonstrieren die Zugehörigkeit der Inseln zu den einzelnen Kontinenten. In den submarinen Rücken des Atlantiks, des Indischen Ozeans und des Pazifiks ist das größte zusammenhängende Gebirge der Erde zu erkennen, das nur an wenigen Stellen (zum Beispiel Island oder Malediven) über den Meeresspiegel aufragt.

# Die Plattentektonik

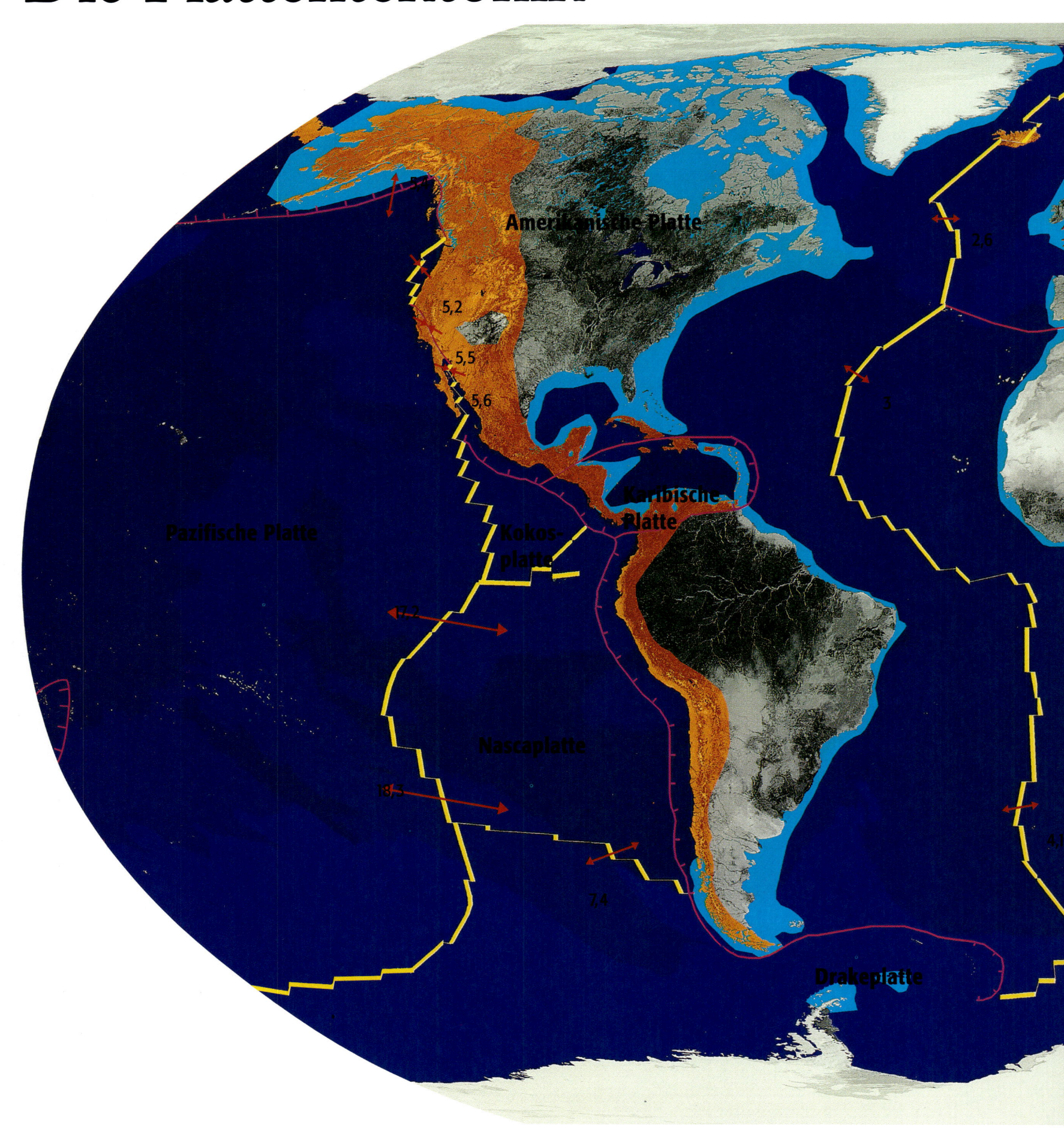

Erde

**Bruchzonen und Plattengrenzen**

- Schelf
- alpidische Faltungszonen
- Bruchzonen
- mittelozeanische Rücken
- Subduktionszonen
- sonstige Plattengrenzen
- vermutete Plattengrenzen
- 7,4 Plattendrift in Zentimetern pro Jahr

# Plattentektonik

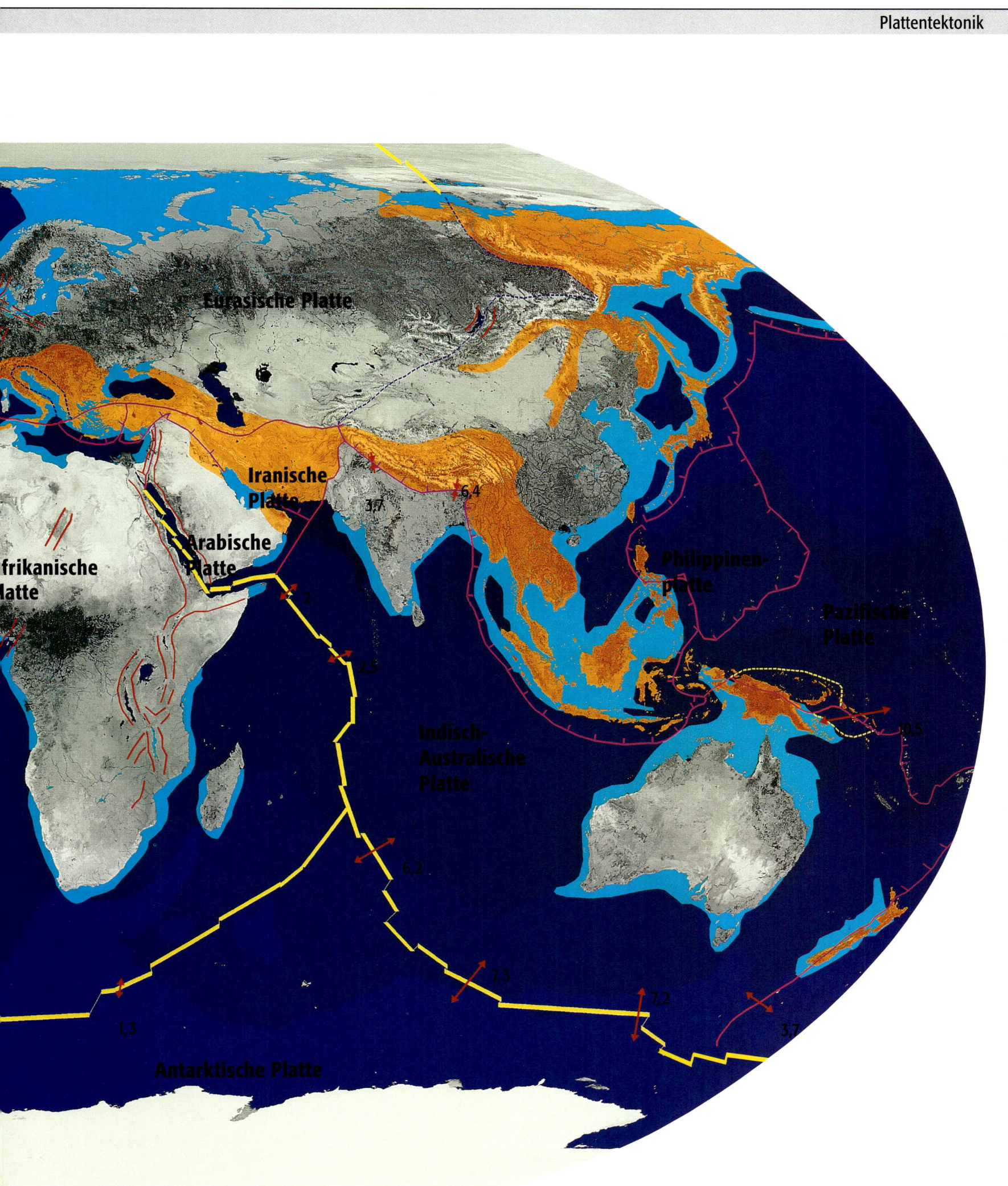

Nach der Theorie der Plattentektonik ist die Erdkruste in zahlreiche Schollen zerbrochen, die durch Strömungen im Erdmantel bewegt werden. Über den aufsteigenden und divergierenden Strömungsästen driften die Platten auseinander; dort bildet sich eine neue Kruste. An den Subduktionszonen konvergieren die subkrustalen Ströme und ziehen die ozeanische unter die kontinentale Kruste. Wo Platten kollidieren, werden Gebirge gefaltet. Die Plattengrenzen sind folglich die Schwächezonen der Erde, an denen sich Spannungen im Gestein aufbauen. Erdbeben und Vulkanausbrüche sind die Folge.

# Erde

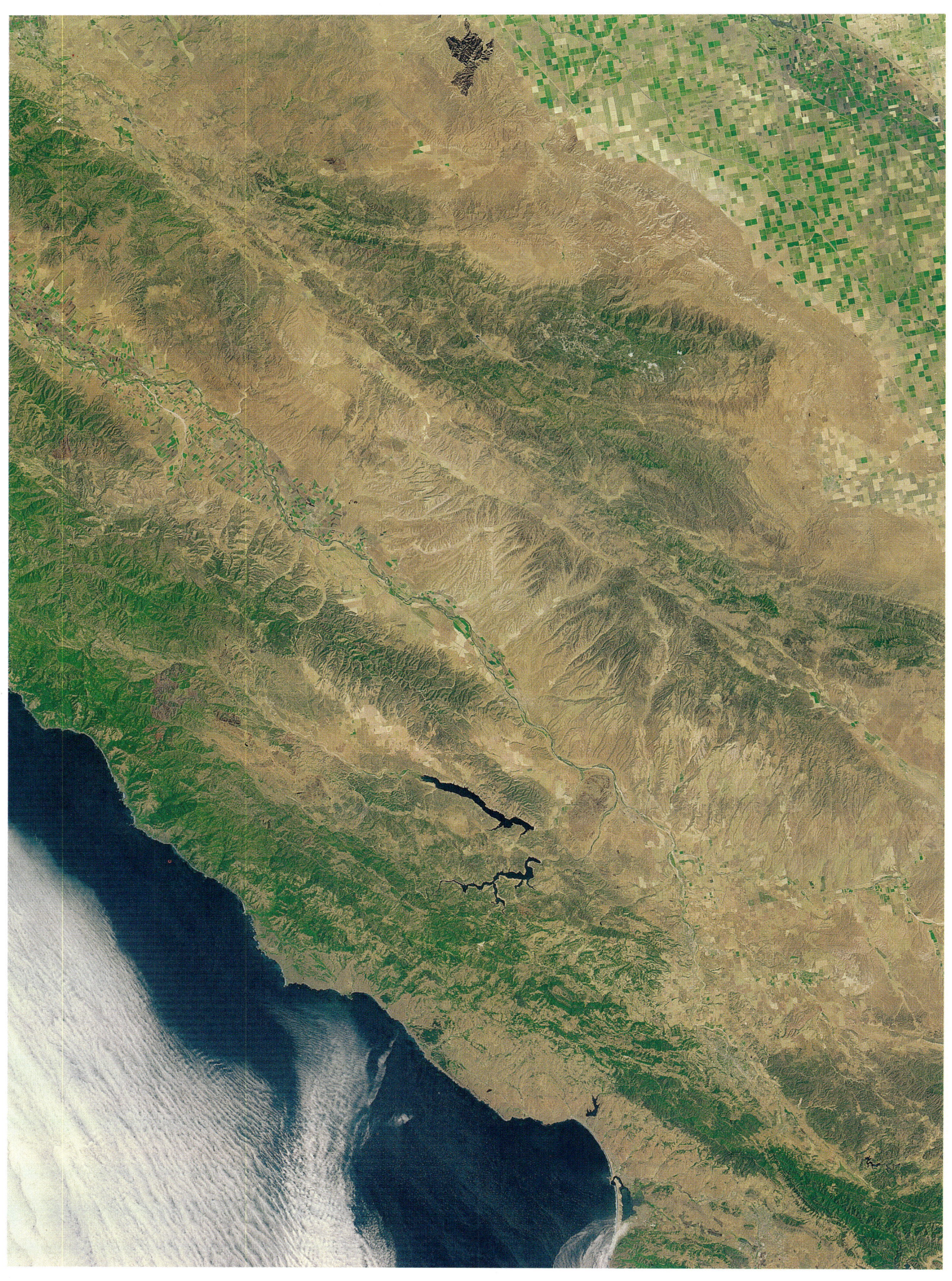

Plattentektonik

# Die San-Andreas-Verwerfung

Bis zu fünf kleinere Erdstöße lassen täglich die kalifornische Pazifikküste erzittern. Risse in Straßen, Brücken und Rohrleitungen oder Deformationen von Eisenbahnlinien gehören zum Alltag. Seit dem Jahr 1800 hat man in Kalifornien mehr als 47 Erdbeben der Stärke 6,5 oder höher auf der Richter-Skala registriert. Auslöser all der kleinen und großen Erschütterungen ist die San-Andreas-Verwerfung, die in nordwestlicher Richtung auf über tausend Kilometer Länge durch Kalifornien vom Cape Mendocino im Norden bis in den Golfo de California in Mexiko verläuft. Auf dem Satellitenbild läßt sich die Hauptstörung deutlich von der nordwestlichen Ecke zum östlichen Bildrand verfolgen.

Dieses Naturphänomen kann mit der modernen Lehre der Plattentektonik erklärt werden, nach der sich die Erdoberfläche in ständiger horizontaler Bewegung befindet. Die etwa einhundert Kilometer starke äußere Schale der Erde besteht aus sechs großen und einer Reihe von kleinen starren Platten, die, Eisschollen ähnlich, auf einem Substratum herabgesetzter Reibung treiben. Die Grenze zwischen Pazifischer und Nordamerikanischer Platte im Bereich von Kalifornien verläuft teils im Meer, teils auf dem Land. Dabei wächst die Pazifische Platte aus dem ostpazifischen Rücken, preßt sich an die Kontinentalplatte und schiebt sich an dieser nach Nordwesten. Gleichzeitig driftet die Kontinentalplatte an der Pazifikplatte entlang nach Südosten mit einem Betrag von 1,5 bis 7 Zentimetern pro Jahr.

Bei der San-Andreas-Verwerfung handelt es sich um ein komplexes System aus einer Haupt- und zahlreichen Zweigverschiebungen mit einem bunten Mosaik aus Krustenfragmenten. Je nach Richtung der Verschiebung entwickeln sich beckenbildende oder sich faltende, überschiebende

Strukturzonen. In einem Becken liegt zum Beispiel Los Angeles. Santa Lucia Range oder Diabolo Range als Teile des Küstengebirges markieren dagegen Faltungszonen. Junger Vulkanismus und das Austreten heißer Lösungen sind an manchen Stellen eher harmlose Begleiterscheinungen der aktuellen Krustenbewegungen.

Uneinheitliche Orientierung, Gesteinszusammensetzung und geothermische Verhältnisse entlang des Systems führen zu ganz unterschiedlichen Bewegungsformen. Während an den einen Segmenten vor allem in Südkalifornien beständige »kriechende« Bewegungen stattfinden, werden solche etwa in den Regionen von San Francisco oder von Los Angeles über viele Jahre blockiert. Die dann aufgestauten Spannungen entladen sich episodisch und plötzlich in Form von starken Erdbeben, die häufig mit Horizontalversätzen von bis zu

*Die San-Andreas-Verwerfung stellt sich wie eine klaffende Wunde im Bereich der Carrizo-Ebene nördlich von Los Angeles als deutlich sichtbare Spalte oder als Längstal dar.*

12 Metern verbunden sind. Welche Kräfte dabei frei und welche Zerstörungen ausgelöst werden, zeigte das Erdbeben in Südkalifornien vom 17. Januar 1994: Die Stärke betrug 6,8, 60 Todesopfer waren zu beklagen, und der Schaden belief sich auf 20 bis 30 Milliarden Dollar, wobei nur etwa 6 Milliarden durch Versicherungen abgedeckt waren. Obwohl vielen die Wahrscheinlichkeit eines kommenden großen Erdbebens, genannt »The Big One«, durchaus bewußt ist, schöpfen Staat und Bevölkerung keineswegs alle Möglichkeiten aus, um sich davor zu schützen. Heute zeigen Straßenkarten von Kalifornien bruchgefährdete Stellen, informieren Telefonbücher detailliert über Notfallprozeduren, und Immobilienmakler sind zum Beispiel gesetzlich dazu verpflichtet, Kaufinteressenten die Lage in einer Gefährdungszone mitzuteilen. Diese befinden sich zwar überwiegend in den dünnbesiedelten Bergregionen, reichen aber auch noch in die intensiv durch Bewässerungslandwirtschaft genutzten Zonen des San Joaquin Valley in der nordöstlichen Ecke des Satellitenbilds hinein, wo weiter gesiedelt wird.

Maßstab des Kartenausschnitts:
1 : 4 000 000
0   40   80   120 km

# Erdbeben und Vulkanismus

Nach der Theorie der Plattentektonik werden die einzelnen Platten der Erdkruste auf dem Rücken von zähflüssigen Strömungen im Erdmantel bewegt. An den Rändern verhaken sich die Platten, und im Gestein bauen sich Spannungen auf. Wenn diese sich ruckartig lösen, wird die Erdoberfläche durch Erdbeben erschüttert. An diesen Schwächezonen kommt es zudem zu Vulkanausbrüchen.

In mehreren Intensitätsstufen sind die erdbebengefährdeten Landgebiete dargestellt, nicht jedoch die Räume mit Seebeben. Fast lückenlos umgeben Erdbebengebiete im küstennahen Bereich den Pazifik sowie Teile des Indik. An diesen Subduktionszonen taucht die ozeanische Kruste unter die kontinentale ab und wird aufgeschmolzen. Die aktiven Vulkane des zirkumpazifischen Feuerrings sind Hinweise auf diesen Prozeß. Wo Strömungsäste divergieren, driften Platten auseinander. Dort weisen innerkontinentale Gräben sowie aktive Vulkane auf die Spaltung der Platten hin. Den umgekehrten Vorgang kann man dort beobachten, wo die Afrikanische und die Indische Platte in die Eurasische Platte eindringen und zur Faltung von Gebirgen führen. Unabhängig von diesen Bewegungen sind die »heißen Flecken« (100 bis 150 Kilometer Durchmesser) als Aufstiegsschlote von Material aus dem Erdmantel ortsfest. Über diese Hot Spots gleiten die Platten der Erdkruste hinweg.

**Gefährdung durch Erdbeben**
Maximale Intensitätswerte nach der Mercalli-Skala bei einer Überschreitungswahrscheinlichkeit von 20 Prozent innerhalb von 50 Jahren

- Zone 1: Maximaler Intensitätswert VI
- Zone 2: Maximaler Intensitätswert VII
- Zone 3: Maximaler Intensitätswert VIII
- Zone 4: Maximaler Intensitätswert IX und darüber

**Lage der Vulkane und Hot Spots**
- ▲ Vulkane
- ■ Hot Spots

Erdbebengefährdung

Vulkanismus

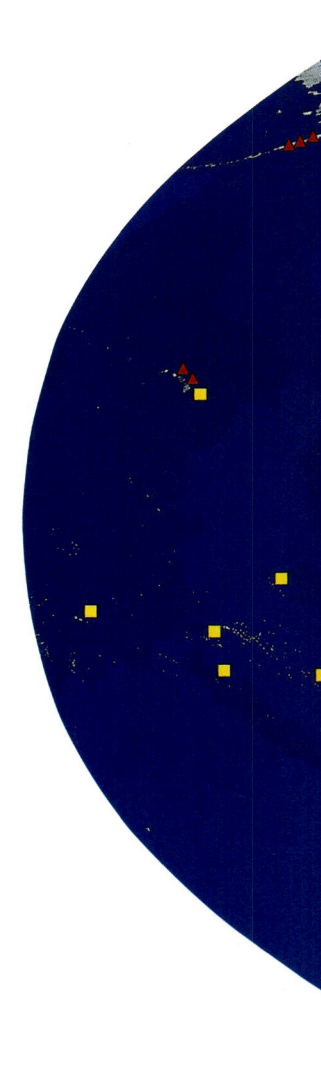

*Nur 20 Sekunden dauerte das Hauptbeben, das im Januar 1995 die japanischen Hafenstädte Kobe und Osaka erschütterte.*

*Das Erdbeben von der Stärke 7,2 auf der Richter-Skala forderte über 6000 Menschenleben und richtete gewaltige Schäden an.*

*Tinakula Island ist eine der Salomoninseln, einer Inselgruppe Melanesiens, nordöstlich von Australien im westlichen Pazifik gelegen. Die Hänge des nahezu ideal geformten Vulkankegels bekleidet tropischer Regenwald, der in den oberen Partien über 1500 Metern in Nebelwald übergeht.*

Erdbeben und Vulkanismus

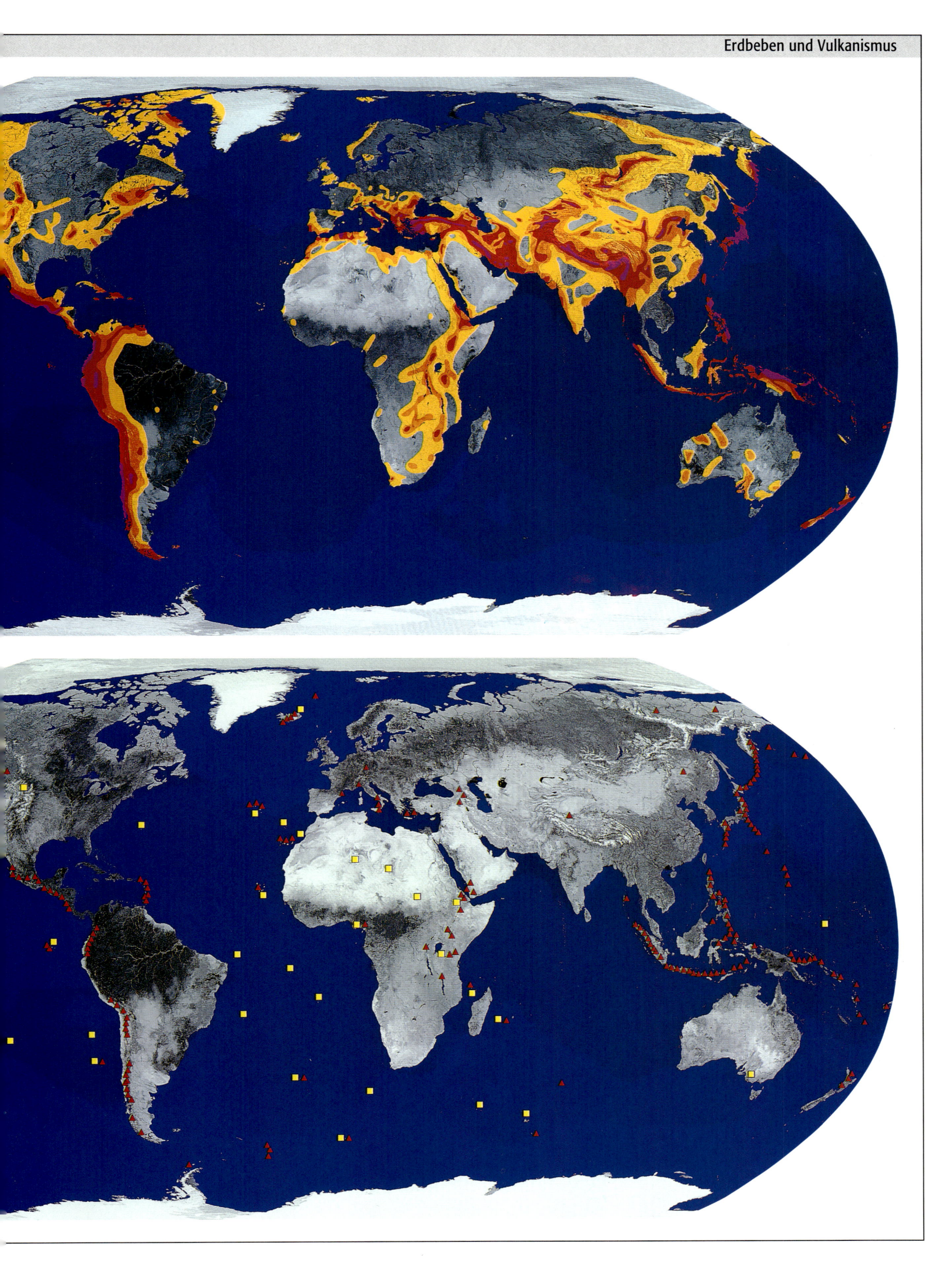

35

Erde

Erdbeben und Vulkanismus

# Der Mount Saint Helens

*Im Mai 1980 ereignete sich der größte Vulkanausbruch der jüngeren Vergangenheit in Nordamerika. Nachdem er bereits ab März Dampf- und Aschenwolken ausgestoßen hatte, explodierte der Mount St. Helens am 18. Mai. Bis in eine Entfernung von 800 Kilometern regnete es Asche. Die Energie der Eruption entsprach der von 500 Atombomben des Hiroshima-Typs.*

Das vegetationslose, wüstenhafte Gebiet in der nördlichen Bildmitte ist das Gebiet des Mount Saint Helens' mit seiner ovalen Caldera und dem Spirit Lake. Bis zum Mai 1980 glich der 2950 Meter hohe Berg mit eis- und schneebedecktem Gipfel dem Mount Hood (3424 Meter, südöstliche Bildecke) und dem Mount Adams (3751 Meter, östlich des Mount Saint Helens'): kegelförmige Vulkane mit steilen Hängen und radial gerichteten Lavaströmen, stark zerfurcht und glazial überformt. Diese Vulkane gehören der Cascade Range an (entlang des östlichen Bildrands), in der sich die aktiven Vulkane Nordamerikas vom Lassen Peak in Nordkalifornien bis zum Mount Garibaldi im Süden Britisch-Kolumbiens aneinanderreihen. Das geologisch junge Gebirge liegt dort, wo sich die Pazifische Platte unter die Nordamerikanische Platte schiebt. Dabei wird das Krustenmaterial aufgeschmolzen. Das Magma steigt aus einer Tiefe von etwa einhundert Kilometern nach oben und sammelt sich in Magmakammern in zehn bis zwanzig Kilometern Tiefe. Temperaturverringerung und Kristallisation führen zur Gasbildung. Die Eruption der Gase sprengt einen Schlot frei, über den dann Aschen, Lapilli, Bomben und Lava gefördert werden.

Nach über einhundert Jahren Ruhe war es 1980 beim Mount St. Helens wieder soweit. Er war zuletzt 1857 ausgebrochen. Vom März 1980 an hatten Erdstöße das Gebiet des Mount St. Helens' erschüttert. An seiner Nordseite bildete sich eine Beule. Am 18. Mai explodierte der Vulkan und büßte 400 Meter an Höhe ein. Eine Aschenwolke stieg auf und löste Gewitterregen aus, Gletschereis und Schnee schmolzen, der Spirit Lake floß über. Ein zehn Meter hoher Schlammstrom wälzte sich mit einer Geschwindigkeit von etwa 80 Kilometern pro Stunde talwärts und ergoß sich in den Columbia River, der in einer riesigen Schlucht die Cascade Range durchbricht. Baumstämme und Schlamm versperrten dort den Schiffahrtsweg für mehrere Tage.

Aus der aufgerissenen Nordflanke des Vulkans entwich eine heiße Gaswolke, die im Umkreis von 300 Metern alle Bäume verbrennen ließ und sie bis zu einer Entfernung von dreißig Kilometern entwurzelte und knickte. In dieser Gaswolke fanden sechzig Menschen den Tod.

Heute sehen wir die Narben des Ausbruchs. Wie die Arme einer Krake greifen Lava-, Schlamm-, und Schuttströme ins Umland. Die gleichen Erscheinungen treten am Mount Adams und am Mount Hood auf, jedoch sind sie dort teils von Eismassen bedeckt, teils überwachsen.

Zu den touristischen Attraktionen des Erholungsgebiets der Cascade Range gehören neben den langgestreckten Stauseen die üppigen Wälder mit ihren Douglasien. Deren Grün wird durchbrochen von helleren Rodungsflächen, ein klarer Hinweis auf die Forstwirtschaft.

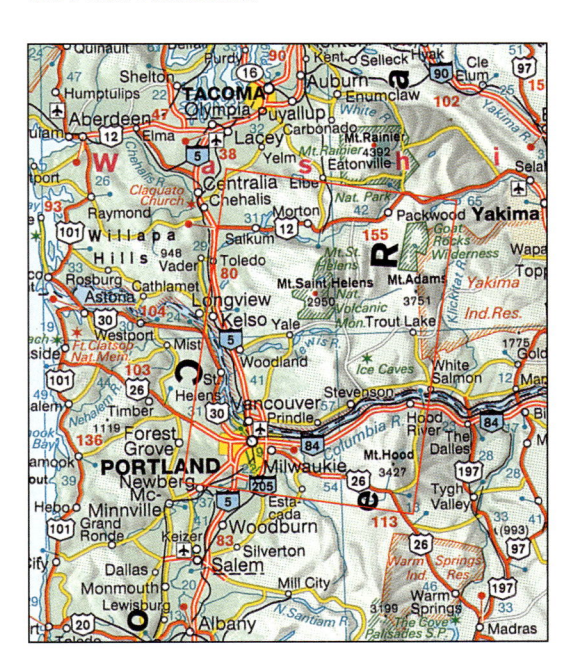

Maßstab des Kartenausschnitts: 1 : 4 000 000

Erde

Erdbeben und Vulkanismus

# Hot Spots auf Hawaii

Über eine Länge von insgesamt 2400 Kilometern erstreckt sich der hawaiische Archipel durch den mittleren Pazifik. Die acht Hauptinseln und über 120 kleineren Inseln stellen, von einigen Atollen abgesehen, die Gipfel einer gewaltigen Vulkankette dar. Aus fast 5000 Metern Meerestiefe ragen die Vulkane Mauna Loa (4170 Meter) und Mauna Kea (4205 Meter) mehr als 9000 Meter über den Meeresboden auf und gehören damit zu den höchsten Bergen der Erde.

Ihre Entstehung verdanken die Vulkane der Hawaii-Inseln einer Magmaquelle, die im tieferen Erdmantel vermutet wird. Die perlschnurartige Aufreihung der Inselkette wird durch die Plattentektonik erklärt. Kauai im äußersten Nordwesten ist mit 5,6 Millionen Jahren die älteste der Inseln, während sich Hawaii im Südosten, die größte und jüngste Insel der Kette, erst vor 0,5 Million Jahren zu entwickeln begann. In anderen Gebieten der Erde sind Schwächezonen der Erdkruste an auseinanderdriftenden oder zusammenstoßenden Plattenrändern verantwortlich für die Ausbrüche von Vulkanen. Die Hawaii-Inseln liegen aber weit entfernt von Subduktions- oder Kollisionszonen.

Für die isolierte Lage der gewaltigen Hawaii-Vulkane bietet allein die Theorie der Plattentektonik eine einsichtige Erklärung. Diese besagt, daß die Pazifische Platte langsam nach Nordwesten driftet. Dabei gleitet sie über einen stationären Hot Spot (Heißen Fleck) hinweg, einen heißen, überhitzten Materiestrom. Direkt über dem Hot Spot brechen Vulkane aus, deren Aktivität abklingt und erlischt, wenn die Ausbruchsstelle auf der Platte sich weit genug vom Hot Spot entfernt hat.

Man weiß heute mit Sicherheit, daß die Vulkane, die die Hawaii-Inseln schufen, einer nach dem anderen in einer geraden Nordwest-Südost-verlaufenden Linie zur Erdoberfläche durchbrachen. Der nächste Vulkan beginnt bereits, unter der Meeresoberfläche seine künftige Insel im Südosten von Hawaii aufzubauen.

Von den im Satellitenbild sichtbaren Vulkanen Haleakala auf Maui sowie Mauna Kea und Mauna Loa auf Hawaii ist nur noch der Mauna Loa aktiv, wie unter anderem die von seinem Krater ausgehenden dunklen, vegetationslosen Lavaströme zeigen. Seine letzten größeren Ausbrüche erfolgten 1975 und 1984. Knapp außerhalb des südöstlichen Bildrands liegt der 1243 Meter hohe Kilauea, in dessen Krater ständig ein Lavasee brodelt.

Der Haleakala Crater (3054 Meter) auf Maui ist mit 32 Kilometern Umfang und einer Tiefe von rund 600 Metern einer der größten Krater der Erde.

Auf den beiden im Satellitenbild dargestellten Hawaii-Inseln unterscheiden sich die Nordost- und die Südwestseite durch ihre Vegetation: intensives Grün im Nordosten, braune bis gelbliche Farbtöne im Südwesten. Da die Inselgruppe im Bereich des durch den Pazifik gekühlten Nordostpassats liegt, erhalten die Luvseiten der Gebirge reichlich Niederschläge (bis 12 000 Millimeter). Dort entwickelten sich üppige Bergwälder bis in eine Höhe von 2000 bis 2300 Metern. Die Leeseiten der Berge liegen im Regenschatten (etwa 600 Millimeter Niederschlag pro Jahr) und tragen eine wesentlich spärlichere Vegetationsdecke. An den Küsten werden in hochmechanisierten Riesenplantagen vorwiegend Zuckerrohr und Ananas sowie Bananen, Gemüse und Kaffee angebaut, in den trockeneren Gebieten wird eine extensive Rinderweidewirtschaft betrieben. Für die Wirtschaft des Raums ist der Fremdenverkehr von größter Bedeutung. Vom Badetourismus an den Küsten, der durch das milde und beständige Klima im Bereich der äußeren Tropen begünstigt wird, über Hubschrauberflüge im Hawaii Volcanoes National Park bis zum Skisport auf der winterlichen Schneekappe des Mauna Kea erstreckt sich das Angebot, das jährlich an die acht Millionen Touristen anlockt.

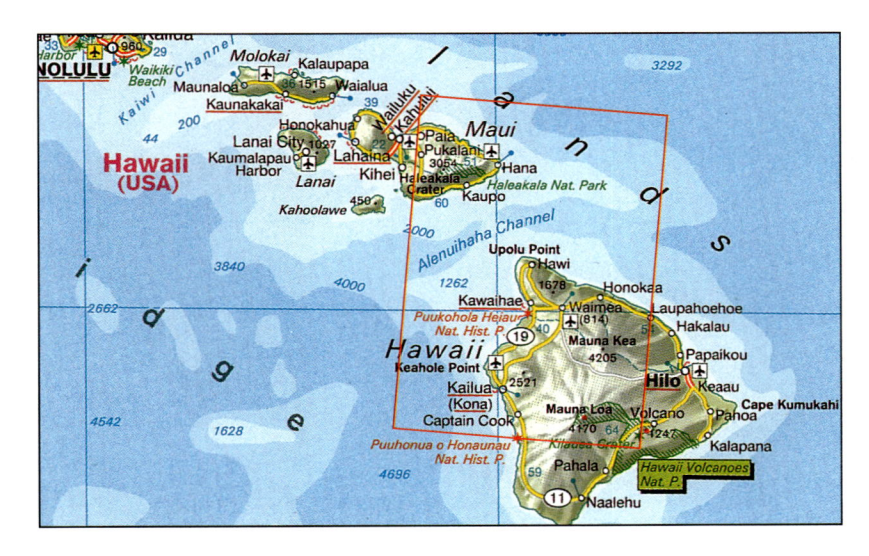

Maßstab des Kartenausschnitts: 1 : 4 000 000

*Über 1000 Grad heiß ist die Lava, die aus dem Krater des Kilauea talwärts fließt. Er ist rund 45 Kilometer von dem wesentlich größeren Mauna Loa entfernt. Als »Herz des ewigen Feuers« – so die Übersetzung von Halemaumau – bezeichnen die Einheimischen die fast kreisrunde Kratervertiefung mit dem ständig brodelnden Lavasee.*

### Erde

# Die atmosphärische Zirkulation

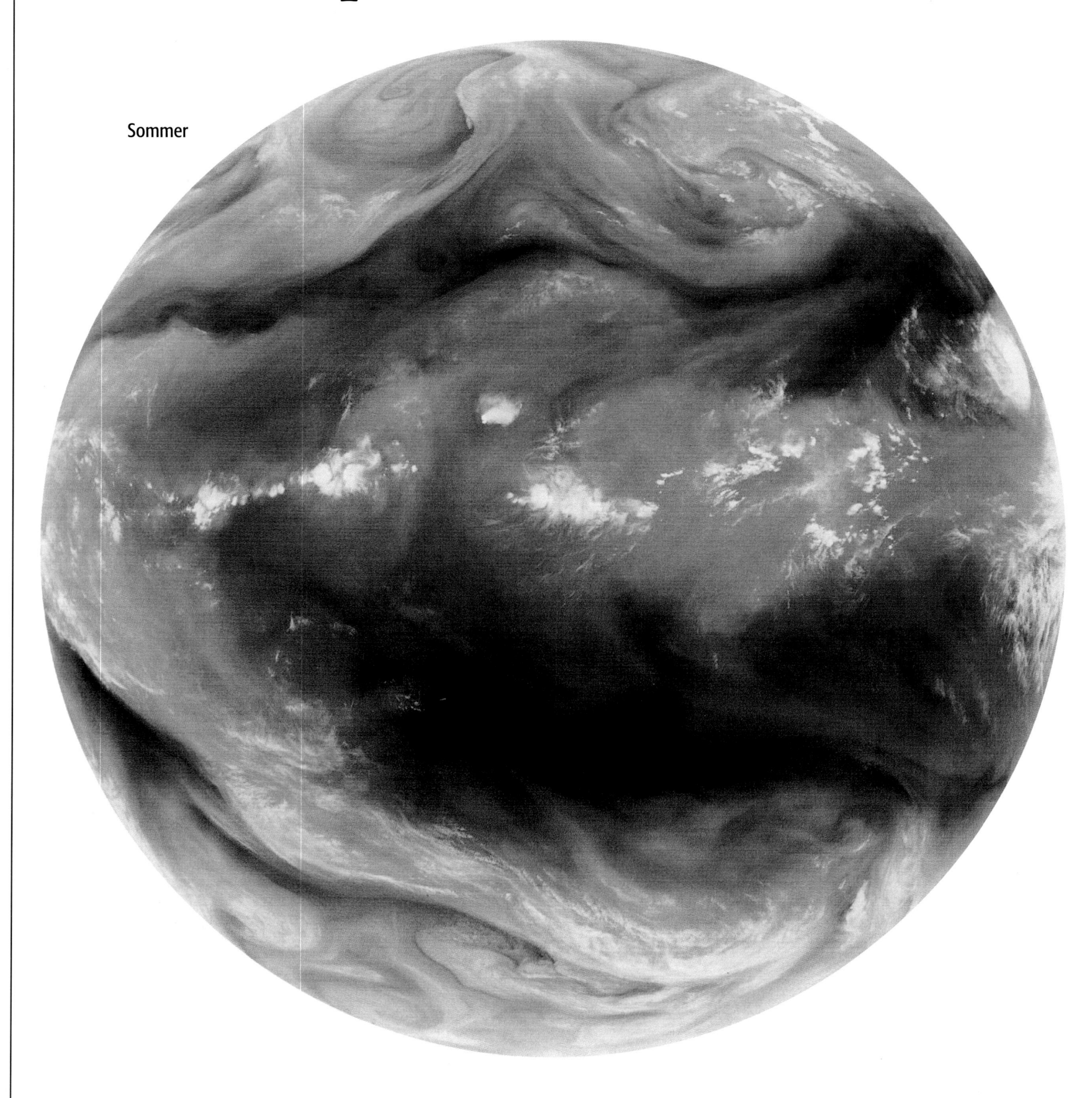

Sommer

Als geostationärer Satellit »steht« Meteosat 2 in 36 000 Kilometern Höhe über dem Äquator und liefert alle 30 Minuten Bilder im sichtbaren, infraroten und Wasserdampfspektralbereich. Die Sensoren empfangen bei den Bildern, wie sie hier zu sehen sind, die vom atmosphärischen Wasserdampf ausgesandte Strahlung und machen dadurch die weltweiten Austauschvorgänge in der Lufthülle sichtbar. Je heller die dargestellten Gebiete sind, um so mehr Feuchtigkeit weisen sie auf; dunkle Farbe läßt auf Trockenheit schließen.

Im Bild auf Seite 40 wird die allgemeine Zirkulation der Atmosphäre nahezu idealtypisch wiedergegeben. In der Mitte, nahe dem Äquator, steigt die Luft bis in große Höhen auf. Dieser Bereich wird auch Kalmen genannt, also windstille Zone, da der Mensch auf- und absteigende Luft nicht als Wind wahrnimmt. Hier treffen Nordost- und Südostpassat aufeinander, und es kommt im Bereich der Innertropischen Konvergenz zur Ausbildung von hochrei-

## Atmosphärische Zirkulation

Winter

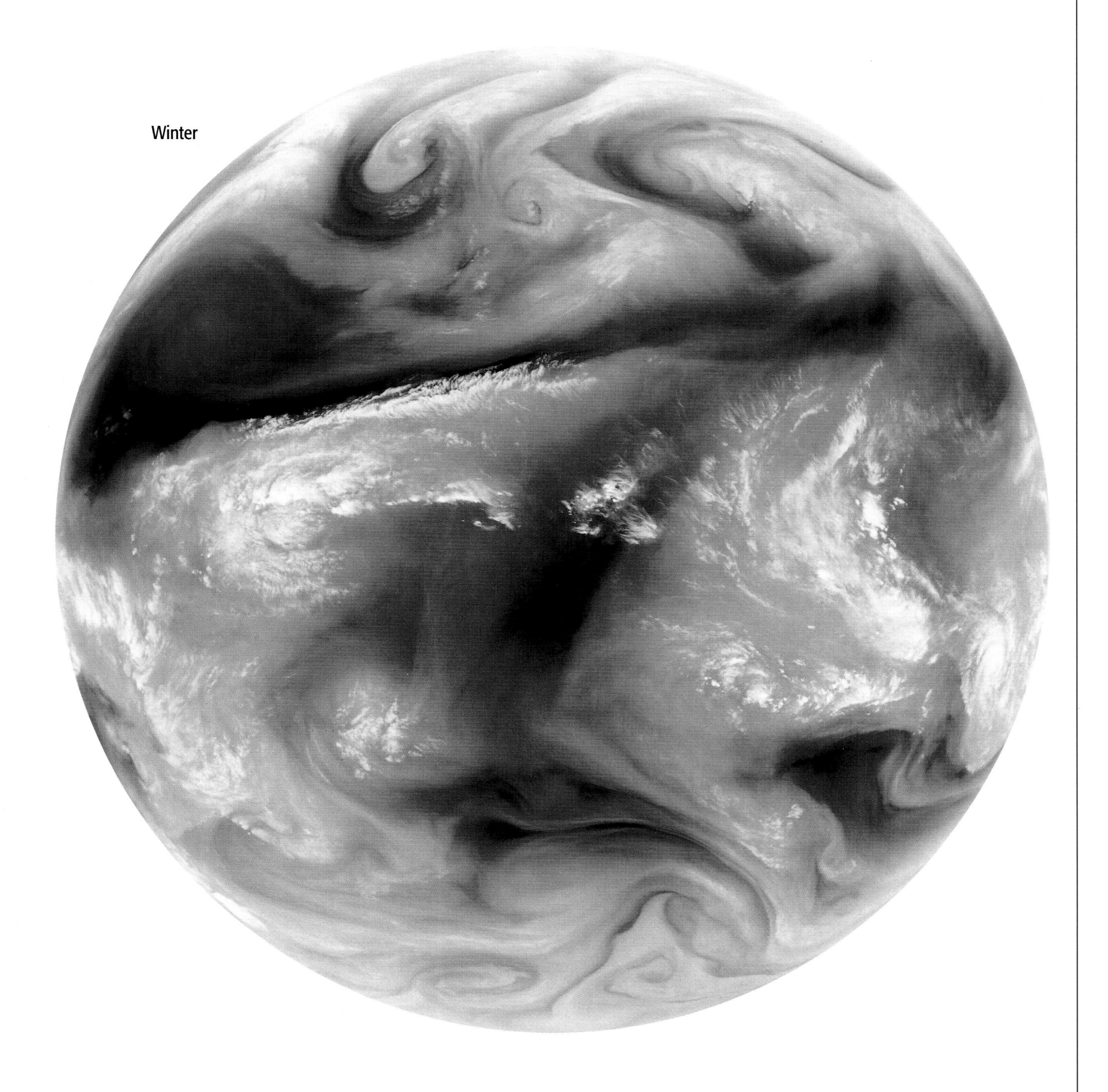

chenden Gewitterwolken. In der Höhe der Wendekreise lösen sich die Wolken bei absteigender Luftbewegung auf. Die Trockenheit dieses Hochdruckgürtels zeigt sich in der dunklen Farbe. Bodennah strömen die Passate von dort zur äquatorialen Tiefdruckrinne, wo sie konvergieren. Polwärts, im Bereich der mittleren Breiten, folgen die spiralartigen Wolkensysteme der Zyklonen. Die dort vorherrschenden Westwinde treten vor allem auf der Südhalbkugel als sogenannte Roaring Fourties mit großer Regelmäßigkeit und Konstanz auf.

Auch im Bild Seite 41 läßt sich diese Anordnung der atmosphärischen Zirkulation feststellen, mit dem Unterschied jedoch, daß dort die einzelnen »Systeme« wesentlich stärker ineinander verflochten, verwirbelt sind. Die Ursachen dafür sind in der ungleichen Verteilung der Land- und Wassermassen der Erde zu sehen sowie in der Lage und Ausdehnung hochreichender Gebirge, die die Windsysteme der Erde beeinflussen.

Erde

# Die Ausbreitung der Wüsten

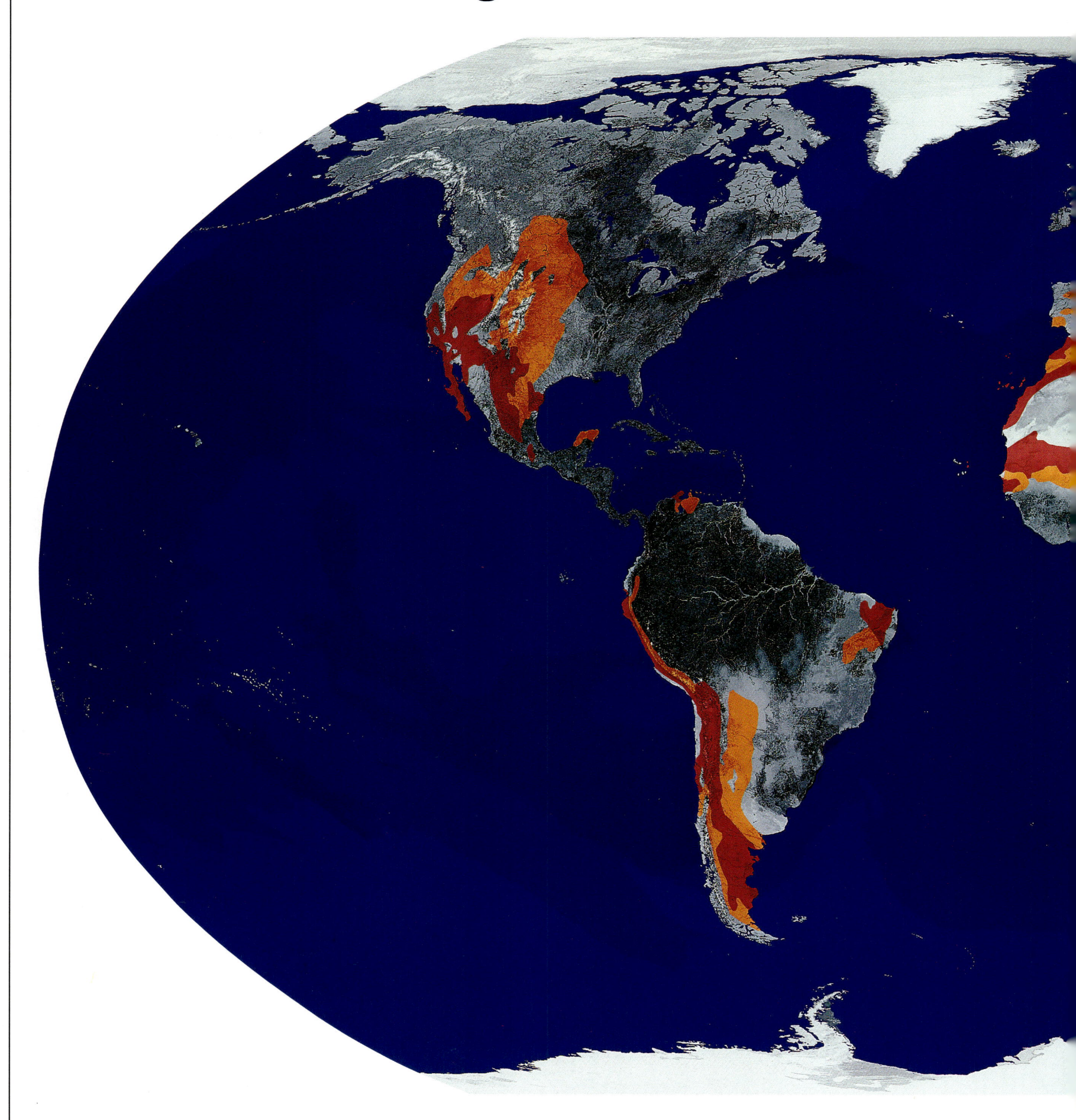

**Gefährdung durch Desertifikation**

- stark gefährdet
- schwach gefährdet

Eines der großen Probleme der Erde ist die Ausbreitung der Wüsten (Desertifikation); die Satellitenbildkarte zeigt die vom Vordringen der Wüsten gefährdeten Regionen. Die Gründe für die unaufhaltsame Ausdehnung der Wüsten liegen in natürlichen, längerfristigen Witterungsschwankungen, Destabilisierung des Klimas, Eingriffen des Menschen in den Naturhaushalt als Folgen der Überbevölkerung und Än-

**Desertifikation**

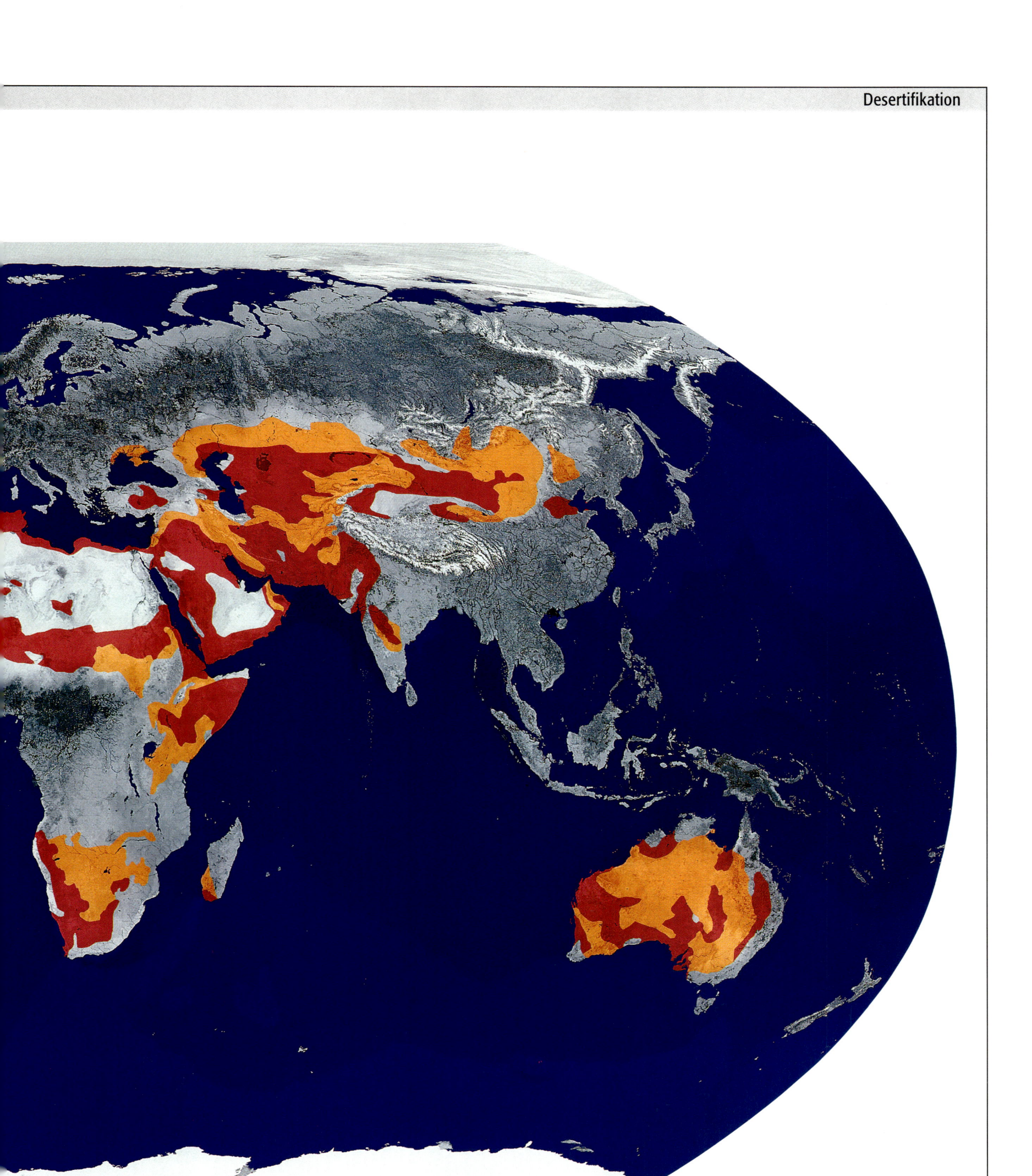

derung der Wirtschaftsform oder in einer Kombination dieser Gründe. Um diese Vorgänge besser verstehen, ihre Ursachen erforschen und deren Auswirkungen auf das gesamte Ökosystem der Erde erfassen zu können, sind weiträumige Übersichten über längere Zeitspannen notwendig. Satellitenaufnahmen bieten diese Möglichkeit. Sie zeigen die Bewegung der Vegetations- und Lebensraumgrenzen im Jahres- und Langzeitverlauf und lassen die Abfolge von Veränderungen in ganzheitlicher Betrachtungsweise erkennen. Ebenso verdeutlichen sie die Reaktionen der Menschen auf ökologische Veränderungen.

Erde

Desertifikation

# Bedrohter Lebensraum Sahelzone

Die Ökosysteme der Übergangsräume zwischen verschiedenen Klimaregionen, besonders aber jene zwischen dem großen Wüstengürtel der Erde und den daran angrenzenden semiariden und subhumiden Gebieten, sind durch die in Gang geratenen globalen Veränderungen besonders gefährdet.

Mit zunehmender Geschwindigkeit verändern sich unter dem Einfluß menschlicher Aktivitäten und Reaktionen auf naturbedingte zyklische Schwankungen oder globale Umweltveränderungen die Bedingungen dieser sensiblen Räume.

Wachsender Bevölkerungsdruck in diesen Gebieten mit seinem ständig zunehmenden Bedarf an Lebensraum, Nahrungsmitteln und Wasser verstärkt das Problem beträchtlich und führt zu einer nachhaltigen Verarmung ganzer Landstriche. Satellitenaufnahmen machen die Problematik sichtbar, sie zeigen klar, wie sich ein Lebensraum zum Positiven oder Negativen hin verändert.

In der Sahelzone, die mit einer Ausdehnung von 3,1 Millionen Quadratkilometern rund 10 Prozent der Fläche Afrikas einnimmt, zeigt sich schon bei einer mittellangen Beobachtungsdauer und einem Vergleich von Aufnahmen, die im Abstand von 17 Jahren gemacht wurden, eine Ausdehnung der Wüste nach Süden.

Wassermangel, Entwaldung, zerstörte Vegetationsdecken durch Überweidung, gefolgt von Bodenauswehungen bei Trokkenheit oder Bodenerosion nach Regenfällen, sind die wesentlichen Ursachen für die Zerstörung dieser Region.

Lange Trockenperioden sind – neben den jahreszeitlich bedingten Feucht- und Trockenzeiten – ein in mehrjährigen Abständen immer wieder auftretendes zyklisches Phänomen.

Die in regelmäßigen Abständen zur Erde übermittelten Aufnahmen des europäischen Wettersatelliten Meteosat, der in 36 000 Kilometern Höhe über der Sahelzone in einer geostationären Umlaufbahn »steht«, zeigen den Tages- und Jahresgang der Bewölkung und damit die Niederschlagshäufigkeit sowie die Häufigkeit von Gewittern. Im Jahresgang verschiebt sich der die Erde umfassende tropische Wolkengürtel mit dem Sonnengang von Süden nach Norden. Damit bestimmt er Regen- und Trockenzeiten.

Höherauflösende Satellitenaufnahmen werden zur Erfassung der Niederschlagsverhältnisse und der Errechnung des sogenannten Vegetationsindexes verwendet, der Aufschluß über die laufenden Veränderungen der Pflanzendecke gibt. Jedoch nur die Aufnahmen der hochauflösenden Kamerasysteme des amerikanischen Satelliten Landsat (wie die hier gezeigten) geben einen detaillierten Einblick in die tasächlichen Verhältnisse am Boden. Sie offenbaren im langjährigen Vergleich den Teufelskreis, in dem sich die Sahelzone befindet. Er wird besonders deutlich, wenn man für die Studien Satellitenbilder größerer Landschaftsräume heranzieht, die zu verschiedenen Jahreszeiten und über längere Zeiträume aufgenommen wurden. Im Verlauf von 17 Jahren dehnte sich der Trockenraum rund 200 Kilometer nach Süden aus. So werden auf Seite 44 und auf Seite 46 vier solcher Satellitenbilder gezeigt, die einen Querschnitt des Übergangsraums zwischen tropischem Hügelland im Süden und dem Vollwüstenland der Sahara im Norden mit dazwischenliegender Halbwüste und Wüstensteppe repräsentieren und in denen

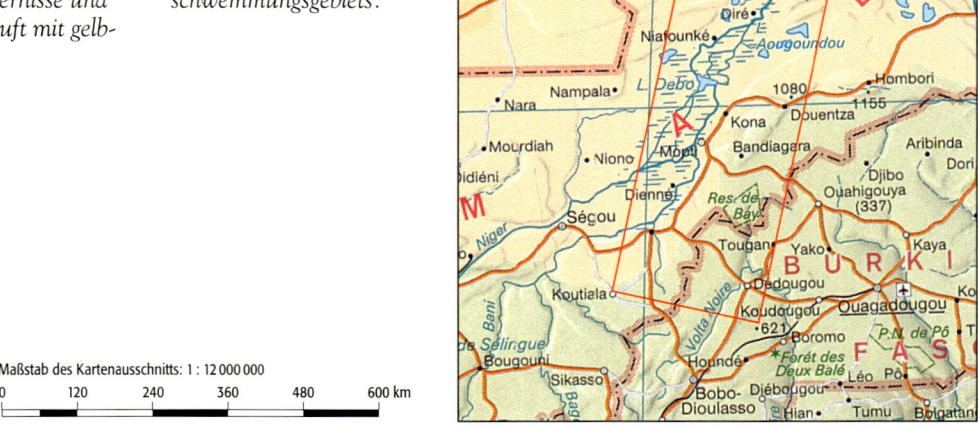

*Am Niger bei Mopti, der Regionalhauptstadt, während der Trockenzeit. Begünstigt durch den Mangel an Vegetation findet der Wind kaum Hindernisse und erfüllt die Luft mit gelblichen Sandpartikeln. Die Stadt liegt am Zusammenfluß des Niger und des Bani auf drei Inseln am Rand des Niger-Überschwemmungsgebiets.*

Maßstab des Kartenausschnitts: 1 : 12 000 000

Erde

sich von Süd nach Nord das Niger-Binnendelta ausdehnt.

Das erste Bildpaar auf Seite 44 zeigt den Vegetationszustand während der Trockenzeit in den Jahren 1974 (links) und 1989, dasjenige auf Seite 46 während der Regenzeit dieser Jahre. Die Bilder sind als Infrarot-Falschfarbenaufnahmen aufbereitet, in denen die rote Färbung Vegetation wiedergibt. Diese hebt sich dadurch von den vegetationslosen Zonen, die in Gelb- und Brauntönen erscheinen, besser ab und differenziert sich auch in sich deutlicher, so daß zwischen dichter und weniger dichter Vegetationsdecke unterschieden werden kann.

Betrachtet man die Aufnahmen genauer, so kann man von Norden nach Süden mehrere Zonen unterscheiden. Es beginnt mit der gelb leuchtenden Vollwüste, die in eine weitständige Dornen- oder Trockensavanne übergeht, die allerdings nur schwer abzugrenzen ist, auf die dann Grasland folgt, das im Infrarot-Satellitenbild einen rötlichen Anflug zeigt, der, je nach Vegetationszustand (Feuchtigkeit), bis zu einem dichten Rot werden kann.

Dargestellt ist ein Teil jenes Gebietes, in dem sich, bedingt durch lang anhaltende Trockenzeit, jene Tragödien ereignen, die durch Presseberichte der Weltöffentlichkeit bekannt geworden sind.

Die Jahresniederschlagsmenge dieses Raums beträgt im Norden rund 200 Millimeter und steigt im Süden auf 600 Millimeter an; sie kann dabei um mehr als 25 Prozent schwanken. Die 200-Millimeter-Isohyte, unter der Regenfeldbau unmöglich wird, begrenzt die Sahelzone im Norden. Im Süden wird sie durch die 700-Millimeter-Isohyte abgeschlossen, bevor sie in die Region sudanesischer Vegetationselemente übergeht.

In Kurz- und Langzeitzyklen von 2 bis 3, 7 bis 11 und 28 bis 30 Jahren treten in der Sahelzone immer wieder Trockenperioden auf, die in der Folge zu den bekannten Problemen führen. Trockenperioden, die einige Jahre andauern und eine Verringerung der Niederschläge um bis zu 20 Prozent nach sich ziehen, vermindern die Ernteerträge um bis zu 25 Prozent. Die Wachstumsperiode der von den Niederschlägen abhängenden Vegetation schwankt zwischen 90 und 110 Tagen. Unterschiedlich ist der Wasserbedarf der einzelnen Getreidesorten. Italienische Hirse wächst bereits bei einer Niederschlagsmenge von 200 Millimetern, Sorghum-Hirse bringt auf Sandböden die besten Ergebnisse bei einer Regenmenge von 450 bis 500 Millimetern, und Erdnüsse benötigen 380 Millimeter.

Die Intensität der Vegetationsfarbe (Rot) zeigt die unterschiedlichen Niederschlagsverhältnisse. Der Regen setzt vier bis sechs Wochen nachdem die Sonne ihren Zenit überschritten hat ein; es regnet dann zwischen Mai und Oktober. Nur während der Monate Juli und August übersteigen die Niederschläge die Verdunstung. Von November bis April herrscht Trockenzeit. Das Niger-Binnendelta fällt durch seine intensive Vegetationsfarbe auf. Diese »dichtbegrünte« Insel verdankt ihr Leben jedoch »Fremdwasser«, das aus der Regenzeit des südlich angrenzenden tropischen Berg- und Hügellands stammt und vom Niger mit einem Zeitverzug von bis zu zwei Monaten herangebracht wird. Es füllt zunächst die versumpfte Senke des Binnendeltas und die nördlich daran anschließende paläolithische Dünenlandschaft auf, bevor das Überschußwasser durch den Niger weiter abfließt. In der Trockenzeit reduziert sich die Vegetation auf die tiefsten Stellen des Beckens.

Etwa 43 Millionen Menschen bevölkern die sich quer durch Afrika erstreckende Sahelzone. Das Bevölkerungswachstum beträgt 2,5 bis 3,5 Prozent.

Die vom Ackerbau und Viehzucht lebende und ständig zunehmende Bevölkerung benötigt für sich und ihre Tiere in Trockenzeiten einen um ein Vielfaches größeren Lebensraum.

Je nach Vegetationsdichte variiert die für eine Kuh nötige Weidefläche zwischen 3,8 und 16,5 Hektar. Daraus ergibt sich in solchen Trockenperioden eine beträchtliche Überweidung, durch die der oben erwähnte Teufelskreis eingeleitet wird. Durch Ausweichen in Regionen mit besseren Bedingungen im Süden wird auch in diesen Regionen der Nutzungsdruck auf die Landschaft verstärkt und damit die Desertifikation in Gang gebracht. Erkennbar wird dieser Vorgang beim Vergleich der jeweiligen Bildpaare anhand der Siedlungen mit ihrem Acker- und Weideland, die als kleine helle Flächen und verästelte Muster inmitten der »roten« Vegetationszonen erscheinen. Am deutlichsten wird dies mit den Aufnahmen während der Trockenzeit (Seite 44), die die Veränderungen der Vegetationszonen zeigen.

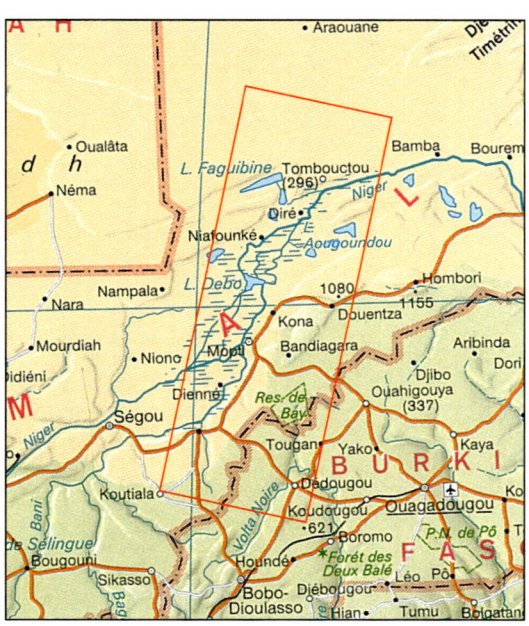

*Bei Hochwasser bildet der Niger mit seinen zahlreichen Haupt- und Nebenarmen ein riesiges Binnendelta von etwa 40 000 Quadratkilometern Ausdehnung. Auf seinem fruchtbaren Schlamm wird Reis angepflanzt oder nach dem Rückgang des Wassers Hirse ausgebracht.*

Maßstab des Kartenausschnitts: 1 : 12 000 000

Erde

# Der Tschadsee verlandet

*Die Uferregion des Tschadsees und der Zuflüsse Logone und Chari tragen dichte amphibische Vegetation. Die Sumpfdickichte beherbergen eine reiche Vogelwelt, besonders mit Kronenkranichen, Reihern und Kormoranen, und sogar die einzige Elefantenherde außerhalb der Savanne.*

Wegen seines jährlich und über viele Jahre hin stark schwankenden Wasserstands und seiner sich erheblich ändernden Oberfläche galt der Tschadsee in der Sahelzone lange als geheimnisumwoben. Der abflußlose, dennoch süßwasserhaltige See mit einer maximalen Tiefe von nur 7 Metern variiert sein Wasservolumen zwischen 11 und 41 Kubikkilometern. Bei einer potentiellen Verdunstung von über 2200 Millimetern pro Jahr und einem Niederschlag von durchschnittlich nur 330 Millimetern pro Jahr ist die Existenz des Sees zu 98 Prozent von den saisonalen Niederschlägen in den Feuchtsavannen am Oberlauf der Zuflüsse des Logone-Chari-Systems abhängig.

Im Zentrum des Satellitenbilds ist der »Südliche See« zu erkennen. In der nordwestlichen Bildecke sind die Ausläufer des »Nördlichen Sees« andeutungsweise zu sehen, der bei geringerem Zufluß durch den Chari zuerst trockenfällt. Gut sichtbar ist das Binnendelta des Chari, der große Mengen Schwebstoffe und Schlamm vom Süden in den See vorschüttet. Von Nordosten – der Hauptrichtung des fast ständig wehenden Passats – dringen Dünenreihen aus Sahara-Sanden in den See vor und modellieren einen vielgestaltigen amphibischen Raum: Breite Papyruszonen wechseln mit Sandinseln und Tonebenen. Der vordringende Sand hat die einst geschlossene Wasserfläche in die zwei großen Seeteile und mehrere kleinere Seen geteilt. Nur selten, zuletzt 1963, füllt sich der einst etwa 25 000 Quadratkilometer große See ganz.

Die Verlandung des Sees wird zum einen durch eine Austrocknung der Sahelzone beschleunigt, wodurch zum Teil stabile Dünen mobil werden. Die Abzweigung von Bewässerungswasser aus dem Logone-Chari-System reduziert zudem den Seezufluß. Seit langem wird versucht, die Wasserstandsschwankungen des Tschadsees als Indiz für Klimaänderungen und Desertifikationsvorgänge im Sahel heranzuziehen.

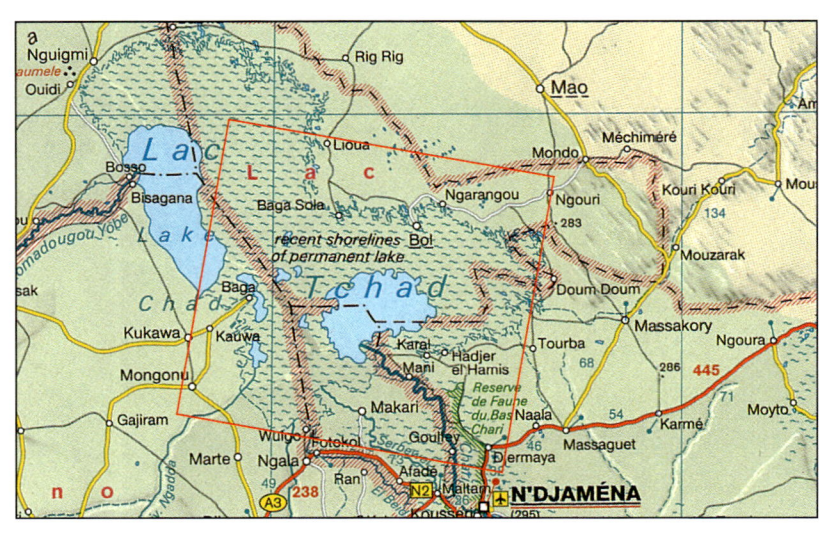

Maßstab des Kartenausschnitts: 1 : 4 000 000

Erde

# Die Wolkenverteilung

Die Einstrahlung der Sonne ist abhängig von der Tageslänge, die durch den Sonnenstand bedingt ist, sowie von der Bewölkung. Deshalb läßt sich auf der Gegenüberstellung der Sommer- und Wintersituation die Verschiebung der Temperaturzonen und der Klimazonen während eines Jahres feststellen, darüber hinaus auch die Verbreitung der Vegetationsgürtel.

Gebiete höchster Sonnenscheindauer sind die Wüsten der Erde, allen voran der Trockengürtel der Alten Welt, der von der Westsahara über die Arabische Wüste bis nach Innerasien reicht. In diesen Bereich des subtropischen Hochdruckgürtels wird im Sommer auch der Mittelmeerraum einschließlich Kleinasien einbezogen. Demgegenüber nehmen die Wüsten im Westen Nordamerikas und die Trockenräume auf der Südhalbkugel nur einen geringen Raum ein. Auffallend sind die Monsungebiete Süd- und Südostasiens. Gerade in der Zeit der sommerlichen Monsunregen vermag die Sonne nur selten die intensive Bewölkung zu durchdringen, während das Land im Winter intensiv bestrahlt wird.

**Mittlere monatliche Sonnenscheindauer**

- unter 1 Prozent
- 1 – 10 Prozent
- 10 – 20 Prozent
- 20 – 30 Prozent
- 30 – 40 Prozent
- 40 – 50 Prozent
- 50 – 60 Prozent
- 60 – 70 Prozent
- 70 – 80 Prozent
- 80 – 90 Prozent
- 90 – 100 Prozent

*Dieses Bild wurde während einer ringförmigen Sonnenfinsternis gewonnen, bei der die Spitze des Kernschattens des Mondes die Erdoberfläche gerade nicht mehr erreicht. Der Diamantringeffekt tritt ein, wenn die Sonnenstrahlen noch durch ein Mondtal hindurchscheinen. Die bogenförmigen Protuberanzen werden aus der Chromosphäre der Sonne ausgeschleudert.*

Sommer

Winter

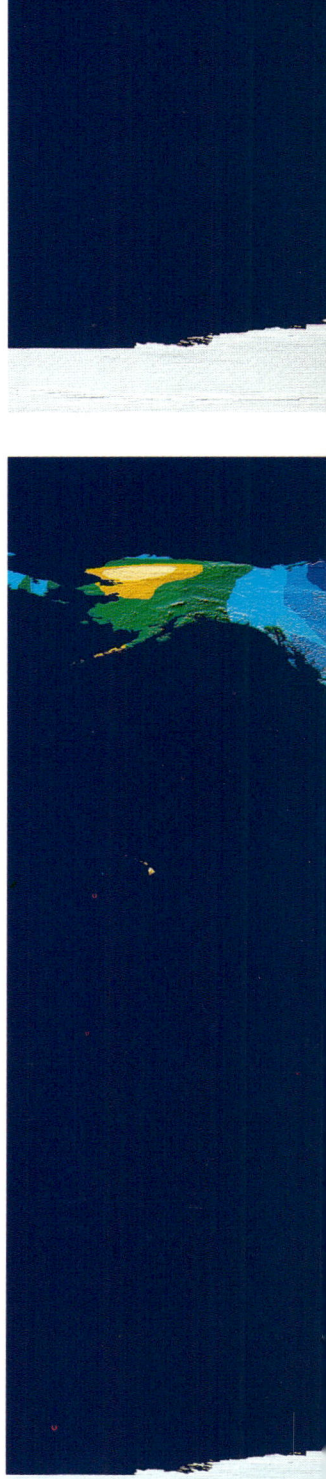

# Wolkenverteilung

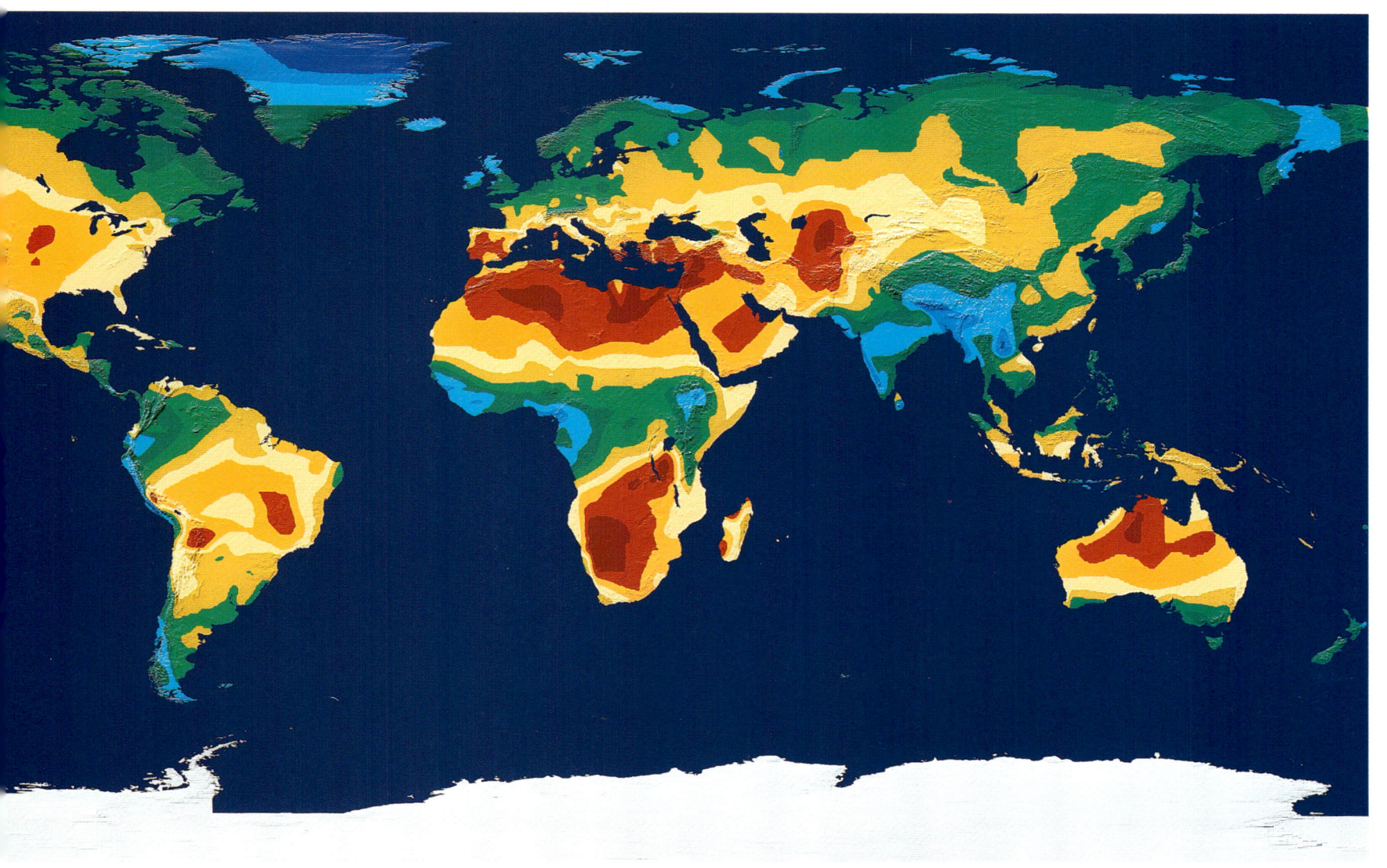

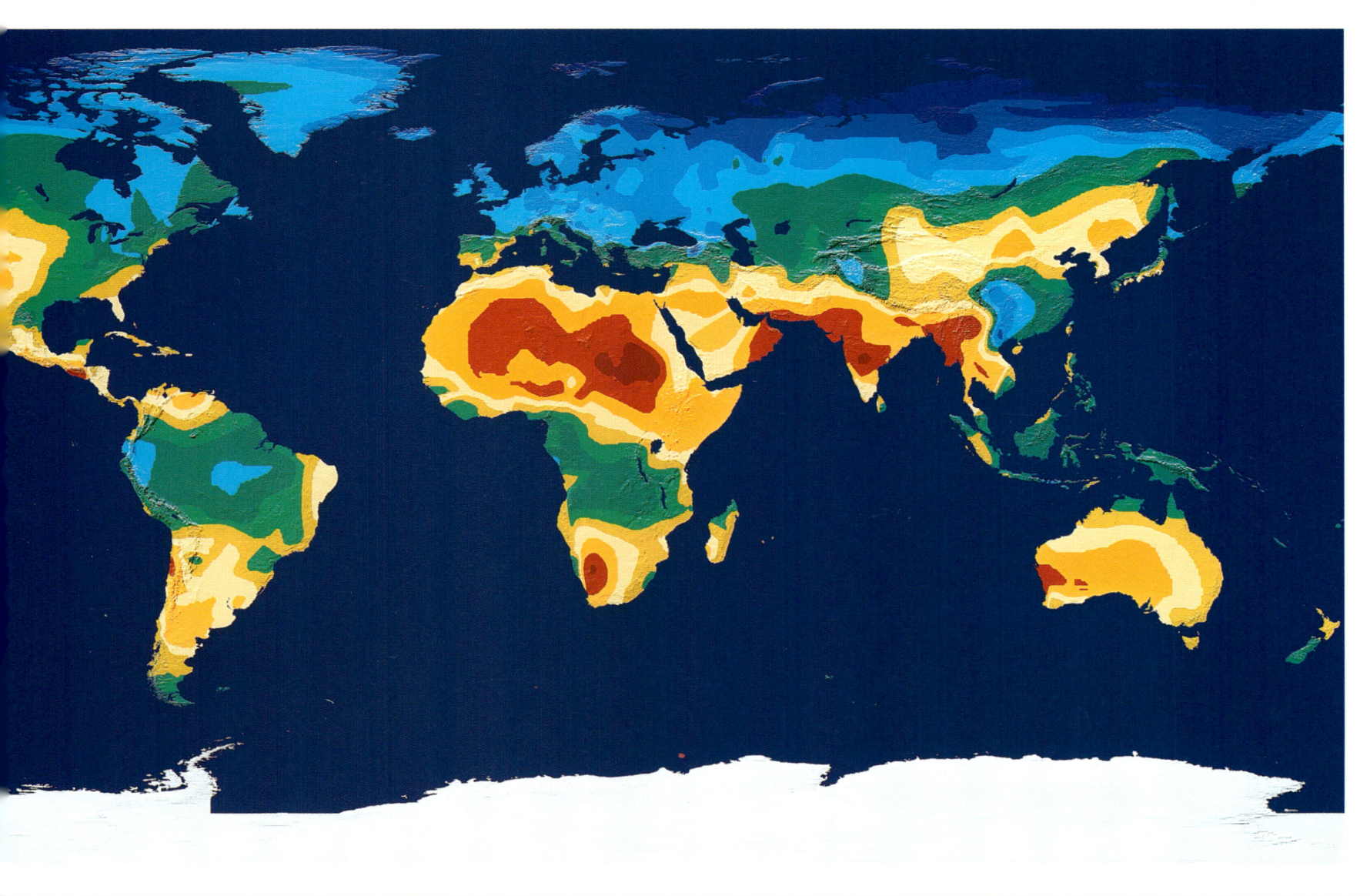

Erde

## Wolkenverteilung

# Hurrikan »Andrew« über Florida

Mit Windgeschwindigkeiten von über 270 Kilometern pro Stunde zog am 24. August 1992 der Hurrikan »Andrew« eine Schneise der Zerstörung durch den dichtbesiedelten Süden Floridas und vernichtete Sachwerte in Höhe von rund 40 Milliarden Mark. 47 Menschen fanden den Tod, etwa 350 000 wurden obdachlos.

Die Entstehung von tropischen Wirbelstürmen im Atlantikbereich läßt sich wie folgt erklären: Heiße, trockene Luft über der Sahara kollidiert mit kälterer und feuchterer über der Sahelzone. Diese Kollisionen erzeugen kleine Tiefdruckwellen, die auf den Atlantik hinausdriften. Dabei werden Wolken gebildet, die sich jedoch bald wieder auflösen. Wenn allerdings die Wassertemperatur über 27 Grad Celsius liegt und diese Tiefdruckwellen weiter als 5° vom Äquator entfernt wandern, versetzt die Corioliskraft diese Tiefdruckzellen in Rotationsbewegung. Diese Drehbewegung verläuft gegen den Uhrzeigersinn in Richtung auf das Zentrum mit niedrigerem Druck. Die heiße, feuchte Luft über der Wasseroberfläche steigt auf und wird in die Rotationsbewegung des Tiefs mit einbezogen. Die Luft verliert durch Kondensation an Feuchtigkeit, und die dabei entstehende Kondensationswärme treibt den Rotationsmotor weiter an. Fest in die großräumige Passatströmung eingebettet, ziehen die Tiefdruckwirbel nach Westen und verstärken sich weiter bis zu Hurrikanen. Meist schwenken sie im Westteil des Atlantiks nach Norden, steigern über dem warmen Wasser des Golfstroms ihre Zuggeschwindigkeit, zerfallen aber über kälterem Wasser ab etwa 35° nördlicher Breite rasch. Auch über Land verfallen Hurrikane in kurzer Zeit, weil ihnen der Nachschub an warmer, wasserdampfhaltiger Luft fehlt. Zum Teil werden sie auch durch eine Weststörmung gestoppt, die vom El Niño verursacht wird (siehe auch Seite 86/87).

*Der Hurrikan »Andrew« wütete am schlimmsten im südlichen Florida. In Homestead blieb, wie auch in Cutler Ridge (im Foto), kaum ein Gebäude verschont. Der Wirbelsturm verursachte soviel Sperrmüll, wie sonst in dieser Gegend in 30 Jahren anfällt. Die Leichtbauweise amerikanischer Holzhäuser trägt allerdings auch ihren Teil zum Schadensbild bei.*

Das Satellitenbild vom 24. August 1992 läßt uns von oben in das »Auge« des Hurrikans blicken. Wie in einem Rohr steigt in dieser Rotationsachse von 18 bis 70 Kilometern Durchmesser abgekühlte Luft ab und löst dabei die Wolken auf, während rund um das »Auge« die warme, feuchtigkeitsgesättigte Luft gegen den Uhrzeigersinn rotierend aufsteigt.

Die Häufigkeit tropischer Wirbelstürme hat in den letzten Jahren sehr deutlich zugenommen. Meteorologen weisen in diesem Zusammenhang auf die globale Erwärmung hin, die den Tiefdruckwirbeln mehr Energie zuführe.

Erde

# Krieg um Erdöl

Die starke Rauchentwicklung brennender Ölquellen behindert auf dieser Aufnahme vom 23. Februar 1991 den Blick auf die Küste am Nordwestende des Arabisch-Persischen Golfs. Nur wenige Details sind erkennbar, so die Bucht von Kuwait mit den kleinen Schwemmlandinseln und Hafenanlagen vor der Hauptstadt al-Kuwait, das Erdölfeld al-Wafra, von dem Pipelines zu den Exporthäfen führen, und die sandig-lehmige Wüstensteppe Dibdiba, die flach und fast vegetationslos zum flachen Schelfmeer des Arabisch-Persischen Golfs abfällt. Nur am Nordrand der Bucht von Kuwait ist eine Steilstufe auszumachen.

Seit 1946 wird in dem Wüstenstaat Kuwait Erdöl gefördert, und seitdem hat sich das Emirat zu einem der bedeutendsten Erdölexportländer der Erde entwickelt. Aus der unscheinbaren Hafenstadt Kuwait wurde eine moderne Großstadt, die Bevölkerung wuchs durch Zuwanderung stark an, Wohlstand und Urbanisierungsgrad gehören zu den höchsten der Erde. Es ist daher nicht verwunderlich, daß der Irak schon seit der Unabhängigkeit Kuwaits 1961 Territorialansprüche auf kuwaitisches Gebiet erhob. Am 2. August 1990 überfielen irakische Streitkräfte den Erdölstaat und besetzten ihn. Der Irak erklärte Kuwait zu seiner 19. Provinz.

Eine alliierte Streitmacht begann ab dem 17. Januar 1991 mit der »Operation Wüstensturm« die Befreiung Kuwaits. Um die Landung eines amerikanischen Marinekorps zu verhindern, um die Meerwasserentsalzungsanlagen lahmzulegen und um den Kühlwasserbedarf von Raffinerien zu stören, führte der Irak ab dem 23. Januar 1991 durch die Einleitung von Rohöl in den Golf eine Ölpest herbei. Ölteppiche verbreiteten sich durch die Winddrift entlang der kuwaitischen und saudi-arabischen Küste nach Süden; Ölschlamm wurde angeschwemmt.

Als die irakischen Truppen durch die alliierte Streitmacht zum Rückzug gezwungen wurden, entzündeten sie 727 Ölquellen. Es dauerte bis zum November 1991, bis 27 Löschmannschaften aus elf Nationen den letzten Brandherd gelöscht hatten. 11 000 Tonnen Ruß wurden hier pro Tag in die Atmosphäre geblasen. Man befürchtete als ökologische Folge eine Abkühlung durch die Verminderung der Sonneneinstrahlung. Doch blieben die Folgen beschränkt, da die aus Nordwesten, Westen und Norden wehenden Winde eine Verschmutzung der Atmosphäre in einer Höhe über etwa 2000 Metern verhinderten.

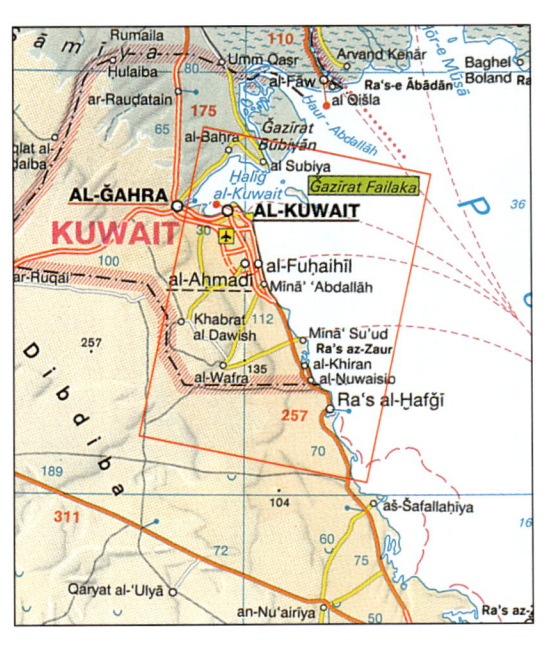

In der Mitte dieses Bildes – ein Jahr nach dem Golfkrieg aufgenommen – zeichnen sich klar die harten Gegensätze zwischen der durch Rußpartikel »verbrannten« Wüstenerde und den Förderstellen, Pipelines und Verkehrswegen von Burgan ab, einem der größten Erdölfelder der Erde. Die Küste ist weithin geprägt durch Hafen-, Raffinerie- und Industriestandorte, allen voran al-Kuwait mit den durch entsalztes Meerwasser bewässerten Anbauflächen.

Maßstab des Kartenausschnitts: 1 : 4 000 000

Erde

# Die Niederschlagsverteilung

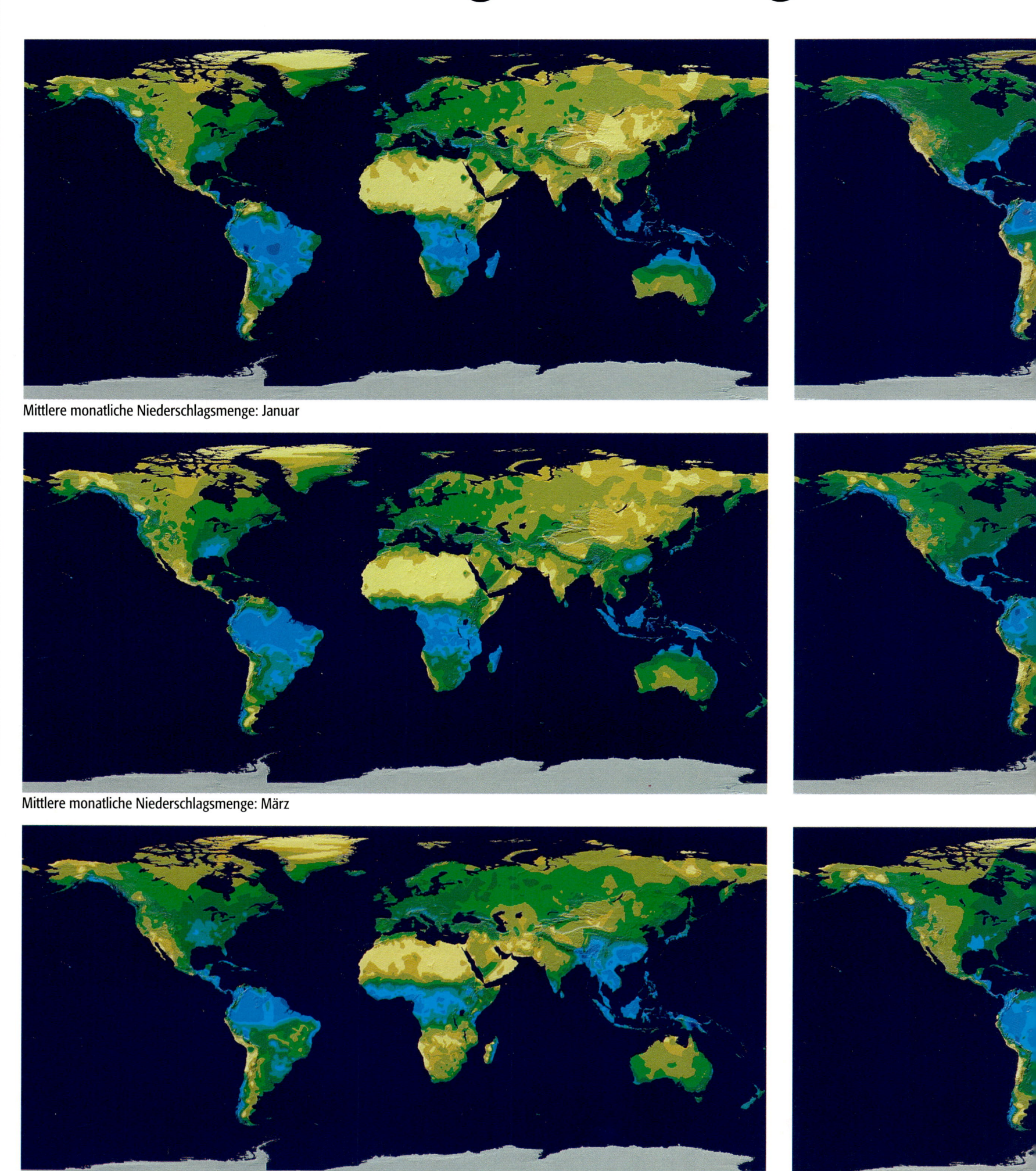

Mittlere monatliche Niederschlagsmenge: Januar

Mittlere monatliche Niederschlagsmenge: März

Mittlere monatliche Niederschlagsmenge: Mai

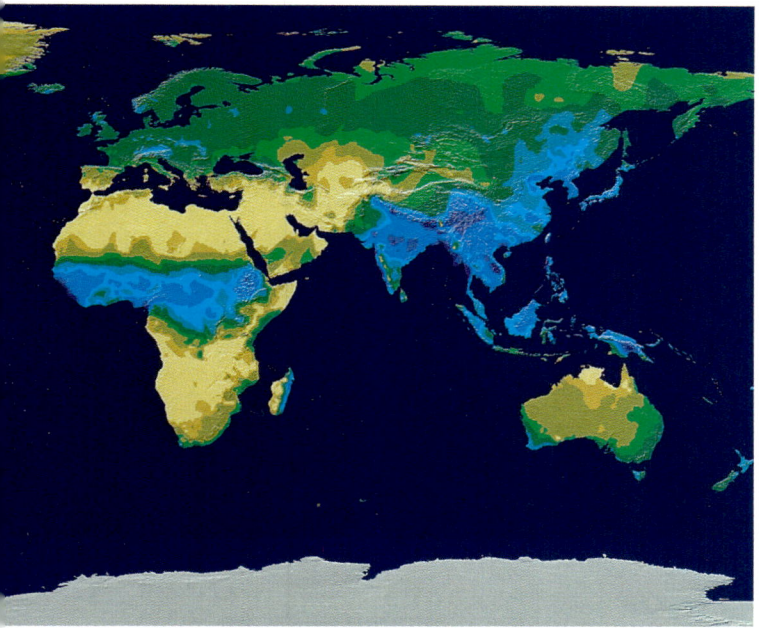

# Niederschlagsverteilung

**Mittlere monatliche Niederschlagsmenge**

- 0 – 5 Millimeter
- 5 – 10 Millimeter
- 10 – 25 Millimeter
- 25 – 50 Millimeter
- 50 – 100 Millimeter
- 100 – 150 Millimeter
- 150 – 200 Millimeter
- 200 – 400 Millimeter
- 400 – 600 Millimeter
- 600 – 1000 Millimeter
- über 1000 Millimeter

Die Verteilung der Niederschläge auf den Kontinenten der Erde zeichnet die Dynamik der während eines Jahres in der Atmosphäre ablaufenden Prozesse nach. Mit der »Wanderung« des Zenitstands der Sonne zwischen den Wendekreisen ändert sich auch die Zufuhr von Strahlungsenergie. Dadurch verschieben sich die Luftmassen und somit auch die Windsysteme.

*Das Satellitenbild zeigt eine Wolkenspirale über den Britischen Inseln. Das Zentrum des Tiefdruckgebiets liegt über Irland. Von ihm geht eine Okklusion aus, die sich in eine Warm- und eine Kaltfront aufspaltet. Während die Warmfront ein breites Wolkenband vor sich herschiebt, besitzt die Kaltfront ein relativ schmales Wolkenband. Rötliche Farben lassen auf eine Erwärmung von Meeresteilen schließen.*

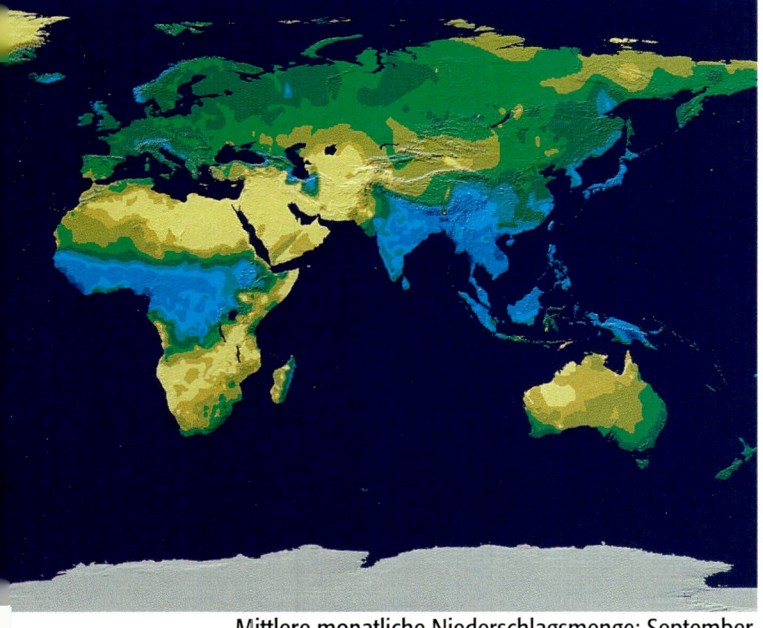

Mittlere monatliche Niederschlagsmenge: Juli

Mittlere monatliche Niederschlagsmenge: September

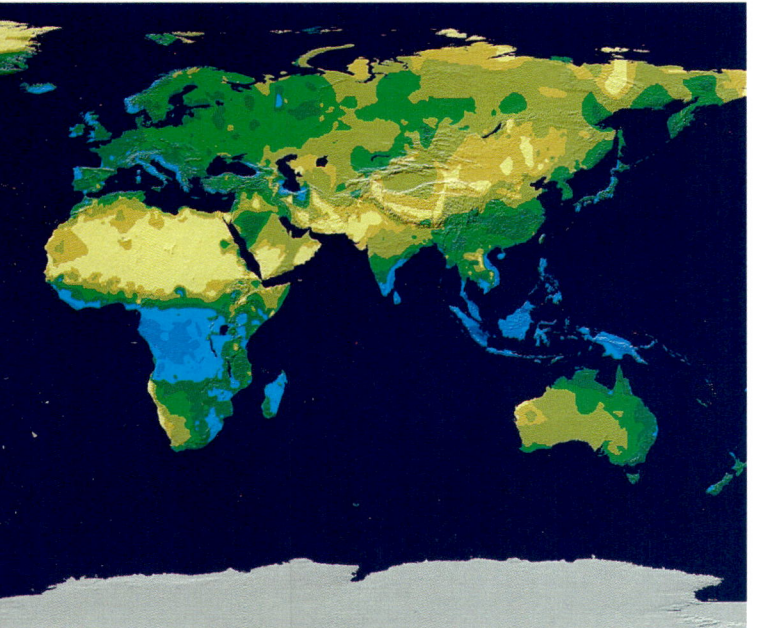

Mittlere monatliche Niederschlagsmenge: November

Tiefdruckgebiet (Zyklone) über den Britischen Inseln

Erde

# Die Sturmgefährdung auf der Erde

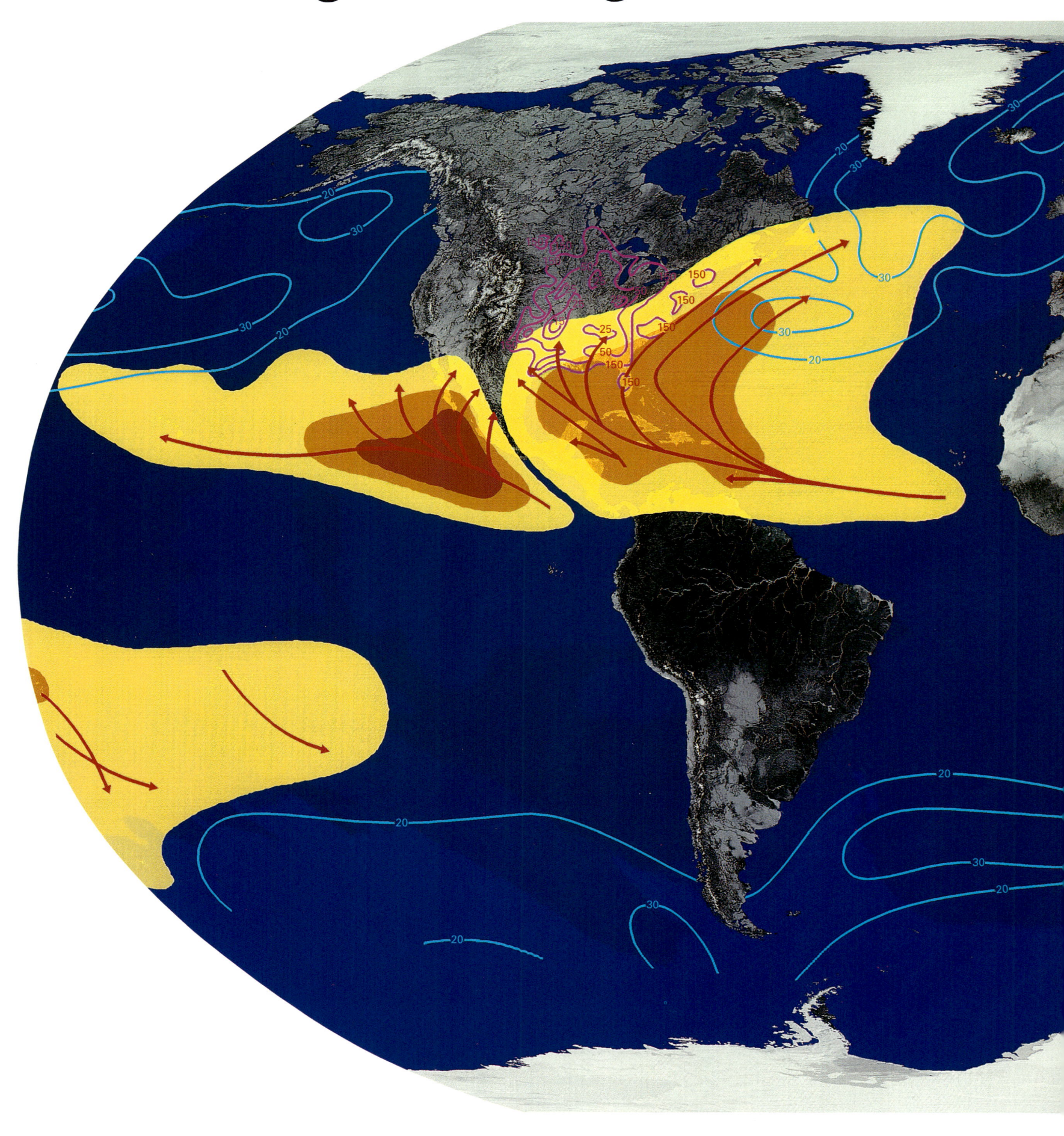

**Tropische Wirbelstürme**
- bis zu 1 pro Jahr
- 1 – 3 pro Jahr
- mehr als 3 pro Jahr
- mittlere Zugbahnen

**Tornados**
- Häufigkeit pro Jahrhundert

**Winterstürme**
- Häufigkeit in Prozent

## Sturmgefährdung

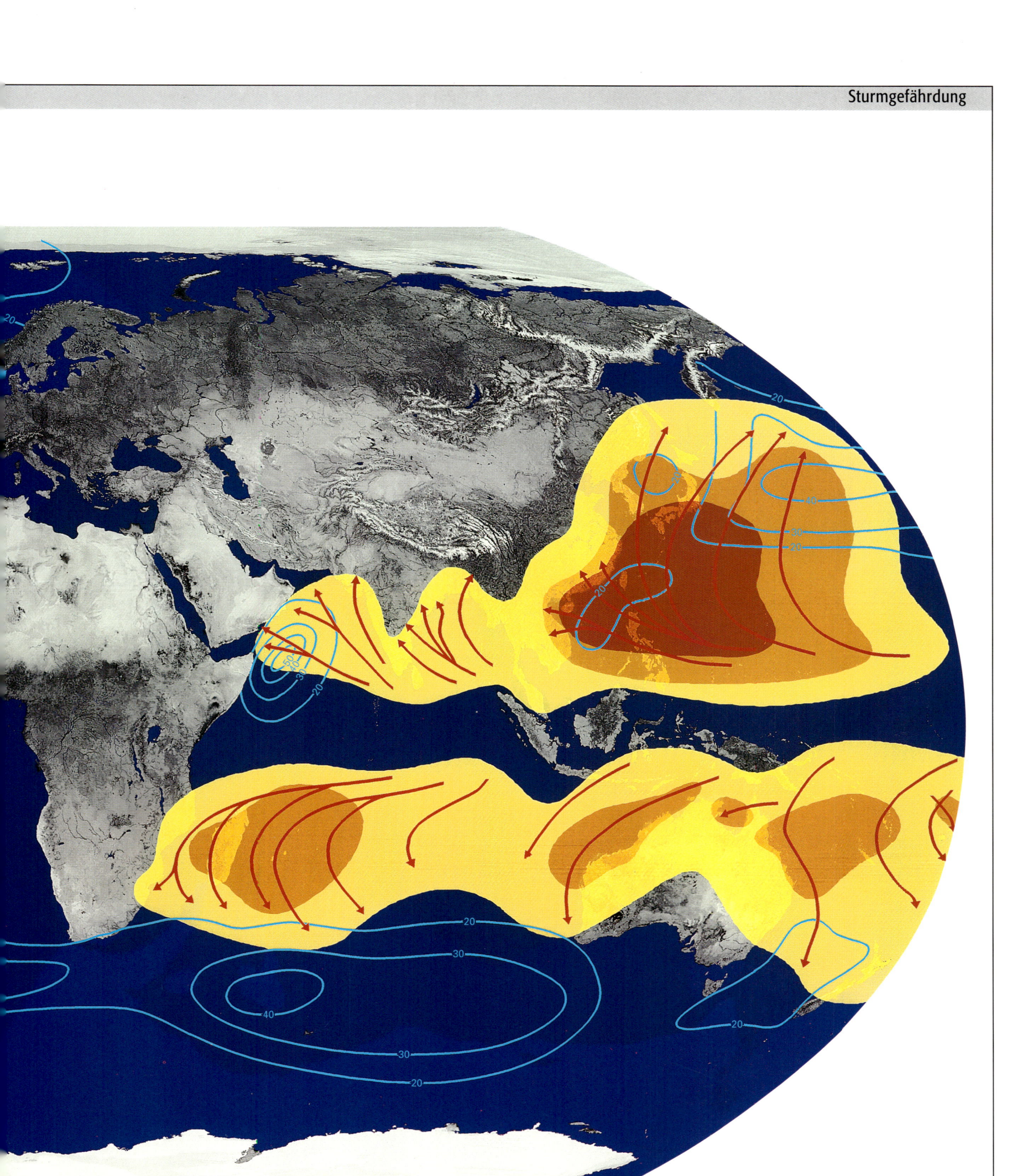

Zwischen 5 und 10 Grad nördlich und südlich des Äquators entstehen im Sommer und Frühherbst die tropischen Wirbelstürme. Ihre Zugbahnen verlaufen anfangs von Osten nach Westen, dann biegen sie vor den Kontinenten nach Norden beziehungsweise nach Süden ab und münden in die Westdrift ein. In dieser Zone erreichen die Westwinde im Winter häufig Sturmstärke, vor allem in der Südhemisphäre, wo sie nicht durch Landmassen behindert werden. Die rotierenden Schläuche der Tornados Nordamerikas entstehen beim Aufeinandertreffen kalter und warmer Luftmassen im Lee der Rocky Mountains.

Erde

Sturmgefährdung

# Sandsturm über dem Golf

Das Satellitenbild zeigt einen großen Teil der arabischen Halbinsel im späten Frühjahr. Im Norden begrenzen die Türkei, der Nordiran, das Kaspische Meer und Turkmenistan das Bild. Gut zu erkennen sind der gebirgige Iran, der an Stauseen reiche Irak zwischen Euphrat und Tigris und das Hedjas- und Asir-Gebirge am Westrand Arabiens. Im Süden sieht man die beiden Meerengen, das Bab el Mandeb zwischen Arabien und Afrika und die Straße von Hormus zwischen dem Iran und Arabien. Im Zentrum der Aufnahme liegt die Schichtstufenlandschaft des zentralen Saudi-Arabiens.

Auffällig ist die Verteilung weißer Schleier, die zum Teil staubbefrachtete Luftmassen, zum Teil auch Wolken erkennen lassen. Ein im Frühjahr noch schwach ausgeprägtes Hitzetief über Südostpersien und Südpakistan zieht Luftmassen an. Die trockenen Luftmassen aus dem Nordwesten verursachen lange, als weiße Schleier sichtbare Sand- und Staubfahnen über Arabien. Die durch den Einfluß des Hitzetiefs von einem Südostpassat zu einem Südwestmonsun umgelenkten warm-feuchten Luftmassen aus dem nördlichen Indischen Ozean erzeugen an der Südküste Omans Bewölkung, die sich über dem trockenen Wüstenland jedoch bald wieder auflöst.

Hohe Temperaturen bei geringer Luftfeuchtigkeit haben den Boden über Saudi-Arabien austrocknen lassen. Die nur spärliche Vegetation kann den heftigen Winden keine Barrieren entgegensetzen. Episodisch abkommende Wadis bringen ihre Feinsedimentfracht nur selten ins Meer; meist bleiben diese nach dem Verdunsten des Wassers in abflußlosen Binnensenken liegen. So entstanden mächtige Sand- und Feinsedimentareale, die einer steten Überformung durch den Wind unterworfen sind.

Die im Bild erkennbare Sandfahne hat eine Länge von insgesamt etwa 2000 Kilometern. Oft erreichen die Staubpartikel in Sandstürmen Höhen von über 1000 Metern. Auch über kürzeren Meeresstrecken schwächt sie sich nicht ab, wie man an den lila Streifen im Küstenbereich sieht.

Über dem Festland werden die Sandareale der arabischen Wüste zu Dünen unterschiedlichster Formen gestaltet. In Gebieten, in denen jährlich über viele Wochen gleichgerichtete Winde wehen, entstehen so langgestreckte Dünenzüge in Richtung der Hauptwindrichtung (Strichdünen). Wenn etwas Vegetation vorhanden ist, legen sich die Dünen quer zur Windrichtung und bilden die bekannten Felder aus Sicheldünen (Barchane). Bei wechselnden Windrichtungen können Dünenzüge zusammenwachsen, und so entstehen Sterndünen.

Staub- und Sandstürme sind auch in dem sehr dünn besiedelten Saudi-Arabien seit jeher eine starke Belastung für die Bevölkerung: Am Golf gefährden sie die Fischerei und blockieren oft tagelang die Möglichkeit, auf Fischfang zu gehen. Sie verschütten Wasserlöcher, die für wandernde Nomaden lebenswichtig sind, und sie versanden das Fruchtland der Oasen. In neuerer Zeit behindern sie den Flug- und Straßenverkehr erheblich. In Saudi-Arabien hat man deshalb weitreichende Programme entworfen, die dazu dienen sollen, zumindest die Wanderdünen festzulegen. Oasen- und straßennahe Gebiete wurden mit Erdöl besprüht, das in seiner Zähflüssigkeit den Sand bindet. Vegetationsstreifen aus salzresistenten, schnellwachsenden Tamarisken sollen die Windgeschwindigkeit herabsetzen und damit der Mobilität der Dünen Einhalt gebieten.

Bei einer weiteren Erwärmung der Erdatmosphäre wird die Sturmtätigkeit zunehmen, und es werden durch Desertifikation größere Areale der ungehinderten Winderosion ausgesetzt sein.

*Die rötlich-graue Wand, die düster hinter dem Linienbus auf einer Wüstenpiste in Südpersien steht, kündigt einen baldigen Sandsturm an. Dieser verweht Straßen, verbannt die Menschen in ihre hermetisch verschlossenen Häuser und macht Tiere und Menschen höchst aggressiv durch eine hohe elektrische Ladung der Luft, die durch die Reibung der Sandkörnchen entsteht.*

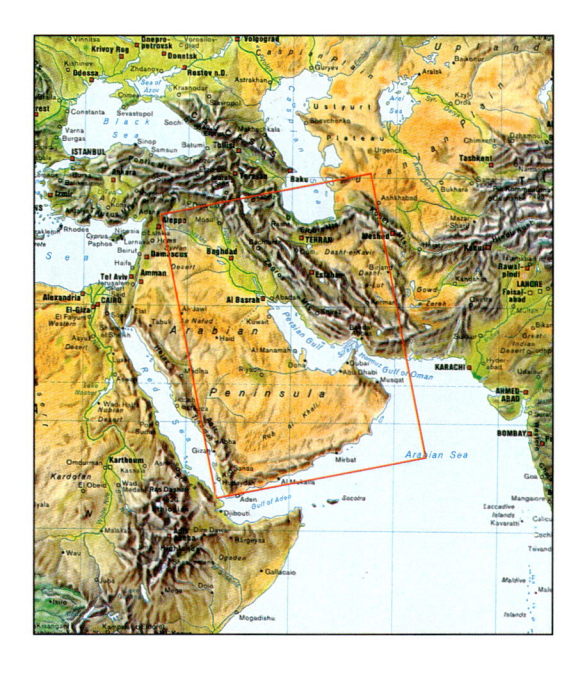

Maßstab des Kartenausschnitts: 1 : 80 000 000
0   800   1600   2400   3200   4000 km

Erde

Sturmgefährdung

# Überschwemmungsland Bangladesh

Als feuchtes, amphibisches Land wird Bangladesh bezeichnet, da sein fast völlig ebenes Tiefland kaum Höhenunterschiede aufweist und regelmäßig überflutet wird. Das Satellitenbild dokumentiert den Zustand eines »normalen« Hochwassers in Ostbengalen.

Aus den Aufschüttungen des Ganges und des Brahmaputra (Jamuna) ist das gewaltige Flußdelta hervorgegangen. Auf dem Bildausschnitt mündet, von Westen kommend, der jüngere, wasserreichere Mündungsarm des Ganges (Padma) in den Meghna. An dieser Stelle erreicht der Padma eine Breite von rund zehn Kilometern, und wo der Meghna den Bildausschnitt im Süden verläßt, weist dieser eine Breite von fünf Kilometern auf.

Unzählige Wasserläufe durchziehen das Ganges-Brahmaputra-Delta. Manche Wasserarme verschlicken in der Trockenzeit, Altwasserseen werden nur jahreszeitlich überschwemmt. Bei Hochwasser aber kommt es zu kräftiger Erosion der schlammbefrachteten Flüsse, in deren Folge sie immer wieder ihren Lauf verlegen. Sandbänke werden aufgeschüttet, Schlamminseln gebildet, Uferdämme abgetragen.

Zwischen den Niederungen der Flüsse und Ströme bilden ältere Flußterrassen breite »Zwischenstromplatten«, die nur bei extremen Hochwässern überschwemmt werden. Auf dem leicht erhöhten Gelände sowie auf künstlichen Hügeln – unseren Warften vergleichbar – haben die Menschen ihre Dörfer angelegt, wo sie vor den normalen Hochwässern geschützt sind. Diese überschwemmen fast drei Viertel des Tieflands von Ostbengalen.

Die periodische Überflutung tritt jährlich im Hochsommer auf und erreicht ihr Maximum im August. Dann nämlich bringt der Monsun dem Gebiet besonders hohe Niederschläge, und die Ströme führen aufgrund der Schnee- und Gletscherschmelze im Himalaya Hochwasser. Zur Katastrophe allerdings werden die Überschwemmungen, wenn starke Monsunregen und hohe Wasserführung der Ströme mit Sturmfluten an der Küste zusammentreffen, die den Abfluß des Wassers verhindern. Dann steigt das Wasser bis um mehr als sieben Meter an und bedeckt nahezu das gesamte Tiefland. Derartige Katastrophen haben sich zuletzt 1970 und 1991 ereignet, als jeweils an die 300 000 Menschen Opfer der Fluten wurden. Nicht in diese Zahlen einbezogen sind die Millionen von Verletzten und Obdachlosen.

Die Menschen haben sich in ihrer Lebens- und Wirtschaftsweise an die Bedingungen des Monsunklimas angepaßt. Ansonsten könnte in dem feuchten Land

*Auf künstlich erhöhten Erdhügeln leben die Bauernfamilien im Gangesdelta – hier nahe der Hauptstadt Dhaka. Die schmalen, niedrigen Deiche dämmen die Felder ein und verhindern bei »normalen« Überflutungen deren Zerstörung. In der Trockenzeit sichern sie den Wasserstand auf den Feldern.*

nicht eine Bevölkerungsdichte von weit über 500 Menschen pro Quadratkilometer – eine der höchsten der Erde – erreicht werden, und das bei einer fast ausschließlich von der Landwirtschaft lebenden Bevölkerung. Niedrige Deiche, wie sie in der östlichen Bildmitte zu erkennen sind, gewährleisten in der Regen- und in der Trockenzeit einen einigermaßen gleichmäßigen Wasserstand und ermöglichen dadurch mehrfache Ernten insbesondere von Reis. Hochwasserresistente Reissorten sowie Tiefwasserreis werden hier als Nahrungsfrüchte angebaut, Jute als wichtigste Marktfrucht.

Als einzige größere Siedlung kann man nahe dem nördlichen Bildrand Narayanganj ausmachen, 30 Kilometer südöstlich von Dhaka gelegen, am Zusammenfluß von Lakhia und Dhaleswari. Diese Stadt mit über 100 000 Einwohnern verdankt ihre Bedeutung als Hauptverarbeitungszentrum von Jute, als Hauptsitz der Jutebehörde, als Standort von Jutemühlen und Webstühlen und als bedeutender Flußhafen ihrer günstigen Lage im Wasserstraßennetz von Bengalen, denn die Flüsse sind die bequemsten Transportwege des Landes.

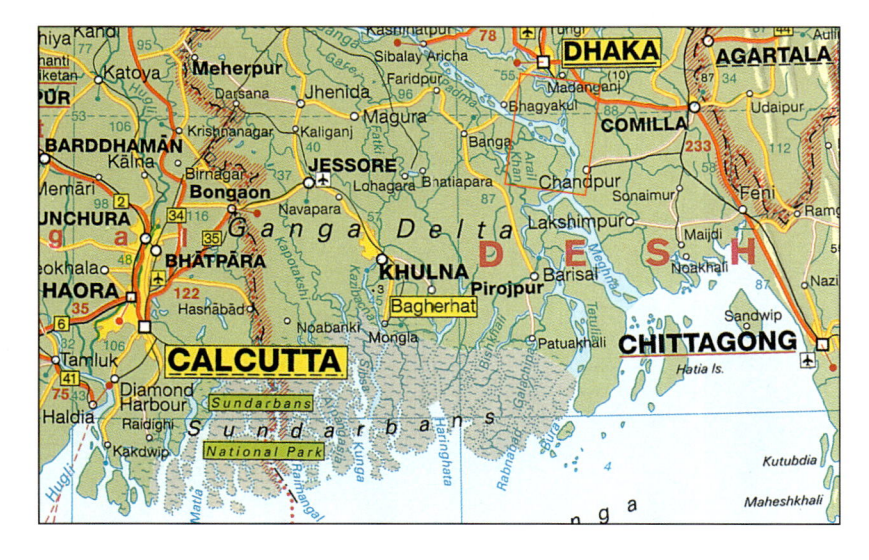

Maßstab des Kartenausschnitts:
1 : 4 000 000
0   40   80   120 km

Erde

# Das Ozonloch über der südlichen H

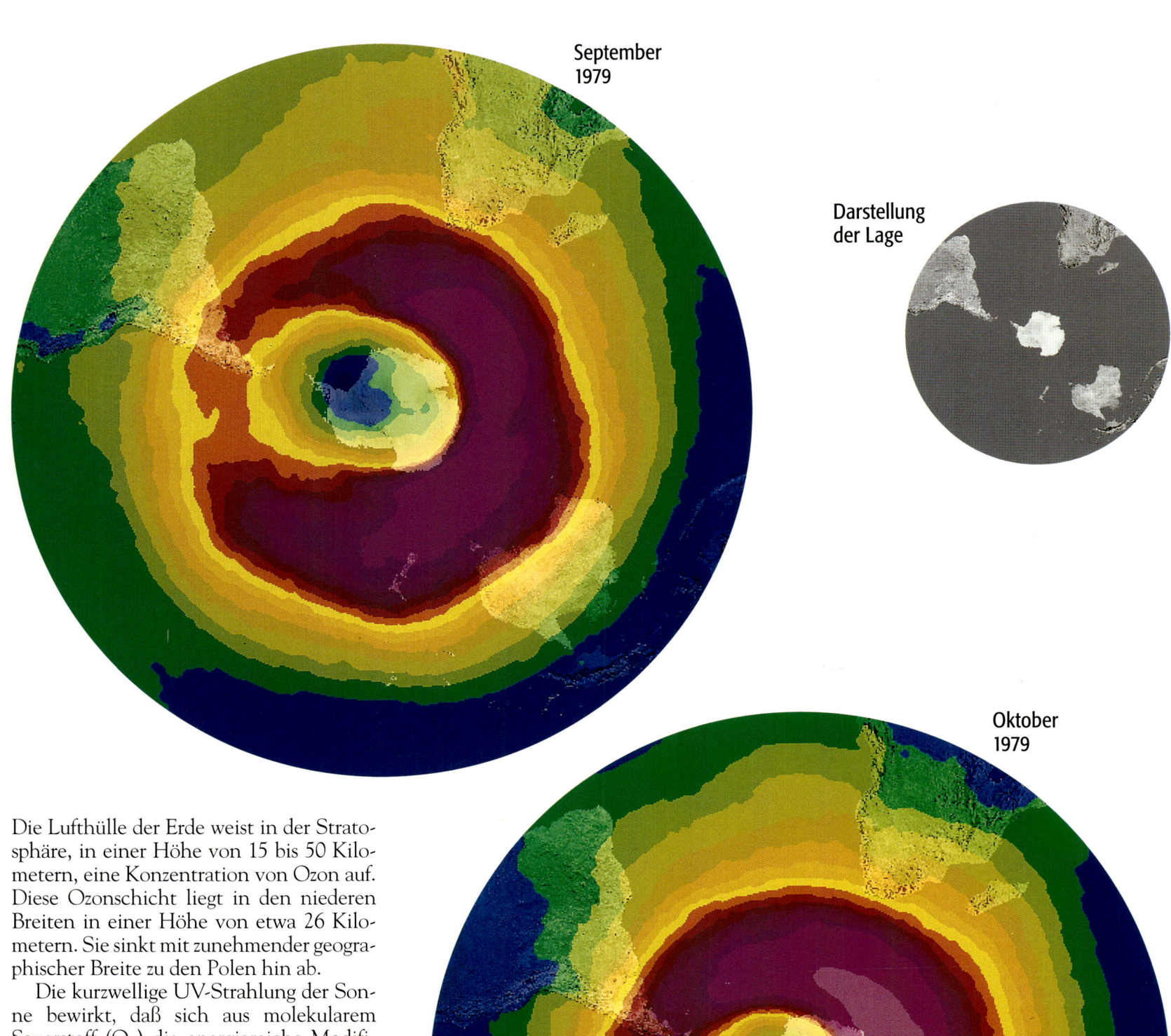

September
1979

Darstellung
der Lage

Oktober
1979

Die Lufthülle der Erde weist in der Stratosphäre, in einer Höhe von 15 bis 50 Kilometern, eine Konzentration von Ozon auf. Diese Ozonschicht liegt in den niederen Breiten in einer Höhe von etwa 26 Kilometern. Sie sinkt mit zunehmender geographischer Breite zu den Polen hin ab.

Die kurzwellige UV-Strahlung der Sonne bewirkt, daß sich aus molekularem Sauerstoff ($O_2$) die energiereiche Modifikation des Sauerstoffs mit drei Sauerstoffatomen im Molekül bildet, das Ozon ($O_3$). Ein Teil der gefährlichen ultravioletten B-Strahlung der Sonne wird absorbiert, ein Teil von deren Energie in Wärme umgewandelt.

Die Funktion der Ozonschicht besteht darin, daß sie wie eine schützende Hülle die Erde gegen die Strahlung aus dem Weltraum abschirmt und den Wärmehaushalt der Atmosphäre reguliert. Die Ozonschicht unterliegt starken jahreszeitlichen Schwankungen, am stärksten im Frühjahr, am schwächsten im Herbst. Insgesamt aber befindet sie sich in einem Gleichgewicht zwischen dem Auf- und dem Abbau von Ozon.

Ozon

## ...nisphäre

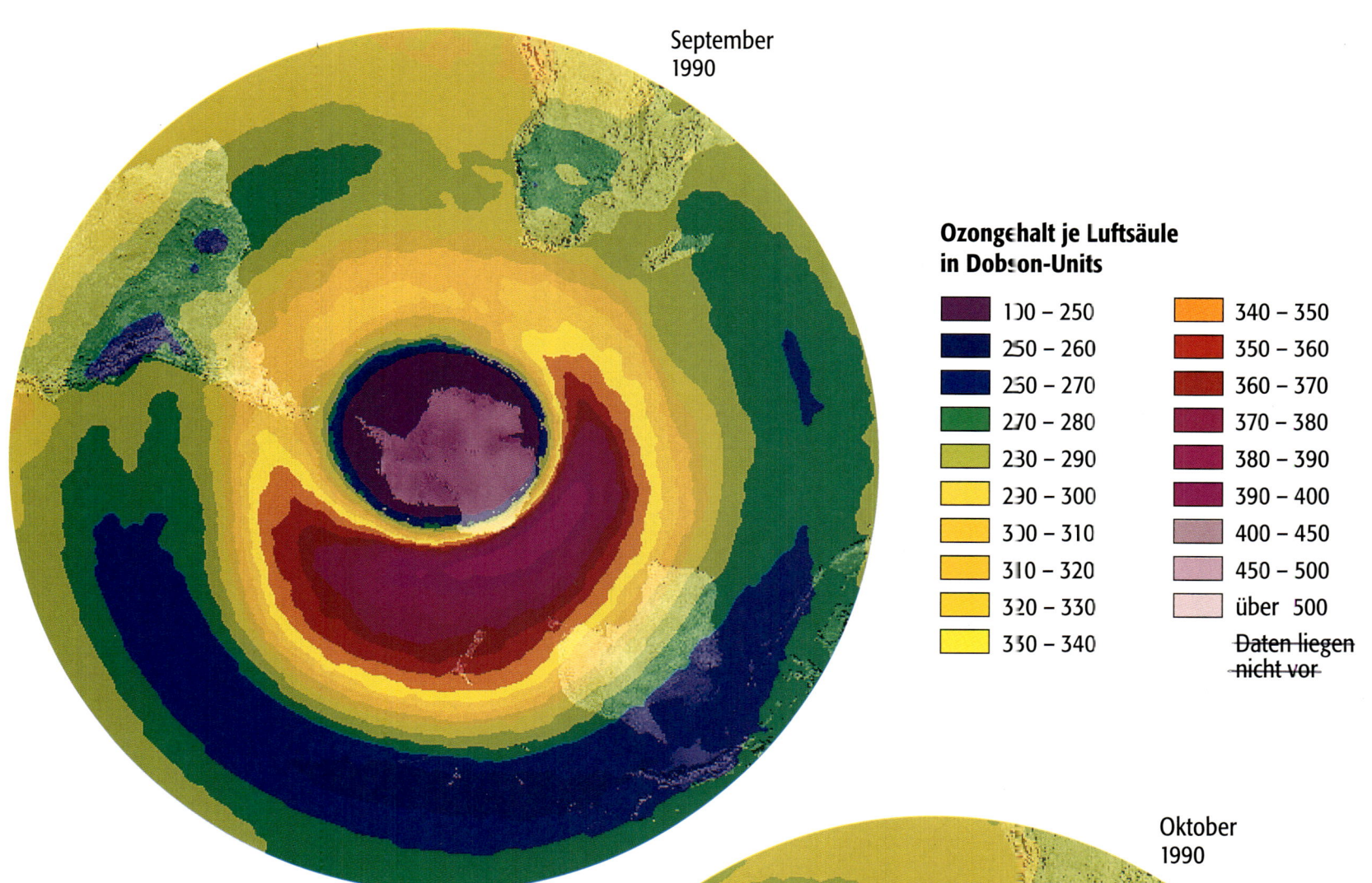

September 1990

**Ozongehalt je Luftsäule in Dobson-Units**

- 100 – 250
- 250 – 260
- 260 – 270
- 270 – 280
- 280 – 290
- 290 – 300
- 300 – 310
- 310 – 320
- 320 – 330
- 330 – 340
- 340 – 350
- 350 – 360
- 360 – 370
- 370 – 380
- 380 – 390
- 390 – 400
- 400 – 450
- 450 – 500
- über 500
- Daten liegen nicht vor

Oktober 1990

Messungen über der Antarktis haben ergeben, daß dort die Ozonschicht der Erdatmosphäre zunehmend zerstört wird. Von einem Ozonloch spricht man, wenn das Gas zu 50 bis 60 Prozent abgebaut ist und dieser Schwund sechs bis acht Wochen andauert. In der Stratosphäre der Antarktis wird regelmäßig am Ende des Südwinters im September und Oktober bei sehr tiefen Temperaturen ein starker Rückgang der Ozonkonzentration beobachtet. Dieses Ozonloch hat inzwischen die doppelte Größe des Kontinents Antarktika.

Als Ursache dafür werden in erster Linie die Fluorchlorkohlenwasserstoffe (FCKW) verantwortlich gemacht, die man früher für umweltneutral hielt. Sie wurden als Treibgase in Spraydosen sowie als Kühlmittel in Kühlschränken eingesetzt. Jährlich werden davon etwa 700 000 Tonnen freigesetzt, überwiegend von den Industrieländern der Nordhalbkugel. Die FCKW sind chemisch stabil, wandern im Laufe von Jahren bis in die Stratosphäre, wo sie von harter Sonnenstrahlung beschossen und zerstört werden. Dabei werden Chloratome freigesetzt, die die Ozonschicht abbauen.

Erde

# Das Ozonloch über der nördlichen H

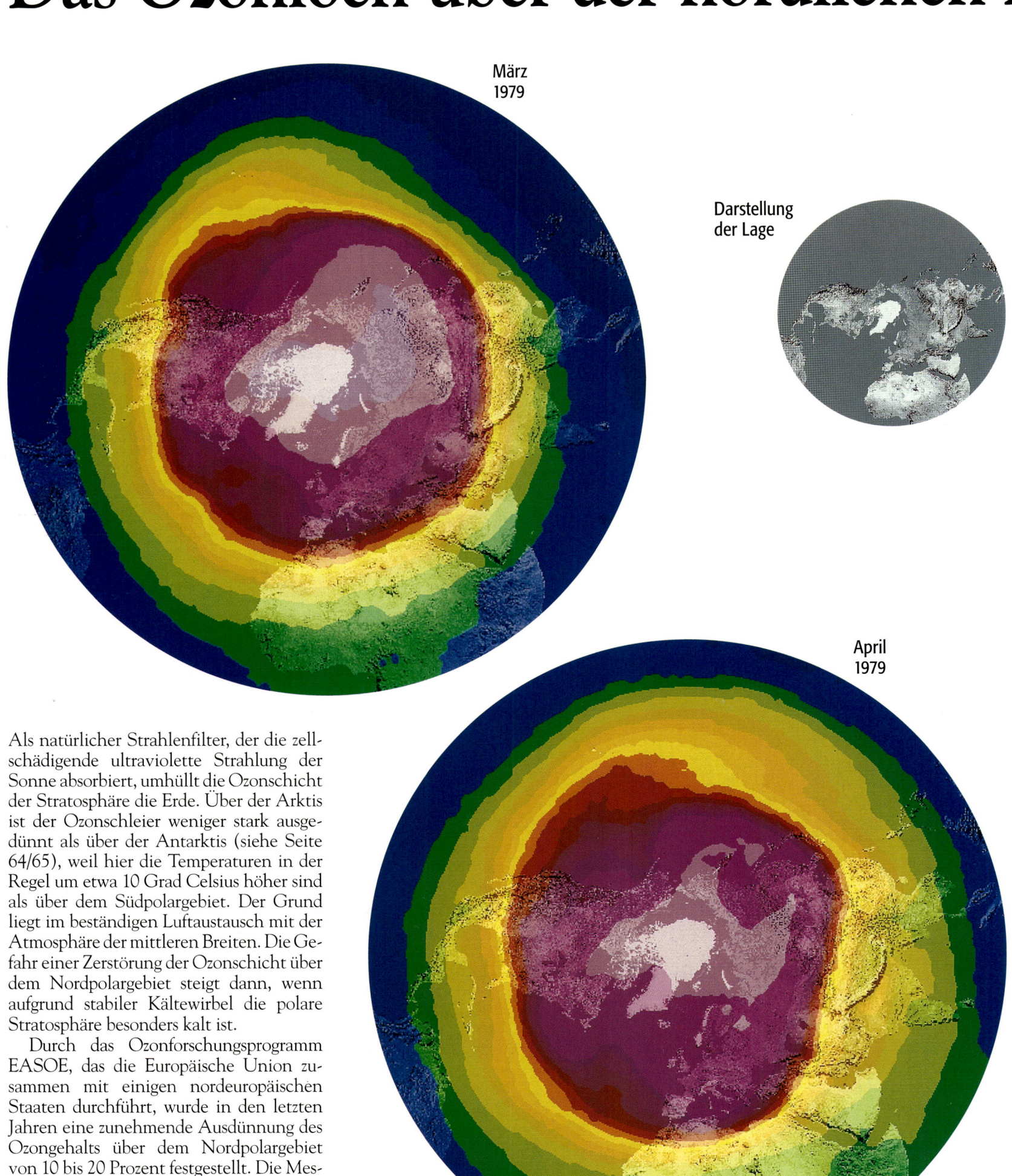

März 1979

Darstellung der Lage

April 1979

Als natürlicher Strahlenfilter, der die zellschädigende ultraviolette Strahlung der Sonne absorbiert, umhüllt die Ozonschicht der Stratosphäre die Erde. Über der Arktis ist der Ozonschleier weniger stark ausgedünnt als über der Antarktis (siehe Seite 64/65), weil hier die Temperaturen in der Regel um etwa 10 Grad Celsius höher sind als über dem Südpolargebiet. Der Grund liegt im beständigen Luftaustausch mit der Atmosphäre der mittleren Breiten. Die Gefahr einer Zerstörung der Ozonschicht über dem Nordpolargebiet steigt dann, wenn aufgrund stabiler Kältewirbel die polare Stratosphäre besonders kalt ist.

Durch das Ozonforschungsprogramm EASOE, das die Europäische Union zusammen mit einigen nordeuropäischen Staaten durchführt, wurde in den letzten Jahren eine zunehmende Ausdünnung des Ozongehalts über dem Nordpolargebiet von 10 bis 20 Prozent festgestellt. Die Messungen der US-amerikanischen Raumfahrtbehörde NASA ergaben für die mittleren Breiten der Nordhalbkugel eine Verminderung des Ozongehalts seit 1982 von etwa 8 Prozent.

# ...nisphäre

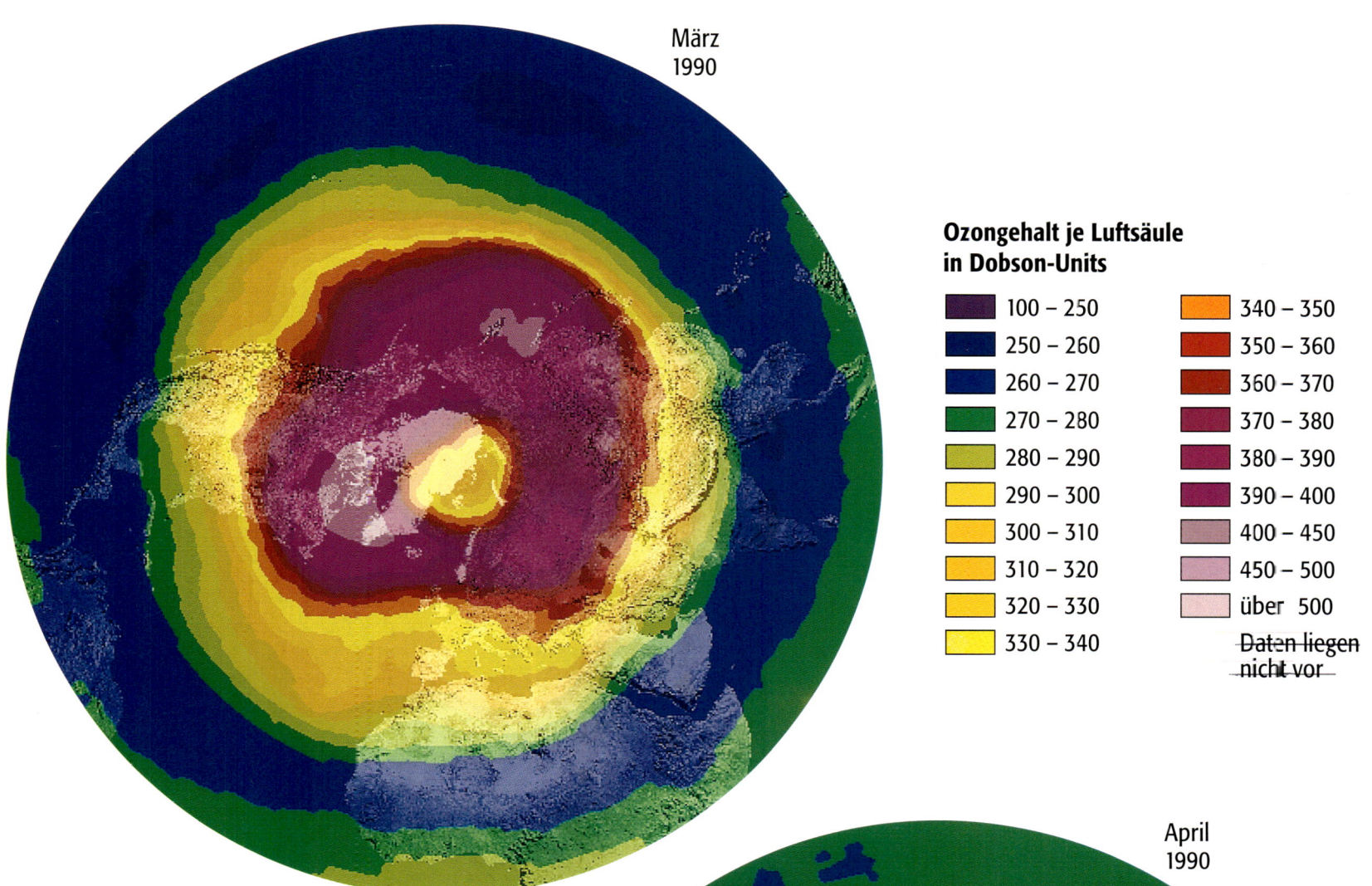

Ozon

März 1990

**Ozongehalt je Luftsäule in Dobson-Units**

- 100 – 250
- 250 – 260
- 260 – 270
- 270 – 280
- 280 – 290
- 290 – 300
- 300 – 310
- 310 – 320
- 320 – 330
- 330 – 340
- 340 – 350
- 350 – 360
- 360 – 370
- 370 – 380
- 380 – 390
- 390 – 400
- 400 – 450
- 450 – 500
- über 500
- Daten liegen nicht vor

April 1990

Die Ausdünnung des Ozonschleiers kann für die Erde und die Menschheit katastrophale Auswirkungen haben. Man nimmt heute an, daß eine Abnahme des Ozons in der Ozonschicht um ein Prozent einen Anstieg der UV-Strahlung an der Erdoberfläche von zwei Prozent sowie eine Steigerung der Hautkrebserkrankungen um drei Prozent nach sich zieht. Man befürchtet zudem, daß durch die das Erbgut von Pflanzen und Tieren beeinflussende Strahlung die Ernten geringer ausfallen können. Unter den vielen Faktoren, die für das Waldsterben verantwortlich gemacht werden, ist die Abnahme der Ozonkonzentration nicht der unbedeutendste. Globale Ausmaße wird die erwartete Änderung des Klimas annehmen, wenn es aufgrund der Verstärkung des Treibhauseffekts zu einer erdweiten Erwärmung sowie zu einer Verschiebung der Klimazonen kommen sollte.

Demgegenüber ist in der Troposphäre eine Zunahme des Ozongehalts zu verzeichnen, die vor allem auf den Ausstoß von Stickstoff- und Schwefeloxiden durch Autoabgase zurückzuführen ist. Ozon ist auch in kleinen Konzentrationen giftig.

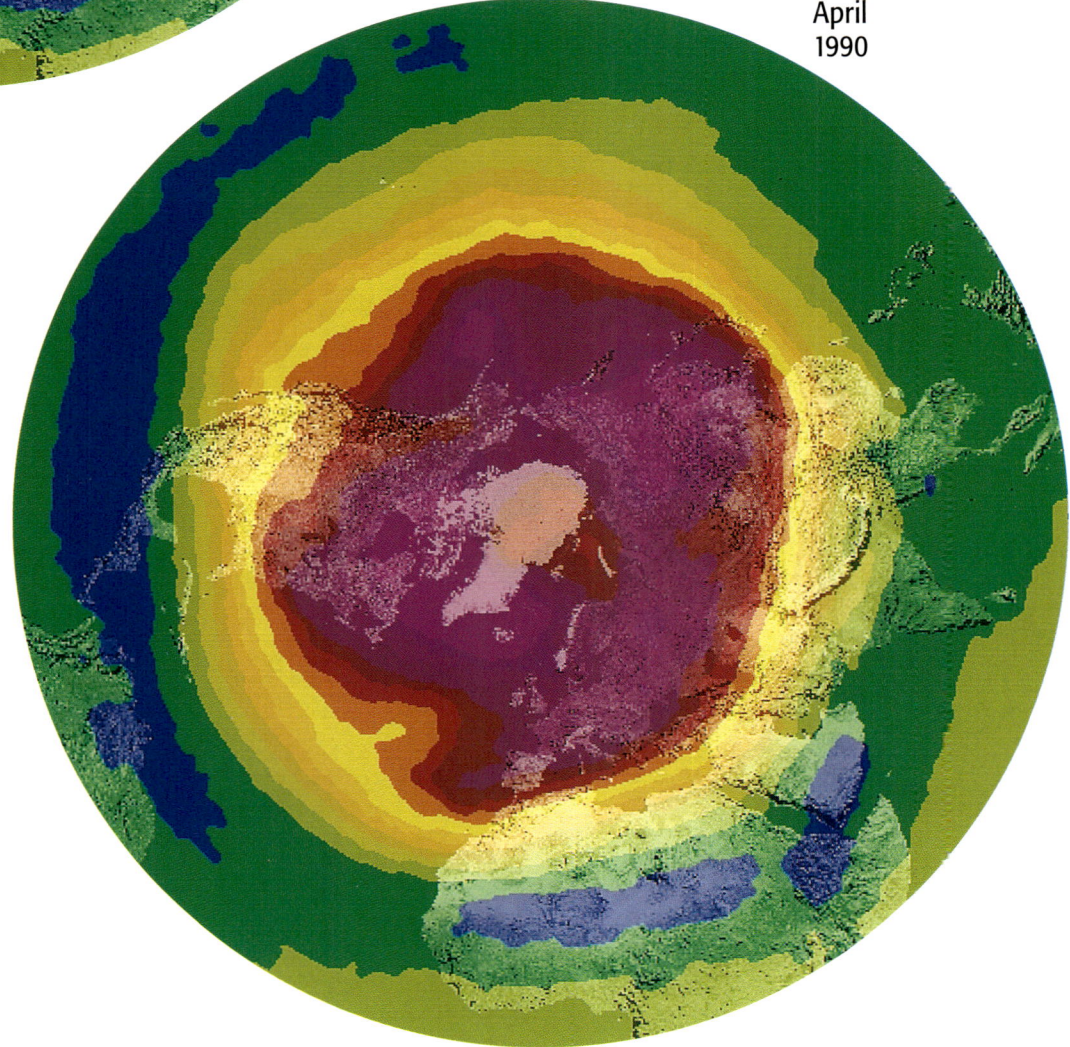

## Erde

# Das Ozon – in Bodennähe zuviel, in der Höhe immer weniger

Ein dreiatomiges Sauerstoffmolekül – das Ozon – steht zunehmend im Mittelpunkt des öffentlichen Interesses im Zusammenhang mit globalen Umweltveränderungen. Schlagworte wie Reizgas und Sommersmog stehen dabei ebenso in der Diskussion wie Ozonloch, UV-Strahlung und Hautkrebs. Während die Konzentration dieses Gases in den unteren Atmosphärenschichten besonders in den Sommermonaten immer mehr zunimmt, wird die vor einem Teil der schädlichen UV-Strahlung schützende Ozonschicht der Stratosphäre in etwa 15 bis 50 Kilometern Höhe von Jahr zu Jahr dünner. So nahm die Ozonkonzentration in Bodennähe seit 1970 um durchschnittlich 1,2 Prozent pro Jahr zu, während das stratosphärische Ozon im gleichen Zeitraum einen Rückgang von 0,6 Prozent pro Jahr verzeichnete. Allerdings kompensiert sich die Zu- und Abnahme des Gases in der Atmosphäre nicht, da der Anteil des bodennahen Ozons im Vergleich zur Gesamtkonzentration in der irdischen Lufthülle vergleichsweise gering ist. So nimmt die Ozonkonzentration in der Atmosphäre im weltweiten Mittel insgesamt um durchschnittlich 0,2 Prozent pro Jahr ab.

Beim Abbau der stratosphärischen Ozonschicht kommt vor allem den Fluorchlorkohlenwasserstoffen, kurz FCKW genannt, eine wichtige Bedeutung zu. Die damit verbundene zusätzliche Ozonzerstörung greift in einen Kreislauf ein, in dem auf natürliche Weise ständig Ozon ab-, aber auch wieder aufgebaut wird. Dabei entsteht Ozon durch Photolyse von Sauerstoff unter Sonneneinstrahlung. Ein zweiatomiges Sauerstoffmolekül wird hierbei unter Einwirkung von UV-Strahlung mit einer Wellenlänge, die unter 242 Nanometer (1 Nanometer = $10^{-9}$ Meter) liegt, in zwei einzelne Sauerstoffatome aufgespalten. Diese verbinden sich unter Beteiligung eines neutralen Stoßpartners, zumeist Sauerstoff oder Stickstoff, mit einem weiteren Stauerstoffmolekül zum dreiatomigen Ozon. Aufgrund der stärkeren Sonneneinstrahlung entsteht Ozon vor allem über den äquatornahen Regionen. Durch Ausgleichsströmungen in der Atmosphäre wird das Gas von dort in die höheren Breiten transportiert.

Durch Einstrahlung von Sonnenlicht wird Ozon aber auch wieder abgebaut. Bei Wellenlängen des Lichts von unter 1200 Nanometer spaltet sich das dreiatomige Mölekül wieder in ein zweiatomiges Sauerstoffmolekül und ein einzelnes Sauerstoffatom auf. Teilweise bildet sich aus zwei dieser Sauerstoffatome unter Beteiligung eines Stoßpartners, der die bei der Reaktion freiwerdende Energie aufnimmt, wieder ein Sauerstoffmolekül.

Neben diesem photochemischen Abbauprozeß wird das stratosphärische Ozon auch katalytisch abgebaut. Dabei reagiert ein sogenanntes Radikal-Molekül mit einem Ozonmolekül und spaltet von diesem ein Sauerstoffatom ab. Als Radikale fungieren insbesondere Hydroxyl, Stickoxid oder Chlor. Auf diese Weise entsteht aus Ozon ein zweiatomiges Sauerstoffmolekül und eine Verbindung aus einem Radikal-Molekül und einem Sauerstoffatom. Diese Radikal-Sauerstoff-Verbindung reagiert mit einem freien Sauerstoffatom – es entsteht ein Sauerstoffmolekül sowie das ursprüngliche Radikal-Molekül. Ein solches Radikal kann diesen Prozeß des Ozonabbaus mitunter mehrere tausend Male durchlaufen, bevor es selbst durch andere chemische Reaktionen unschädlich gemacht werden kann. Zum Teil entstehen diese Radikale aus Gasen wie Wasserdampf, Methan und Lachgas, die in geringen Mengen auch bei einer natürlichen Zusammensetzung der irdischen Atmosphäre vorkommen.

Der Mensch verstärkt diesen katalytischen Ozonabbau durch einen zunehmenden Eintrag verschiedener Spurengase in die Atmosphäre. Hierzu zählen vor allem die FCKW, die als unbrennbares, ungiftiges und wenig reaktionsfreudiges Gas in Form von Lösungsmitteln, Treibgasen und Kühlmitteln eine große Verbreitung finden.

*Das Ozonloch über der Antarktis stellt eine zunehmende Gefährdung des irdischen Lebens durch eine verstärkte UV-Strahlung dar. Umfangreiche wissenschaftliche Untersuchungen, wie hier an einer antarktischen Forschungsstation, sind notwendig, um die komplizierten Prozesse des Ozonabbaus zu verstehen.*

*Die Ozonkonzentration in der Erdatmosphäre unterliegt starken Schwankungen. In den mittleren Breiten der Nordhalbkugel ist sie im Frühjahr am größten.*

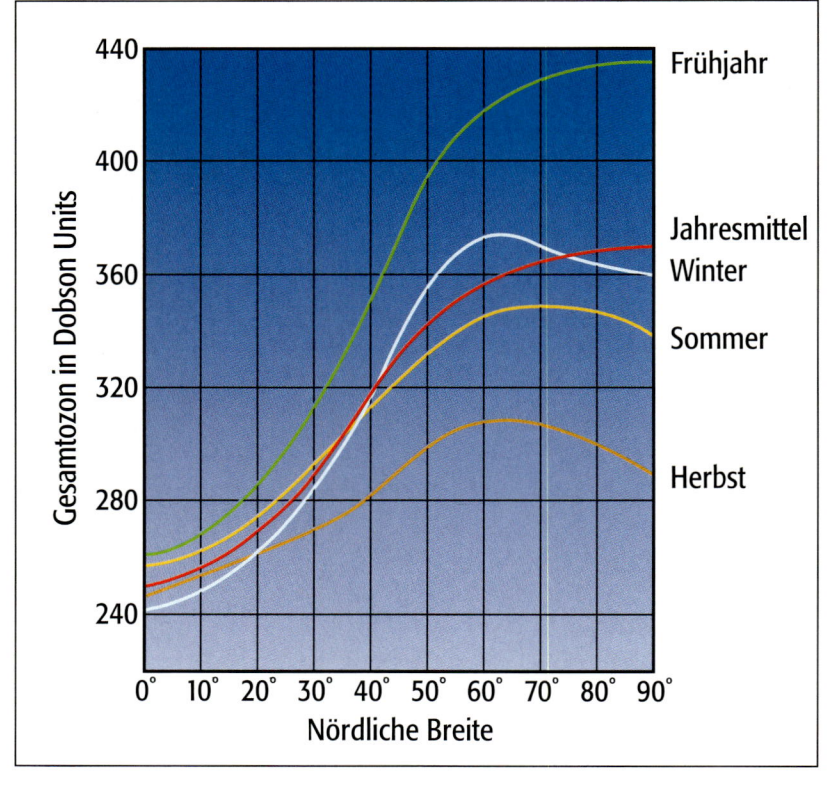

*Auch über dem Nordpolargebiet wird die Ozonkonzentration genau überwacht. Neben Satelliten kommt dabei Ballonaufstiegen, hier von schwedischen Wissenschaftlern durchgeführt, eine wichtige Bedeutung zu. Die an den Ballonen befestigten Meßinstrumente übermitteln genaue Informationen über die chemische Zusammensetzung der Atmosphäre.*

Durch ihre chemische Trägheit werden die FCKW in der Troposphäre nicht abgebaut. Sie verteilen sich im Laufe der Zeit über die gesamte bodennahe Lufthülle der Erde und steigen dabei allmählich bis in die Stratosphäre auf – ein Prozeß, der sich zum Teil über mehrere Jahre und Jahrzehnte erstreckt. Dort werden die FCKW unter dem Einfluß der energiereichen UV-Strahlung zerlegt, wobei die Chloratome frei werden. Sie führen zu einem zusätzlichen katalytischen Abbau der stratosphärischen Ozonschicht. In den vergangenen 10 Jahren hat sich die Konzentration der Chlorverbindungen in der Stratosphäre versechsfacht.

Der vor allem auf die erhöhte Konzentration der Chlorverbindungen in der Stratosphäre zurückzuführende Ozonabbau macht sich besonders über den Polargebieten bemerkbar. Fast alljährlich erreichen uns Meldungen über die zunehmenden Ausmaße des Ozonlochs über der Antarktis. Dabei ist die Ozonabnahme während des Südfrühlings (September/Oktober) besonders ausgeprägt, wo doch der beginnende Polartag eigentlich die Produktion von Ozonmolekülen anregen sollte. Bei diesem Phänomen kommt polaren Stratosphärenwolken eine wichtige Bedeutung zu. Sie bilden sich im antarktischen Winter bei Temperaturen von unter minus 80 Grad Celsius und bestehen vor allem aus Salpetersäure und Wasser. Durch die tiefen Temperaturen lagern sich an diese Wolken Chlorwasserstoff- und Chlornitratverbindungen an. In diesen sogenannten Reservoirgasen sind die ozonschädigenden Chlorverbindungen gebunden und damit für den Ozonabbau unwirksam. Durch das Gewicht der Wolkenpartikel sinken diese allmählich ab – der Puffer für die aggressiven Chlorverbindungen geht verloren. Darüber hinaus bilden sich in den Wolken im Laufe des Winters Vorgängersubstanzen, aus denen nach der Polarnacht im antarktischen Frühling beim Aufgehen der Sonne rasch eine große Zahl von Chlorverbindungen freigesetzt werden. Aufgrund der fehlenden Reservoirgase werden diese nicht mehr chemisch wirkungsvoll gebunden. Auf diese Weise setzt ein starker katalytischer Abbau der Ozonschicht ein.

Darüber hinaus bildet sich während der Polarnacht über der Antarktis durch das Absinken der sich abkühlenden Luftmassen ein zirkumpolarer Wirbel, der auch als Vortex bezeichnet wird. Er verhindert das Einströmen ozonreicher Luft aus niederen Breiten. Erst mit der zunehmenden Erwärmung im Laufe des beginnenden Südsommers lösen sich sowohl dieser Polarwirbel als auch die Stratosphärenwolken wieder auf. Ozonhaltige Luft kann nun bis zur Antarktis vorstoßen. Es entsteht gasförmige Salpetersäure beziehungsweise Stickstoffdioxid, die einen Teil der Chlorverbindungen binden können und damit dem Ozonabbau entgegenwirken – das Ozonloch schließt sich allmählich wieder. Die Vorgänge, die mit dem Ozonabbau in der Atmosphäre in Verbindung stehen, sind aus wissenschaftlicher Sicht noch weit komplizierter. Über 30 Stoffe tragen in nahezu 200 unterschiedlichen chemischen Reaktionen zum Abbau der Ozonschicht bei.

Durch die dargestellten Prozesse ist auch in einem natürlichen Gleichgewicht am Ende des antarktischen Winters ein Rückgang der Ozonkonzentration in der Stratosphäre zu beobachten. In den vergangenen Jahren und Jahrzehnten nimmt aber durch den zusätzlichen menschlichen Eintrag von FCKW und anderen ozonzerstörenden Stoffen das Ausmaß dieses Ozonabbaus immer mehr zu. Heute ist mitunter eine Fläche von über 20 Millionen Quadratkilometern betroffen. Die Ozonkonzentration im Zentrum des Ozonlochs sank dabei von 240 Dobson Units im Jahr 1975 auf teilweise unter 120 Dobson Units heute. Den stärksten Konzentrationsrückgang verzeichnet ein Bereich zwischen 15 und 20 Kilometern Höhe. Angesichts eines Ozonrückgangs von etwa 95 Prozent in dieser Schicht während des antarktischen Frühlings scheint hier die Bezeichnung Ozonloch tatsächlich angebracht. Darüber hinaus dehnt sich die zeitliche Dauer des Ozonlochs mehr und mehr aus. Waren anfangs nur die Monate September und Oktober betroffen, erstreckt sich der Ozonrückgang heute teilweise über einen Zeitraum von mehreren Monaten.

Über dem Nordpolargebiet wurde bisher noch kein Ozonloch beobachtet, wie es von der Antarktis bekannt ist. Aufgrund einer anderen Land-Meer-Verteilung herrschen dort höhere Temperaturen und verhindern dadurch weitgehend die Bildung polarer Stratosphärenwolken. Darüber hinaus ist der zirkumpolare Wirbel über der Arktis sowohl räumlich als auch zeitlich nicht so stabil, so daß immer wieder ozonreichere Luft aus niederen Breiten nachströmen kann. Dennoch ist über dem Nordpolargebiet die chemische Zusammensetzung der Atmosphäre ähnlich stark gestört wie über der Antarktis.

Die Folgen durch den Abbau der stratosphärischen Ozonschicht und die damit verbundene Zunahme der UV-Strahlung, die nicht nur über den Polargebieten, sondern weltweit zu beobachten ist, sind vielschichtig. Die direkten Auswirkungen für den Menschen reichen von einem verstärkten Auftreten von Sonnenbrand, Hautkrebs und Augenleiden bis hin zu einer allgemeinen Schwächung des Immunsystems. Nicht weniger gravierend sind die Folgen für die menschliche Umwelt. So wird das Wachstum vieler Landpflanzen und damit der Ernteertrag ebenso negativ beeinflußt wie das des Phytoplanktons der Meere. Beides hat direkte Folgen für die Nahrungskette, an deren Ende der Mensch steht. Darüber hinaus sind nachhaltige Schäden am Erbgut der Pflanzen zu befürchten.

Trotz des weltweiten Rückgangs der FCKW-Emissionen ist auch in den kommenden Jahren zunächst noch mit einem weiteren Abbau der stratosphärischen Ozonkonzentration zu rechnen. Ursache hierfür ist die lange Lebensdauer dieser Stoffe, die aufgrund ihrer chemischen Trägheit bis zu 50 Jahre und mehr betragen kann. Sie werden daher zum Teil erst nach Jahren und Jahrzehnten, in denen sie allmählich bis in die Stratosphäre aufsteigen, für den Ozonabbau wirksam. Deshalb ist erst nach der Jahrtausendwende mit einer allmählichen Entspannung der Ozonproblematik zu rechnen.

Erde

# Die Temperaturverteilung

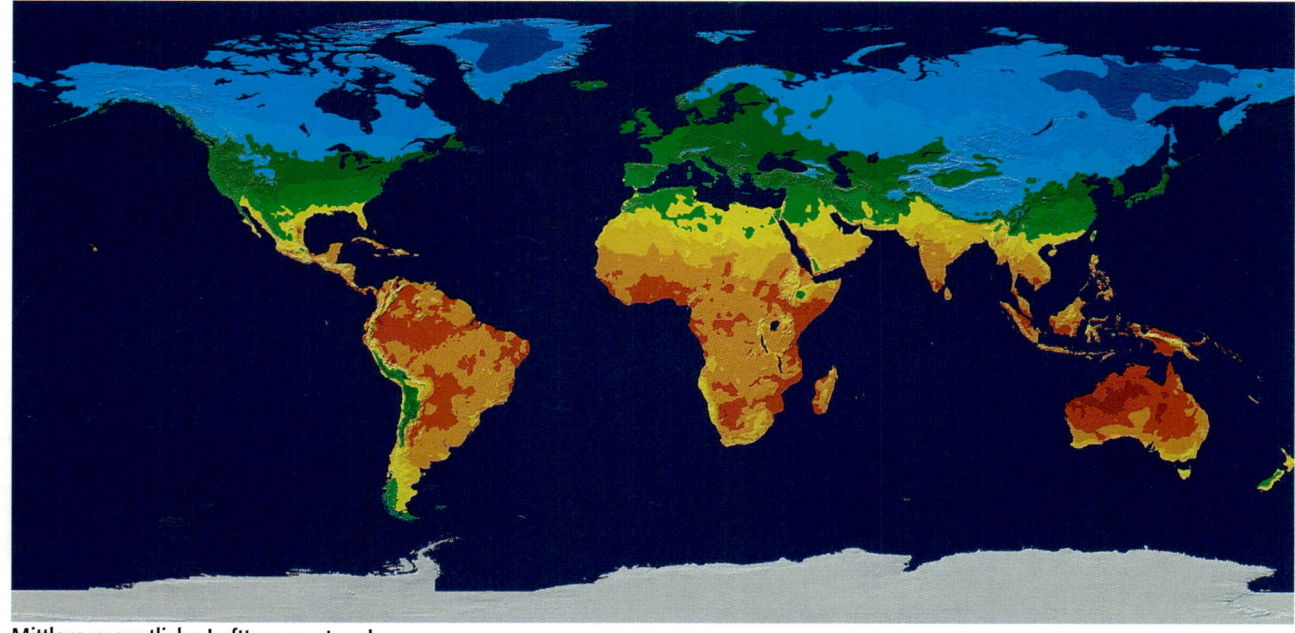

Mittlere monatliche Lufttemperatur: Januar

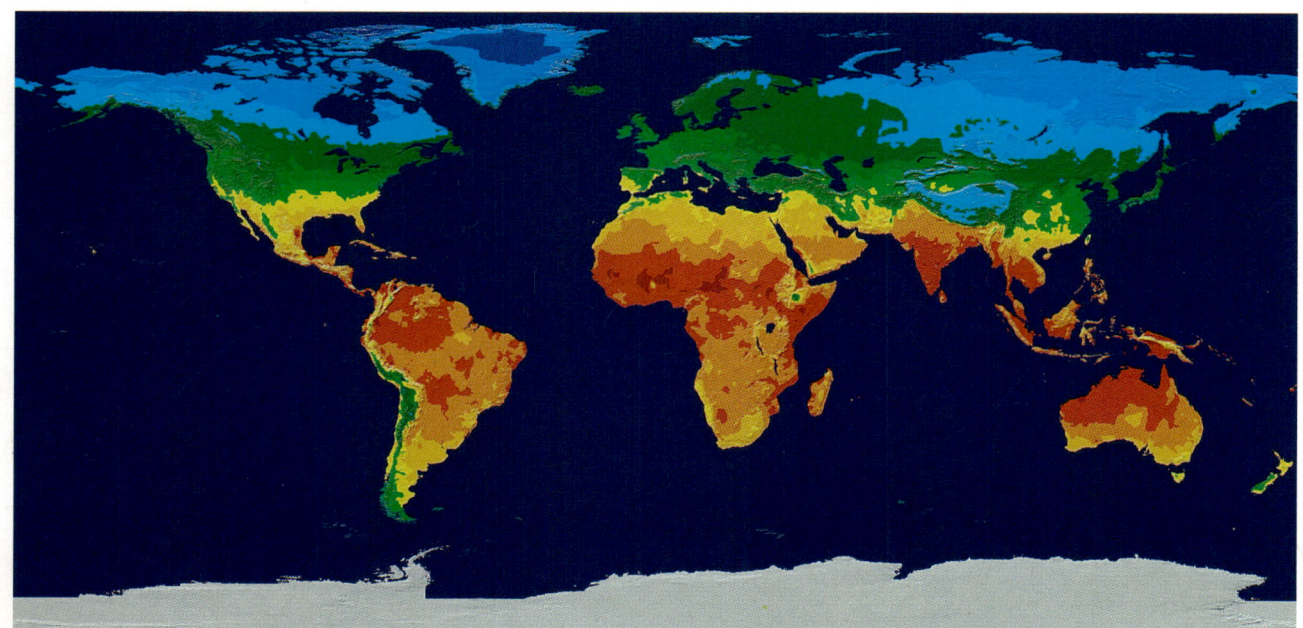

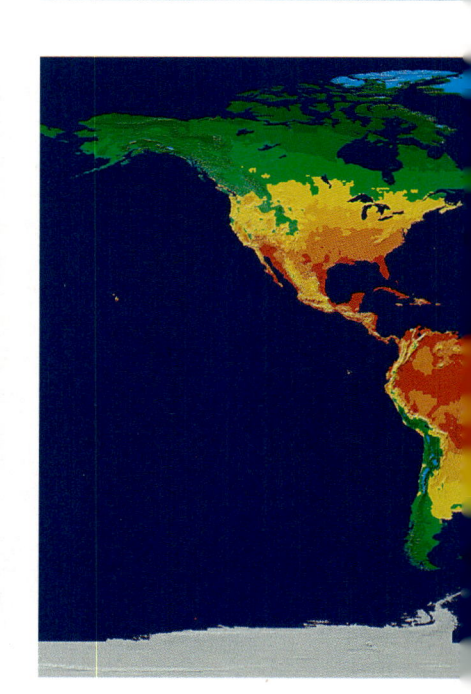

Mittlere monatliche Lufttemperatur: März

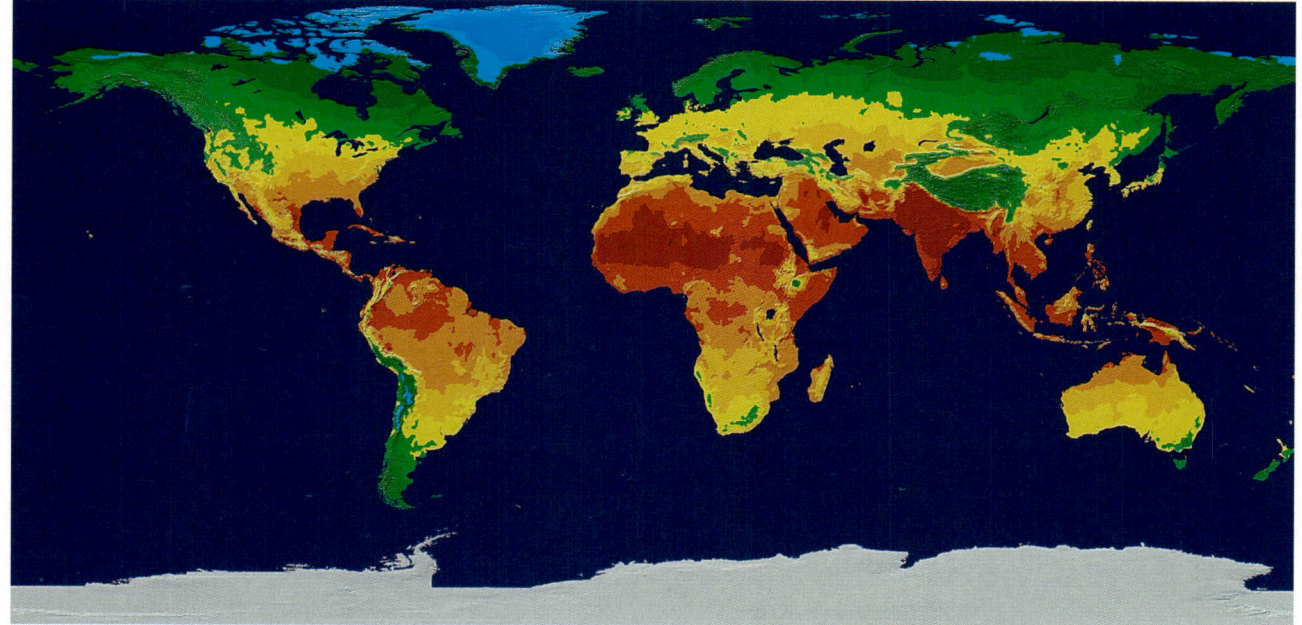

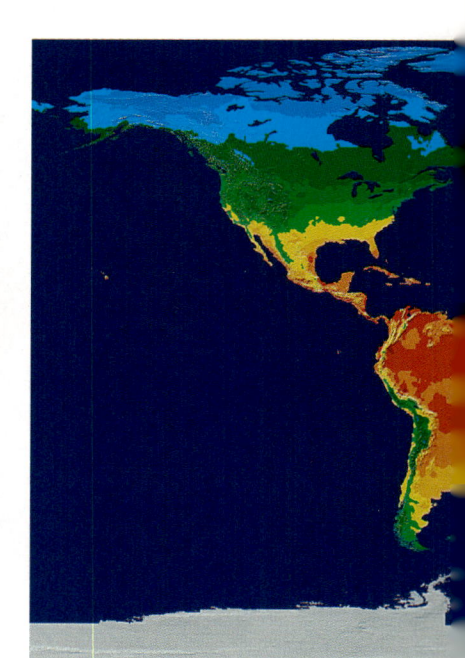

Mittlere monatliche Lufttemperatur: Mai

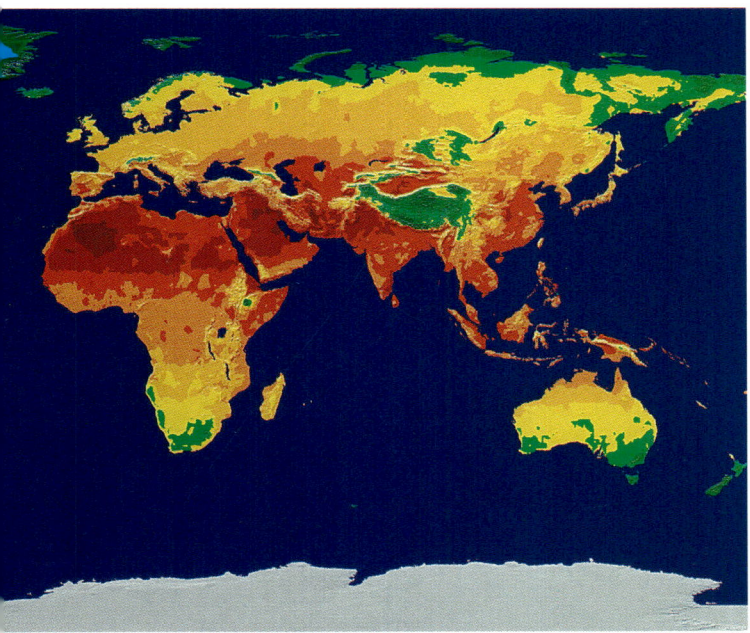

# Temperaturverteilung

**Mittlere monatliche Lufttemperatur**

Unter dem Gefrierpunkt
- 60 – 50 °Celsius
- 50 – 40 °Celsius
- 40 – 20 °Celsius
- 20 – 10 °Celsius
- 10 – 0 °Celsius

Über dem Gefrierpunkt
- 0 – 5 °Celsius
- 5 – 10 °Celsius
- 10 – 15 °Celsius
- 15 – 20 °Celsius
- 20 – 25 °Celsius
- 25 – 30 °Celsius
- 30 – 35 °Celsius
- 35 – 40 °Celsius
- und darüber

Mittlere monatliche Lufttemperatur: Juli

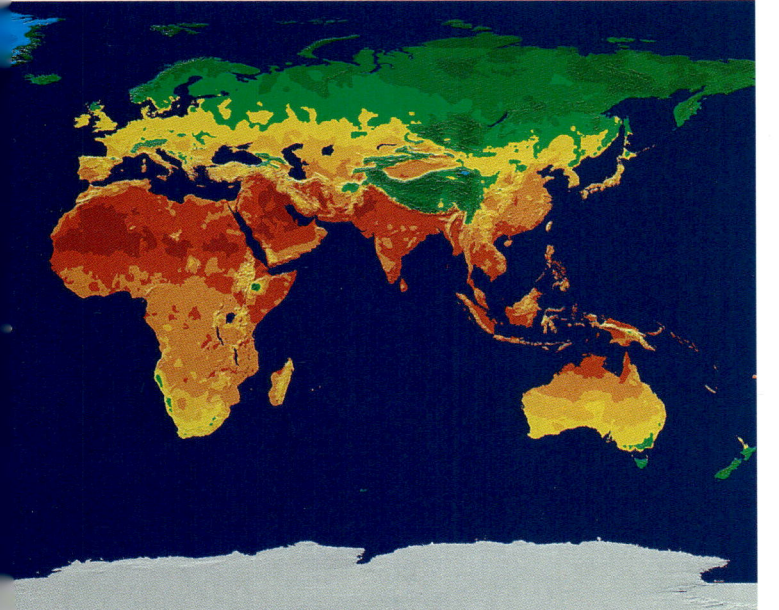

Mittlere monatliche Lufttemperatur: September

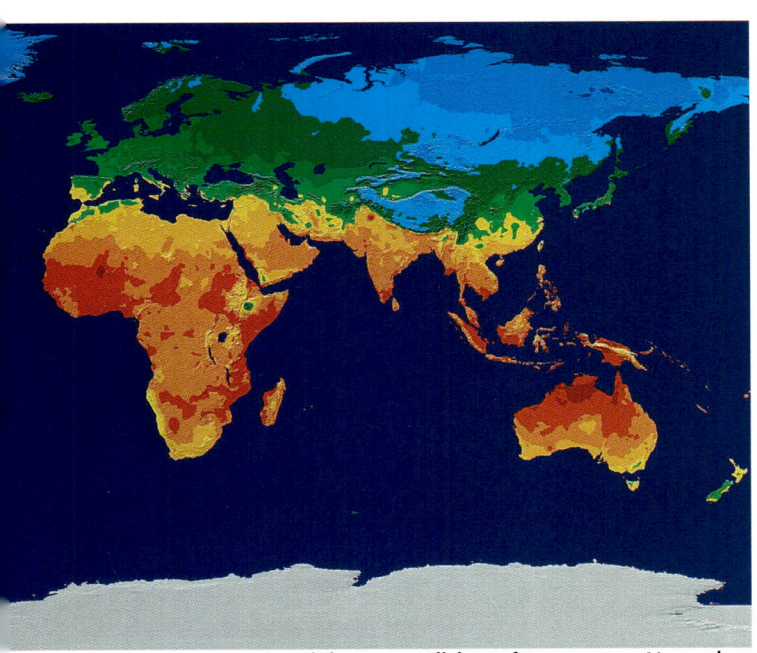

Mittlere monatliche Lufttemperatur: November

Die Messungen von weltweit 6280 Wetterstationen – gewonnen während einer im allgemeinen 30jährigen Meßperiode – wurden zu dieser Darstellung der monatlichen Durchschnittstemperaturen über Land verarbeitet. Vor allem das Ineinandergreifen zweier Phänomene wird hier sichtbar: Zum einen die Verschiebung der breitenparallelen Temperaturgürtel als Folge der Wanderung des Zenitstands der Sonne im Laufe eines Jahres, zum anderen der Einfluß von Land-Meer-Verteilung, Meeresströmungen, Bewölkung und Relief auf die lokalen Temperaturverhältnisse. Als Beispiel hierfür sei Eurasien genannt. Das Vorgreifen polarer Kaltluftmassen nach Süden im Nordwinter wird dort gebremst, wo der Einfluß des warmen Golfstroms bis weit nach Osteuropa hinein sich auswirkt, und es wird dort unterstützt, wo der kalte Oya-Schio Ostasiens Klima beeinflußt. Im Westen und Norden Europas herrschen höhere Temperaturen als an Orten gleicher Breite in Asien und Nordamerika. Die zentralasiatischen Hochgebirge treten als Kälteinsel zu allen Jahreszeiten in Erscheinung. Die abkühlende Wirkung von Meeresströmungen – des Benguela- und des Humboldt-(Peru-)Stroms – wird auch an den Südwestküsten Afrikas und Südamerikas sichtbar.

*Schätzungen zum Temperaturtrend in der Zone des gemäßigten Klimas während der letzten 15 000 Jahre ergaben, daß es allgemein auf der Erde wärmer geworden ist. Nach Auffassung einiger Wissenschaftler hat die Temperaturkurve ein Plateau erreicht, dem eine neue Eiszeit folgen wird, ähnlich der letzten, die vor etwa zehntausend Jahren zu Ende ging.*

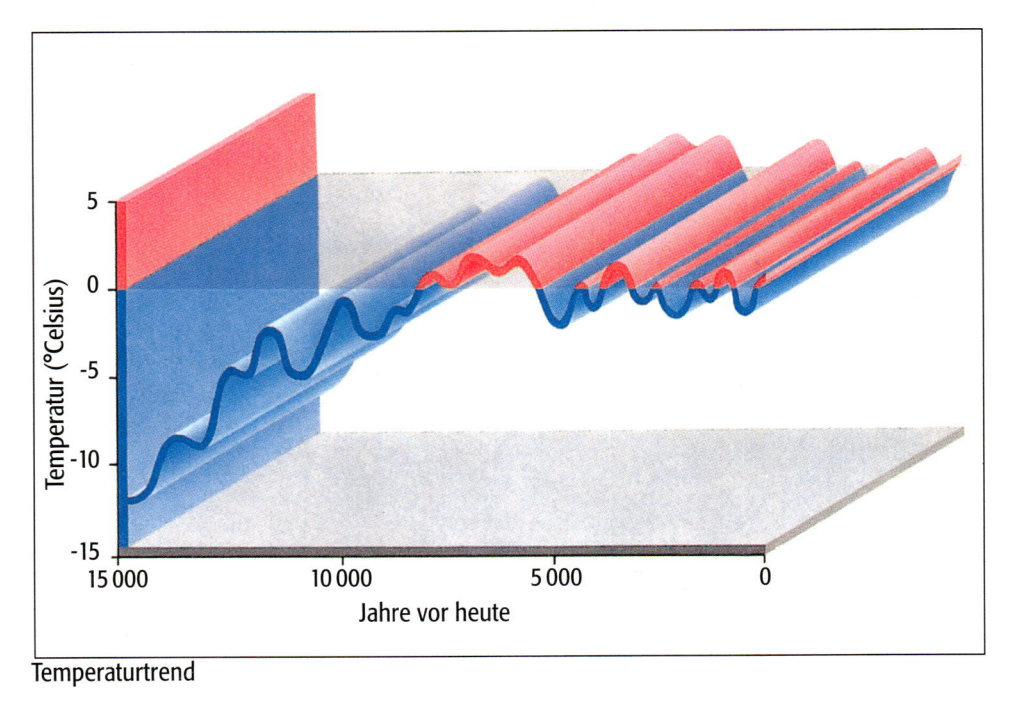

Temperaturtrend

Erde

# Südföhn in den Alpen

Vom Innviertel im Alpenvorland über die nördlichen Kalkalpen und die Längstalfurche von Pinzgau und Oberem Ennstal bis zu den Hohen Tauern reicht der Ausschnitt des Satellitenbilds.

Wolkenfrei sind der nördliche Teil des Alpenvorlands, weithin der Tennengau und das Salzkammergut. Die Hochgebirgsstöcke sind in den obersten Lagen verschneit. Unter Wolken liegen die Niederen Tauern (südöstliche Bildecke) und die nördlichsten Gebirgszüge. Das Obere Ennstal erfüllen einzelne Kaltluftseen.

Diese Verteilung der Wolken ist eine Folge des Föhns, eines warmen, böigen Gebirgswinds mit kurzperiodischen Druckschwankungen. Er bewirkt einen Anstieg der Temperatur, die Auflösung der Wolken,

*Eine Föhnmauer »steht« am Hauptkamm der Alpen in den Schladminger Tauern. Von dort gleitet die Luft abwärts in das Tal. Dabei erwärmt sie sich; dies führt zu erhöhter Verdunstung und damit zur Auflösung der Wolken. Die ebene Obergrenze der Wolkenschicht weist auf die stabile Schichtung der Luft im Luv des Gebirges hin.*

eine Erhöhung der Verdunstung sowie einen Rückgang der relativen Luftfeuchtigkeit. Intensive Strahlung und klare Sicht sind Auswirkungen des Föhns.

Seine Ursache hat der Föhn in der Barrierewirkung eines Gebirges, das quer zur Strömungsrichtung einer Luftmasse liegt. Wenn südlich der Alpen ein Hochdruckgebiet mit stabil geschichteter Luft liegt und nördlich der Alpen auf der Vorderseite eines Tiefdruckgebiets eine südwestliche Strömung auftritt, kommt es zu einer Querströmung oberhalb der Gebirgskämme. Es bildet sich eine »Föhnmauer« mit Staubewölkung. Im Lee der Gebirgszüge sinkt die Luft aus 2000 bis 3000 Metern Höhe in die Alpentäler und das Alpenvorland ab und erwärmt sich dabei trockenadiabatisch.

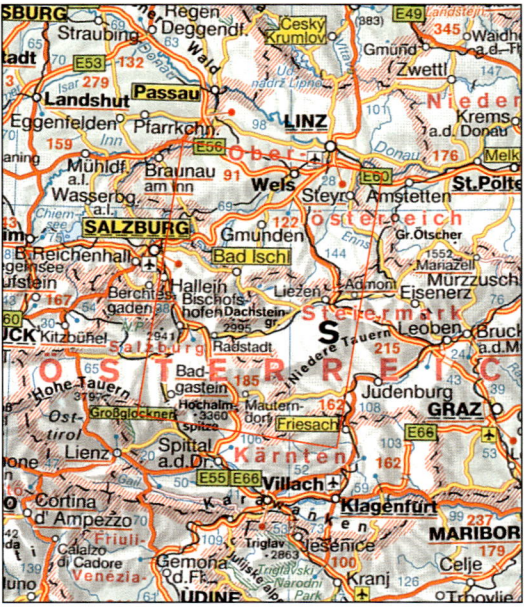

*Das Temperaturbild zeigt – entsprechend einem farbpsychologischen Code – hohe Temperaturen in roter, tiefe in blauer bis weißer Farbe an. Während der Föhn einzelne tiefgelegene Täler bereits erreicht und erwärmt hat, ist es ihm in den oberen Talabschnitten noch nicht gelungen, die schweren Kaltluftseen zu beseitigen.*

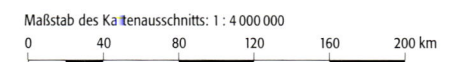

Maßstab des Kartenausschnitts 1 : 4 000 000
0   40   80   120   160   200 km

Erde

# Globaler Wandel bei doppeltem $CO_2$

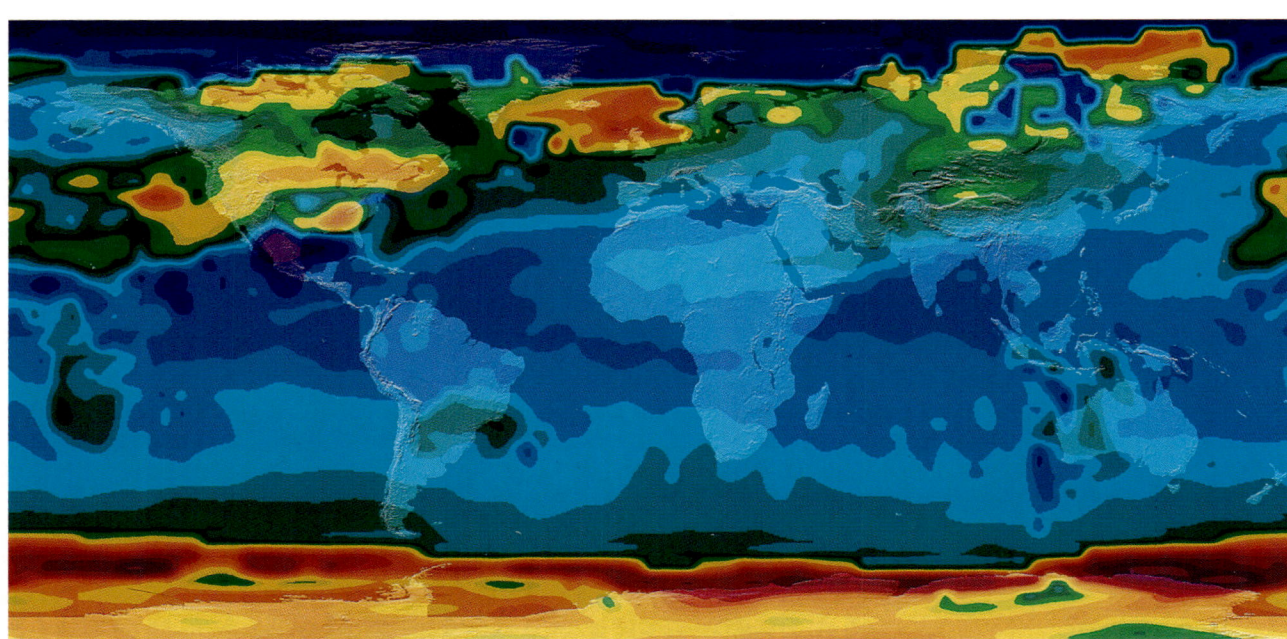

Simulation: Veränderung der Temperatur bei doppeltem $CO_2$-Gehalt der Atmosphäre: Sommer

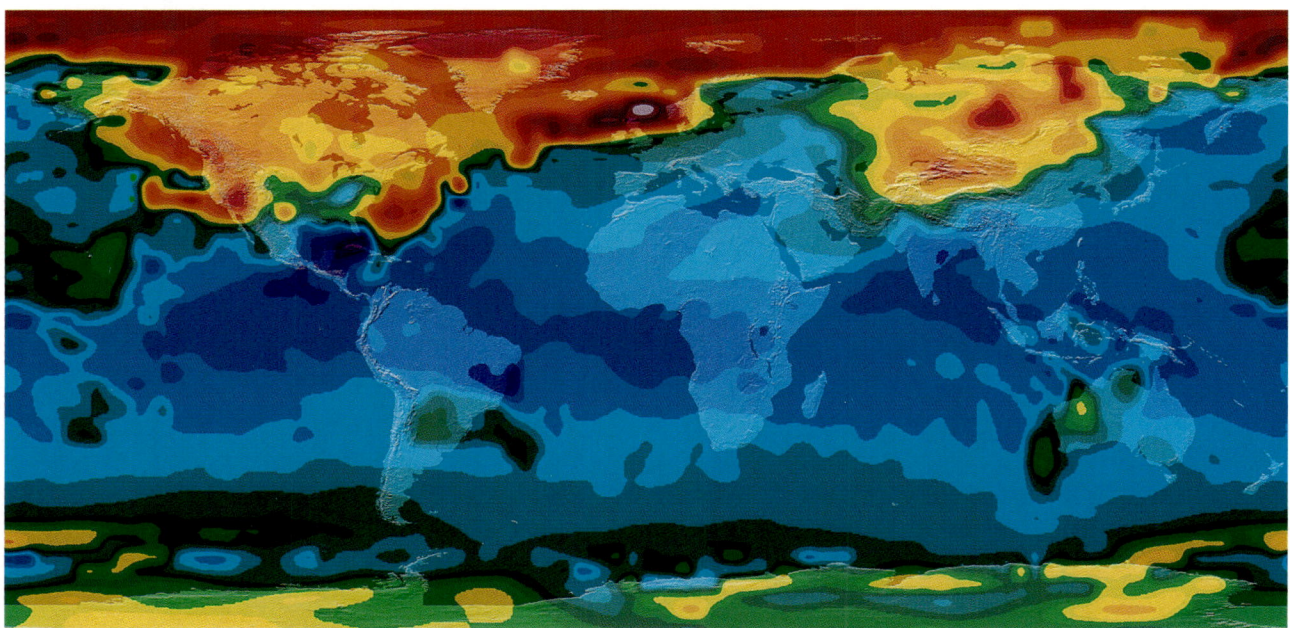

Simulation: Veränderung der Temperatur bei doppeltem $CO_2$-Gehalt der Atmosphäre: Winter

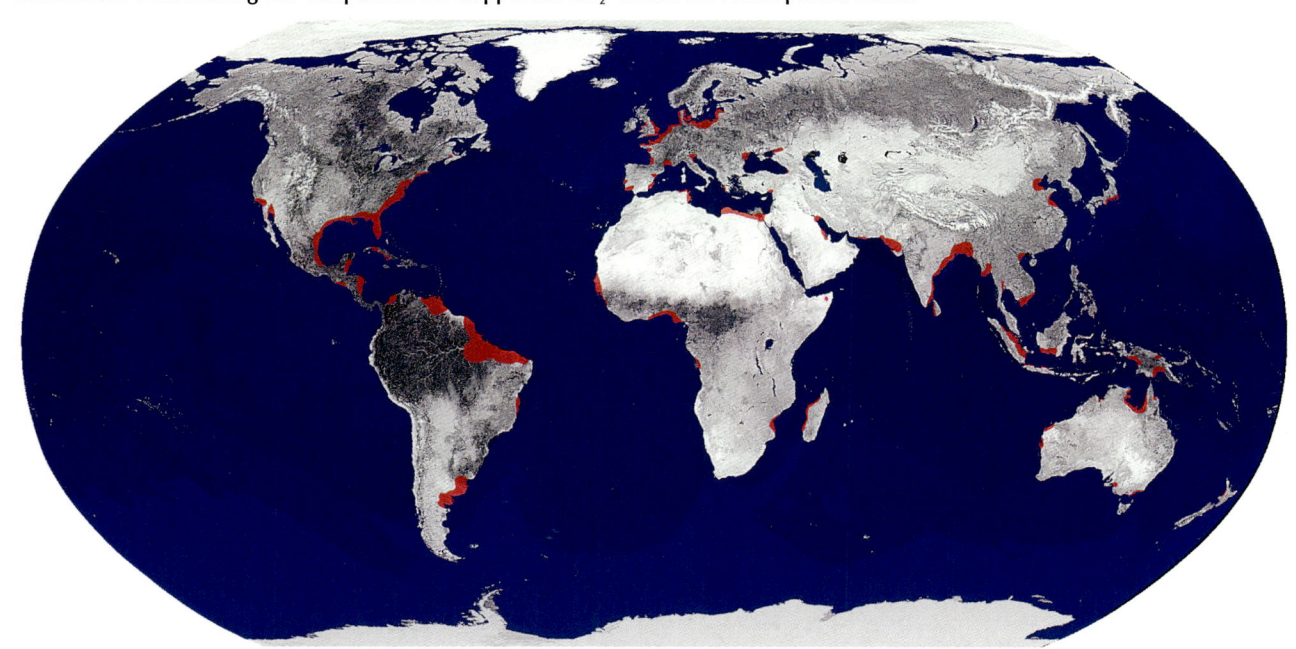

Simulation: Gefährdete Küstenregionen bei doppeltem $CO_2$-Gehalt der Atmosphäre

**Simulation: Temperaturveränderung bei doppeltem $CO_2$-Gehalt der Atmosphäre**

Temperaturrückgang
- 2 – 0 °Celsius

Temperaturanstieg
- 0 – 0,5 °Celsius
- 0,5 – 1,0 °Celsius
- 1,0 – 1,5 °Celsius
- 1,5 – 2,0 °Celsius
- 2,0 – 2,5 °Celsius
- 2,5 – 3,0 °Celsius
- 3,0 – 3,5 °Celsius
- 3,5 – 4,0 °Celsius
- 4,0 – 4,5 °Celsius
- 4,5 – 5,0 °Celsius
- 5,0 – 5,5 °Celsius
- 5,5 – 6,0 °Celsius
- 6,0 – 7,0 °Celsius
- 7,0 – 8,0 °Celsius
- 8,0 – 9,0 °Celsius
- 9,0 – 10,0 °Celsius
- 10,0 – 11,0 °Celsius
- 11,0 – 12,0 °Celsius
- 12,0 – 14,0 °Celsius
- 14,0 – 16,0 °Celsius
- 16,0 – 18,0 °Celsius
- 18,0 – 20,0 °Celsius
- über 20,0 °Celsius

**Simulation: Gefährdete Küstenregionen bei doppeltem $CO_2$-Gehalt der Atmosphäre**

- Gefährdete Küstenregionen

Wandel der Lebensräume

# Gehalt im Simulationsmodell

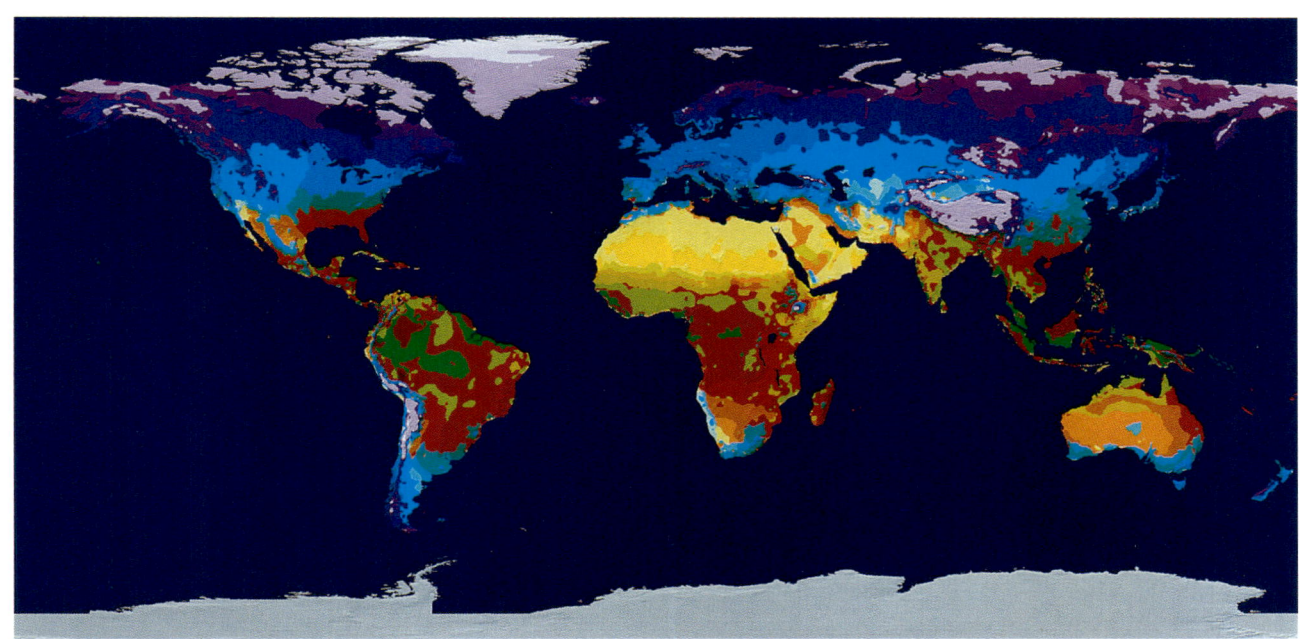

Vegetationszonen nach Holdridge heute

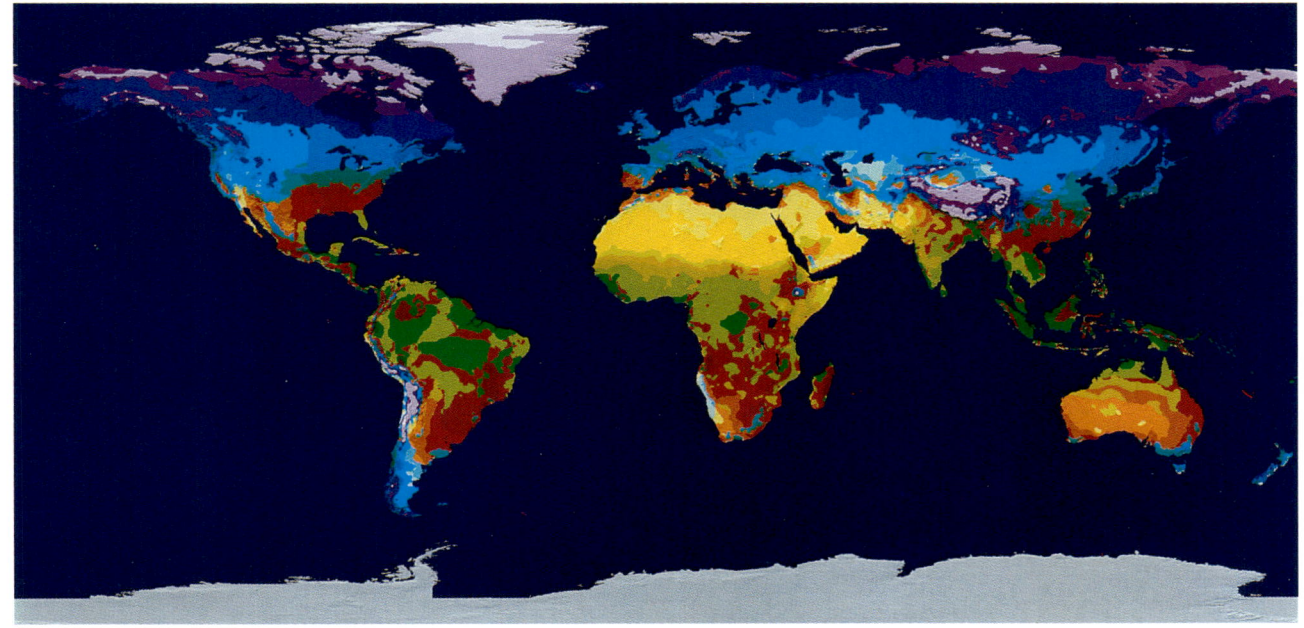

Simulation: Vegetationszonen nach Holdridge bei doppeltem $CO_2$-Gehalt der Atmosphäre

**Vegetationszonen nach Holdridge**

- Eiswüste
- Kältewüste
- Tundra
- Borealer Nadelwald
- Laubwälder, Steppen d. gem. Breiten
- Winterkalte Wüste
- Winterkalte Halbwüste
- Sommergrüne Laubwälder
- Grasländer der Subtropen
- Subtropische Wälder
- Halbwüsten und Wüsten
- Grasländer der wechselfeuchten Tropen
- Wälder der immerfeuchten Tropen

An der Atmosphäre hat Kohlendioxid einen Raumanteil von 0,03 und einen Gewichtsanteil von 0,04 Prozent. Kohlendioxid ($CO_2$) entsteht als Produkt der pflanzlichen (Photosynthese) und tierischen Atmung, der alkoholischen Gärung und der normalen Verbrennung von kohlenstoffhaltigen Brennstoffen. Bei der Photosynthese der grünen Pflanzen entstehen Kohlenhydrate aus $CO_2$ und Wasser unter Einwirkung des Sonnenlichts. Sauerstoff, der für die Atmung von Tieren und Menschen lebensnotwendig ist, wird bei dieser Synthese freigesetzt. Dieser natürliche Kreislauf wird durch die Verbrennung fossiler Energierohstoffe und die Vernichtung von Wald gestört. Durch eine Erhöhung des Kohlendioxid-Gehalts der Luft wird die von der Erdoberfläche reflektierte Infrarotstrahlung absorbiert und zum größten Teil zurückgestrahlt; es kommt zu einer Erhöhung der Lufttemperatur. Von 1750 bis heute hat der Gehalt der Luft an Kohlendioxid von 280 ppm (Teilchen pro Million) auf 335 ppm zugenommen, und von 1851 bis 1987 hat sich die bodennahe Luft weltweit um 0,5 Grad erwärmt. Darauf werden der globale Anstieg des Meeresspiegels um 10 bis 15 Zentimeter, eine Verstärkung der Tiefdruckgebiete über Nordatlantik und -pazifik sowie eine Zunahme der mittleren Windgeschwindigkeiten zurückgeführt. Wegen des wachsenden Energiebedarfs vor allem der Entwicklungsländer muß mit einem weiteren Anstieg des $CO_2$-Ausstoßes gerechnet werden.

Erde

# Rückzug der Inlandsgletscher: Der Großglockner

In den Hohen Tauern liegt die Glocknergruppe mit dem höchsten Berg Österreichs, dem Großglockner (3797 Meter), und dem längsten Gletscher (9 Kilometer), der Pasterze. Von der Glocknergruppe ziehen das Stubachtal, das Kapruner Tal und das Fuscher Tal nach Norden, Dorfer Tal und Mölltal nach Süden. Sie erhielten ihr Gepräge als Trogtäler mit glazialen Wannen (Tauernmoos, Wasserfallboden, Mooserboden) durch die eiszeitlichen Gletscher, die auch die scharfen Züge des Hochgebirges formten.

Während der Kaltzeiten erfüllte ein geschlossenes Eisstromnetz die Alpen, dessen Oberfläche in der Kaltzeit bis etwa 2200 Meter Höhe reichte (siehe auch Seite 140/141). In der folgenden Warmzeit zogen sich die Gletscher bis auf die gegenwärtige Größe zurück. Als sich vom 16. bis in die Mitte des 19. Jahrhunderts das Klima abkühlte, stießen die Gletscher erneut vor. Damals war zum Beispiel die Gletscherzunge des Karlinger Kees um eineinhalb Kilometer länger und reichte bis zum heutigen Rand des Stausees Mooserboden. Die Schuttmassen beiderseits des Pasterzenkees, wallförmige Moränen sowie Pioniervegetation des Vorfelds sind Beweise für das Abschmelzen der Gletscher seit etwa 150 Jahren, unterbrochen durch kleinere Vorstöße (um 1880, 1920 und Mitte der fünfziger bis Ende der siebziger Jahre). Kühle Sommer und hohe Schneefälle führen zu einer Massenzunahme im Nährgebiet. Deren Auswirkungen machen sich aber erst nach mehreren Jahren am Gletscherende bemerkbar. Gletscherschwankungen sind eine Reaktion auf Massenveränderungen, und diese stehen in engem Zusammenhang mit Klimaänderungen.

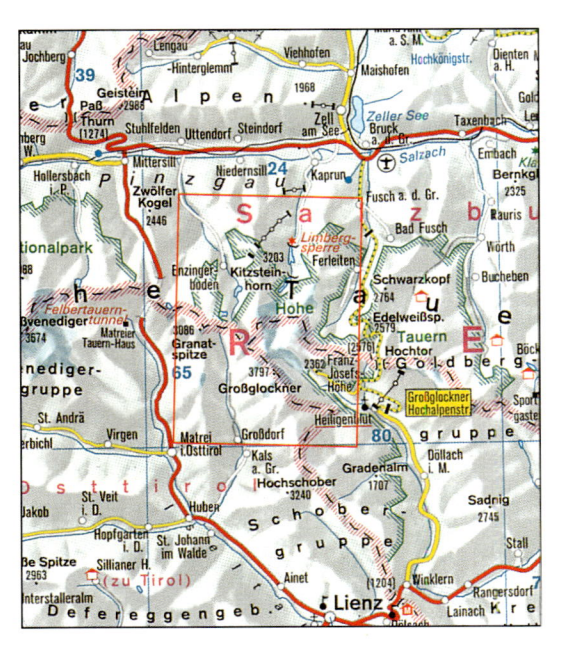

Zur Förderung des Fremdenverkehrs wurde 1935 die Großglockner-Hochalpenstraße eröffnet. Zu einer weiteren Erschließung des Hochgebirgsraums trug wesentlich die Anlage der Stausee-Treppe im Kapruner und im Stubachtal bei. Ursachen für die Anlage der Jahresspeicher waren die große Reliefenergie, die hohen Niederschläge an der Nordabdachung des Gebirgsstocks und die starke Vergletscherung.

*Längs- und Querspalten formen den Schild der Pasterze, des mit einer Fläche von rund 18 Quadratkilometern und einer Länge von über 8 Kilometern größten Gletschers der Ostalpen. Seit 1850 hat sie mehr als ein Drittel ihrer Fläche eingebüßt, und auch derzeit ist sie im Rückzug begriffen. Durch jährliche Messungen verfolgt man die Gletscherschwankungen nicht nur aus wissenschaftlichen Gründen, sondern auch wegen des erheblichen Anteils der Gletscher an der Energiewirtschaft.*

Maßstab des Kartenausschnitts: 1 : 800 000

Erde

# Windgeschwindigkeiten über den Ozeanen

Nordsommer

Winde gleichen als Luftströmungen lokale und planetarische Druckunterschiede aus. Über den Meeren erreichen sie die höchste Geschwindigkeit, weil dort die Einflüsse der Bodenreibung sowie die Stauwirkung und die Ablenkung von Gebirgen entfallen. Wegen ihrer ausgleichenden und abkühlenden Wirkung auf die Temperatur und ihrer Bedeutung für die Lufterneuerung sind die Winde ein bedeutender Klimafaktor.

Der Vergleich der beiden Darstellungen zeigt die Verlagerung der Windsysteme und die Änderung ihrer Geschwindigkeit während des Jahres. Im Sommer der jeweiligen Hemisphäre findet die windstille Zone der Kalmen eine größere Verbreitung als im Winter. Im Winter macht sich dafür die jeweilige polare Ostluftkalotte durch höhere Windgeschwindigkeiten in der außertropischen Westwindzirkulation deutlich bemerkbar.

**Windgeschwindigkeit**

- 0 – 1 Meter pro Sekunde
- 1 – 2 Meter pro Sekunde
- 2 – 3 Meter pro Sekunde
- 3 – 4 Meter pro Sekunde
- 4 – 5 Meter pro Sekunde
- 5 – 6 Meter pro Sekunde
- 6 – 7 Meter pro Sekunde
- 7 – 8 Meter pro Sekunde
- 8 – 9 Meter pro Sekunde
- 9 – 10 Meter pro Sekunde
- 10 – 11 Meter pro Sekunde
- 11 – 12 Meter pro Sekunde
- 12 – 13 Meter pro Sekunde
- 13 – 14 Meter pro Sekunde und darüber

Nordwinter

| Beaufortskala | Bezeichnung | Auswirkungen auf See | Stundenkilometer (km/h) | Knoten (kn) |
|---|---|---|---|---|
| 0 | still | spiegelglatte See | 0 – 0,7 | 0 – 1 |
| 1 | leiser Zug | kleine schuppenförmig aussehende Kräuselwellen ohne Schaumkämme | 0,8 – 5,4 | 1 – 2 |
| 2 | leichte Brise | kleine Wellen, noch kurz, aber ausgeprägter; Kämme sehen glasig aus und brechen sich nicht | 5,5 – 11,9 | 3 – 5 |
| 3 | schwache Brise | Kämme beginnen sich zu brechen; Schaum überwiegend glasig; ganz vereinzelt können kleine weiße Schaumköpfe auftreten | 12,0 – 19,4 | 6 – 9 |
| 4 | mäßige Brise | Wellen noch klein, werden aber länger; weiße Schaumköpfe treten schon ziemlich verbreitet auf | 19,5 – 28,4 | 10 – 13 |
| 5 | frische Brise | mäßige Wellen, die eine ausgeprägte lange Form annehmen; überall weiße Schaumkämme; ganz vereinzelt schon Gischt | 28,5 – 38,5 | 14 – 18 |
| 6 | starker Wind | Bildung großer Wellen beginnt; Kämme brechen sich und hinterlassen größere weite Schaumflächen; etwas Gischt | 38,6 – 49,7 | 19 – 24 |
| 7 | steifer Wind | See türmt sich auf; der beim Brechen entstehende weiße Schaum beginnt sich streifig in die Windrichtung zu legen | 49,8 – 61,6 | 25 – 30 |
| 8 | stürmischer Wind | mittelhohe Wellenberge mit langen Kämmen, von denen etwas Gischt abweht | 61,7 – 74,5 | 31 – 37 |
| 9 | Sturm | hohe Wellenberge; dichte Schaumstreifen in Windrichtung; »Rollen« der See beginnt; Gischt kann Sicht verringern | 74,6 – 87,8 | 38 – 44 |
| 10 | schwerer Sturm | Wellenberge sehr hoch, Kämme brechen über; Schaumweiße »rollt« stoßartig; schlechte Sicht | 87,9 – 102,2 | 45 – 52 |
| 11 | orkanartiger Sturm | außergewöhnlich hohe Wellenberge; durch Gischt herabgesetzte Sicht | 102,3 – 117,4 | 53 – 60 |
| 12 | Orkan | Luft mit Schaum und Gischt angefüllt; See vollständig weiß; Sicht sehr stark herabgesetzt; jede Fernsicht hört auf | 117,5 – 132,8 | 61 – 88 |

*Nach den wahrnehmbaren Veränderungen der Umgebung werden die Windstärken noch immer in eine Zahlenreihe von 1 bis 12 eingeteilt. Diese eingebürgerte Beschreibungsweise wird in der Meteorologie kaum noch angewandt, weil inzwischen Werte über Windstärke 12 hinaus gemessen wurden.*

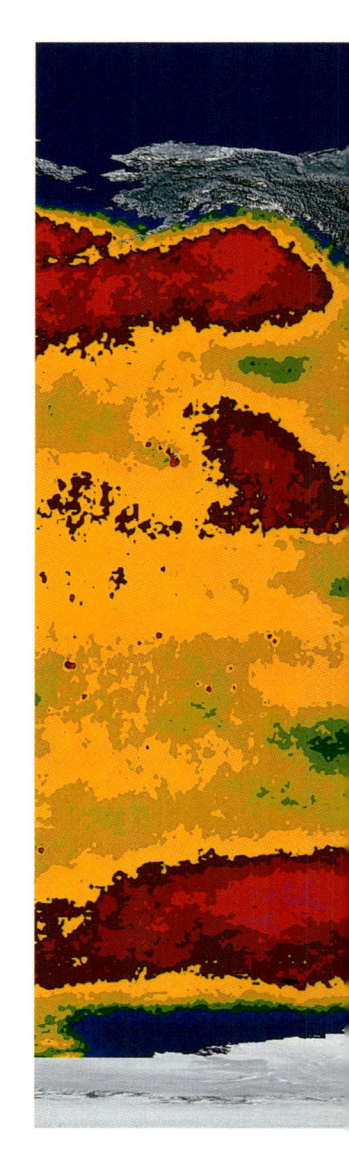

Windgeschwindigkeit

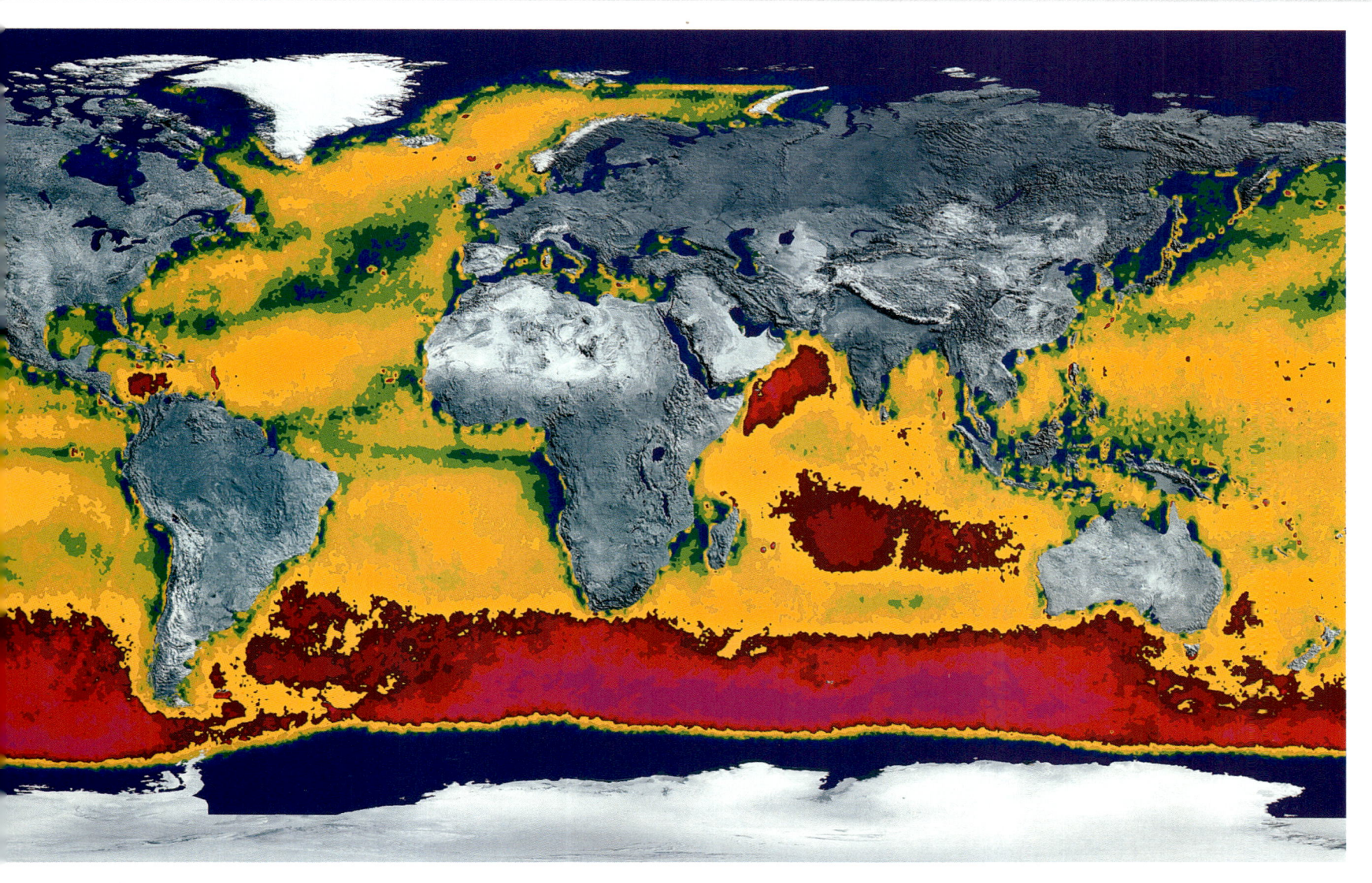

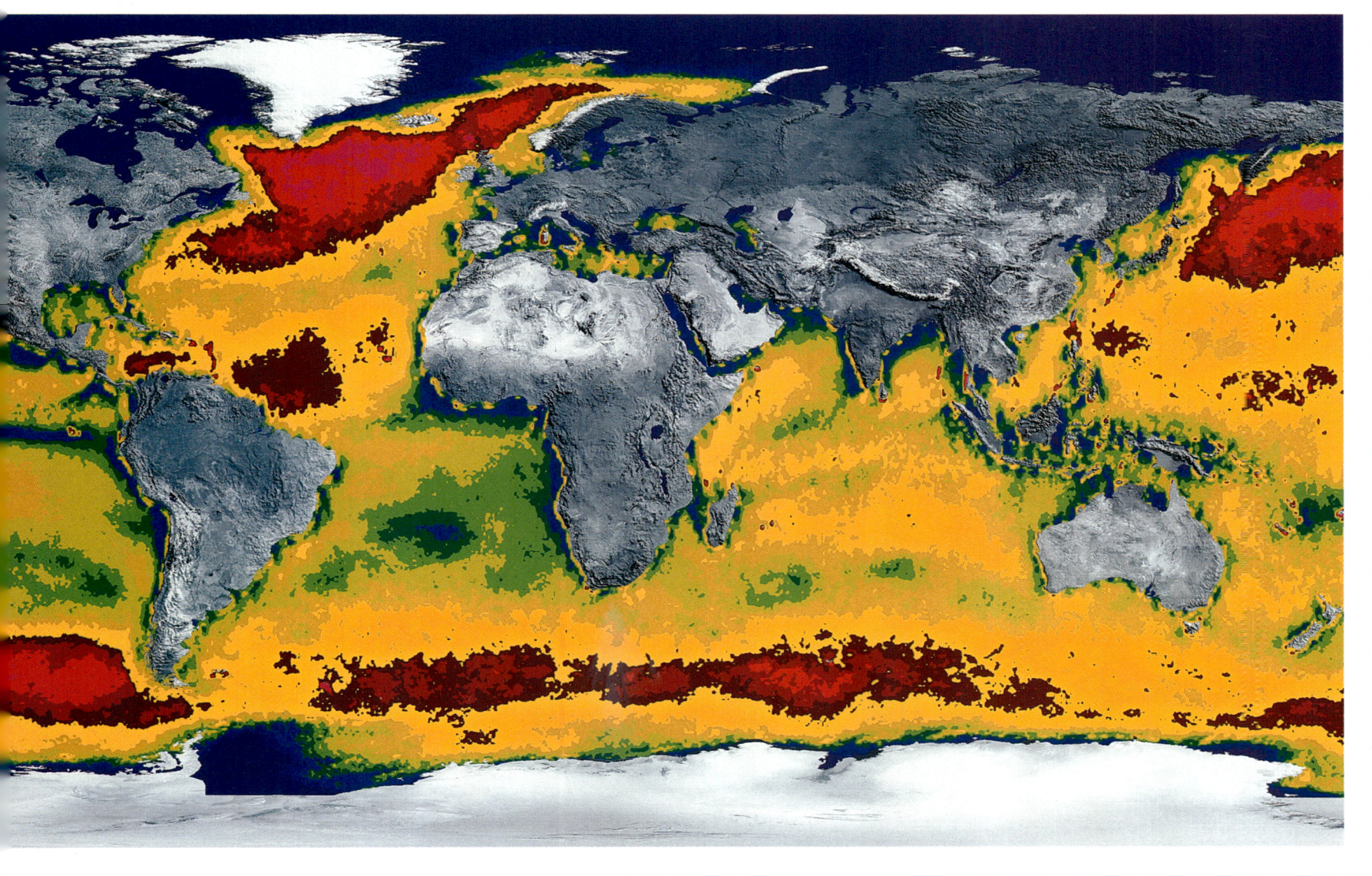

Erde

# Die Wellenhöhe der Ozeane

Mit einer Genauigkeit von wenigen Zentimetern mißt der Satellit Geosat aus etwa 1000 Kilometern Höhe die Auswirkungen atmosphärischer Turbulenzen auf die Ozeane. Denn Luftdruck- und Windschwankungen sind die wesentlichen Ursachen für die Wellen im offenen Ozean. Karten, die die Höhe der Meereswellen zu einer bestimmten Jahreszeit wiedergeben, veranschaulichen folglich die Verlagerung der Windgürtel der Erde: der windstillen äquatornahen Kalmen, der beständig wehenden Passate und der fast windlosen Zone der subtropischen Roßbreiten. Besonders fallen die Zonen größter Wellenhöhen ins Auge. Im Nordsommer ist dies die Westwindzone der Roaring Forties auf der Südhalbkugel, in der die Westwinde oft sogar Orkanstärke erreichen, da sie in dieser Breite zwischen 40 und 50 Grad Süd kaum von Hindernissen wie Kontinenten und ihren Gebirgen gebremst werden. Eine parallele Erscheinung tritt in gleicher Breite im Nordwinter auf der Nordhalbkugel auf.

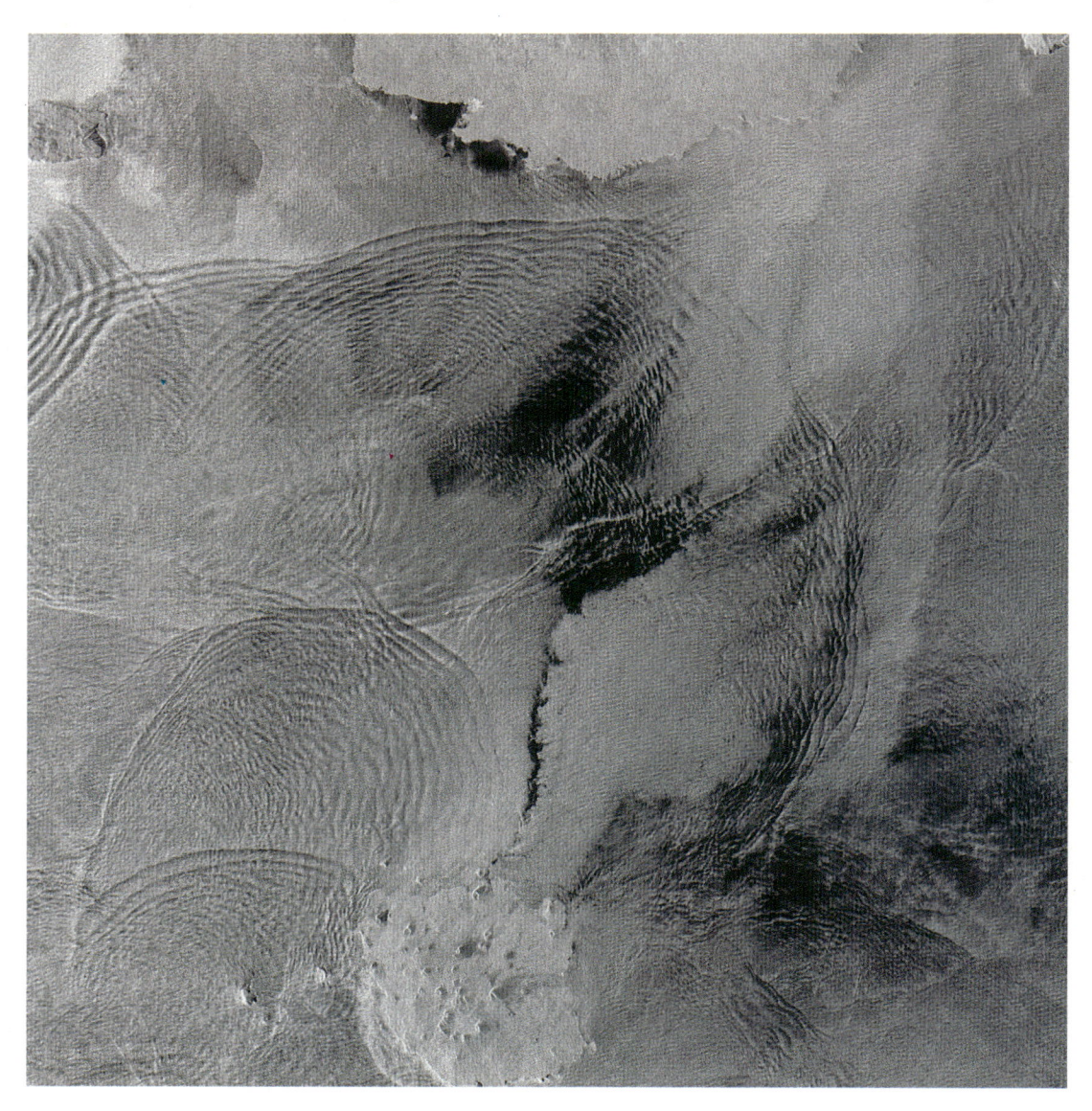

Sommer

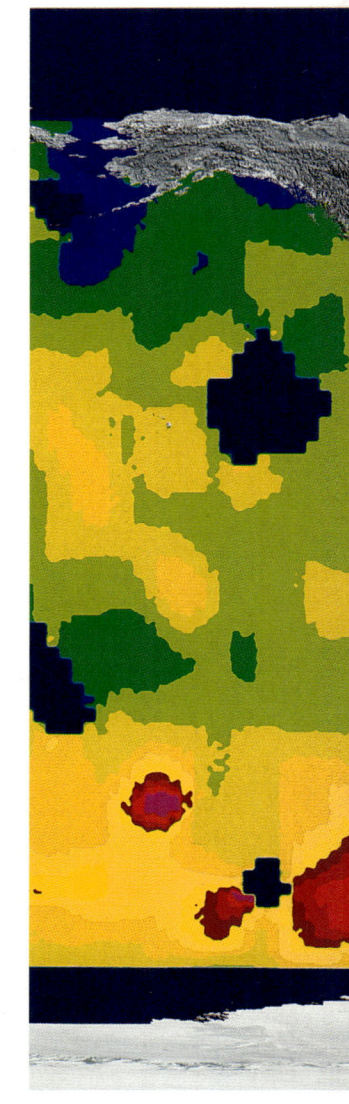

Winter

*Im äquatornahen pazifischen Seegebiet der vulkanischen Galapagosinseln zwischen Floreana im Süden und Santa Cruz im Norden überlagern sich mehrere Züge von gleichartigen Meereswellen. Je nach der Phasenlage kann diese Interferenz zu einer Verstärkung der Wellenintensität oder zu ihrer Auslöschung führen.*

**Wellenhöhe**

- 0,1 – 0,5 Meter
- 0,5 – 1,0 Meter
- 1,0 – 1,5 Meter
- 1,5 – 2,0 Meter
- 2,0 – 2,5 Meter
- 2,5 – 3,0 Meter
- 3,0 – 3,5 Meter
- 3,5 – 4,0 Meter
- 4,0 – 4,5 Meter
- 4,5 – 5,0 Meter
- 5,0 – 5,5 Meter
- über 5,5 Meter
- Daten liegen nicht vor

Wellenhöhe

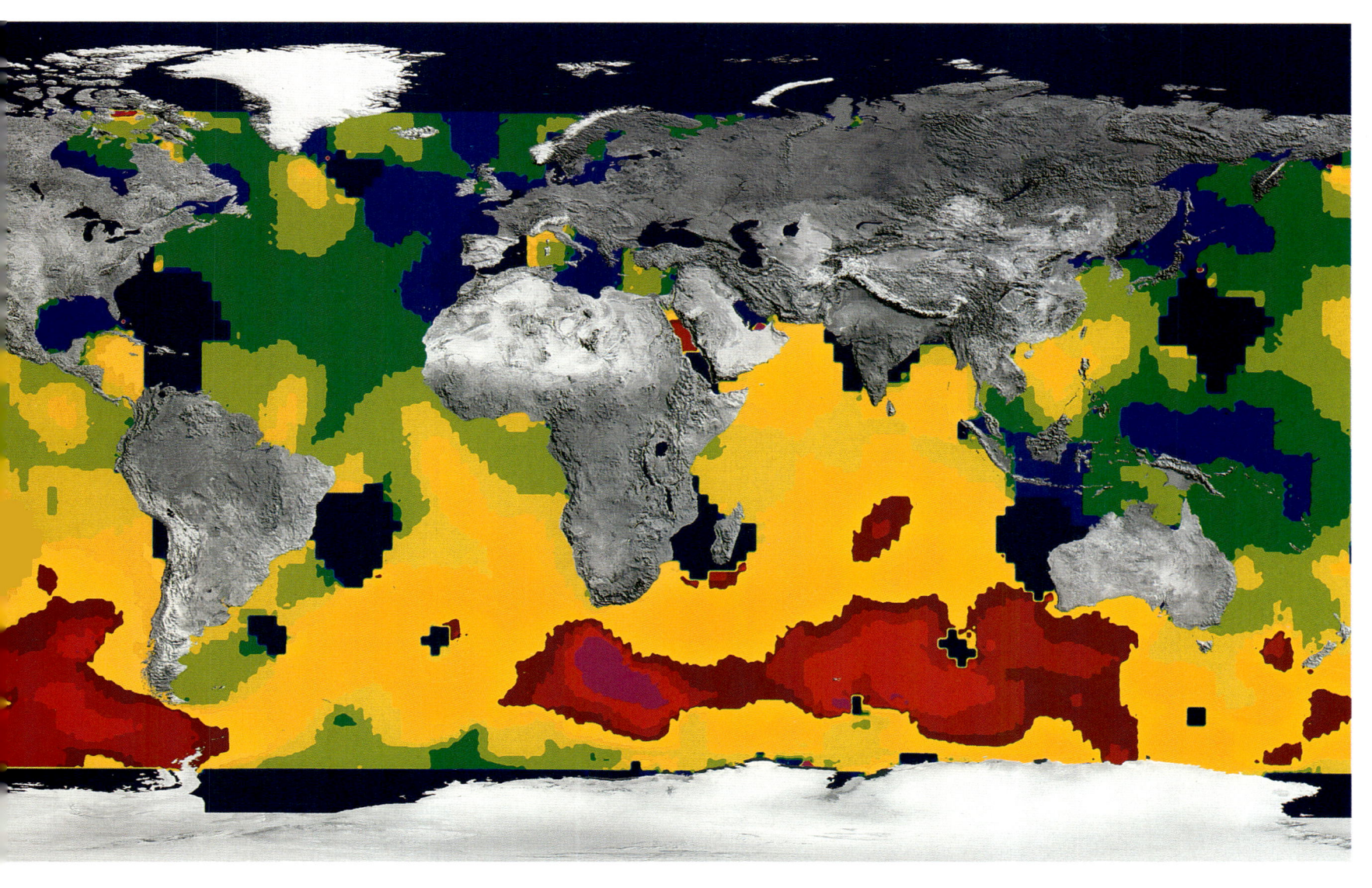

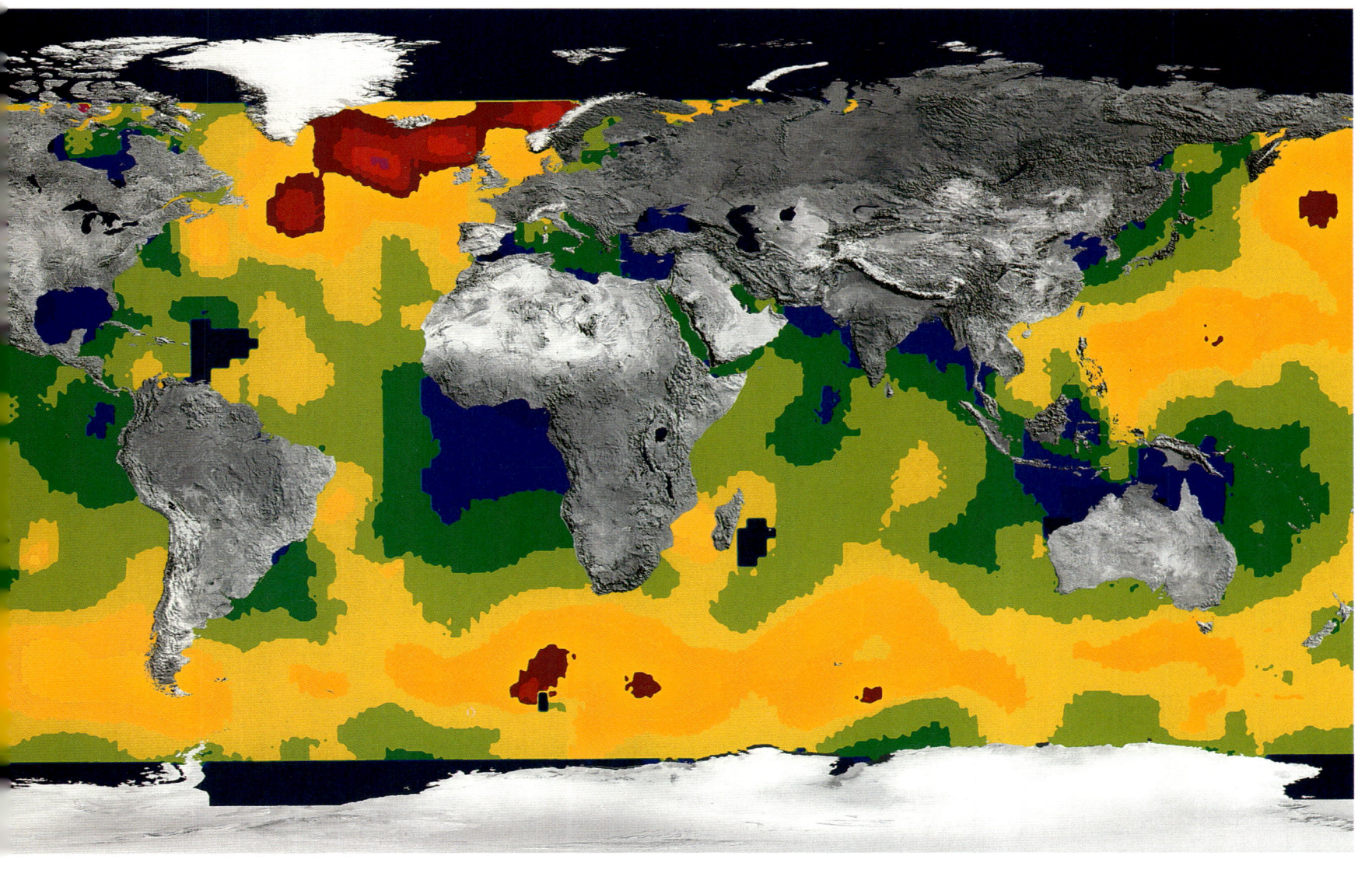

Erde

# Die Temperaturverteilung auf der Me

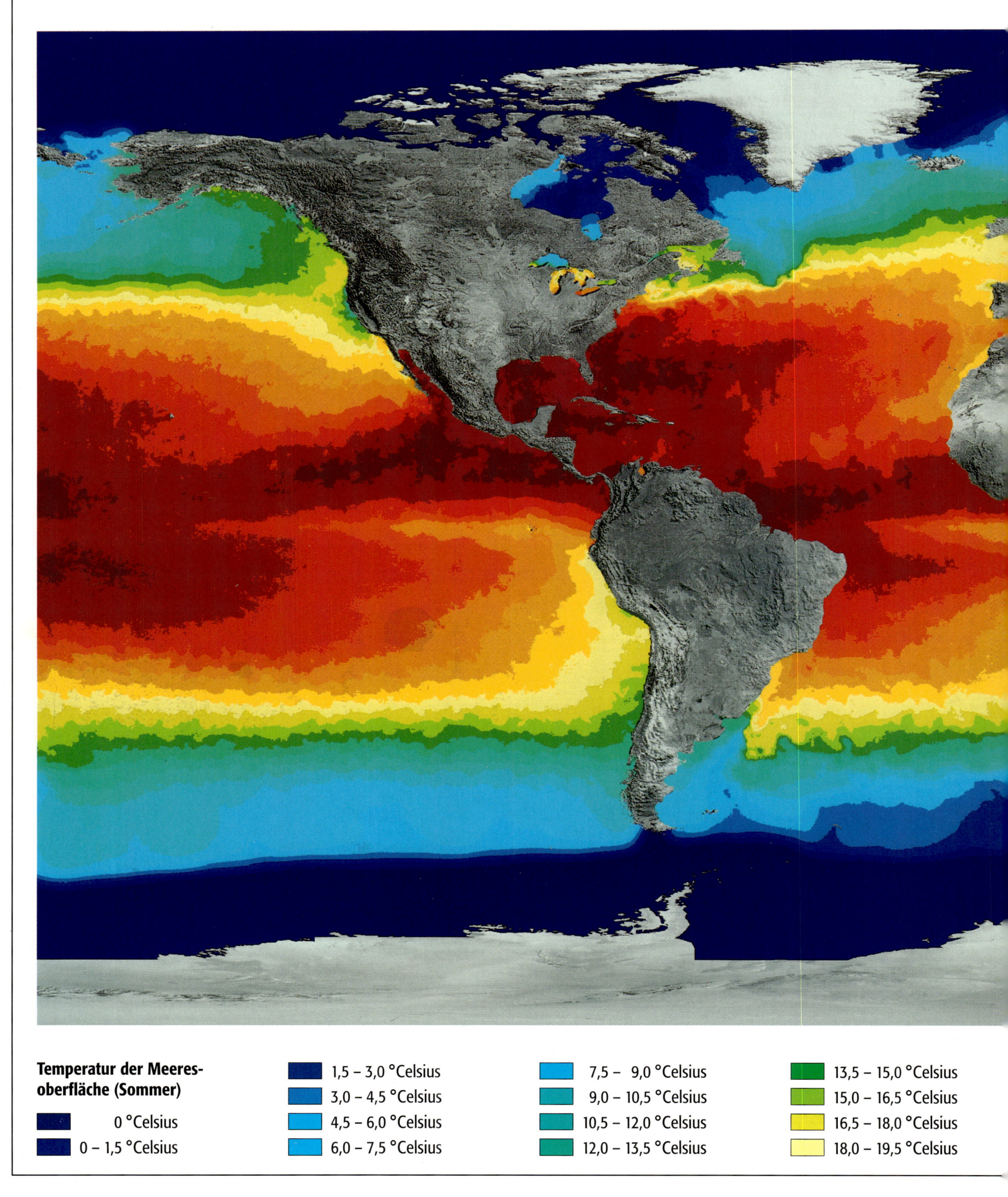

**Temperatur der Meeres-oberfläche (Sommer)**

- ■ 0 °Celsius
- ■ 0 – 1,5 °Celsius
- ■ 1,5 – 3,0 °Celsius
- ■ 3,0 – 4,5 °Celsius
- ■ 4,5 – 6,0 °Celsius
- ■ 6,0 – 7,5 °Celsius
- ■ 7,5 – 9,0 °Celsius
- ■ 9,0 – 10,5 °Celsius
- ■ 10,5 – 12,0 °Celsius
- ■ 12,0 – 13,5 °Celsius
- ■ 13,5 – 15,0 °Celsius
- ■ 15,0 – 16,5 °Celsius
- ■ 16,5 – 18,0 °Celsius
- ■ 18,0 – 19,5 °Celsius

Temperaturverteilung auf der Meeresoberfläche

# esoberfläche im Sommer

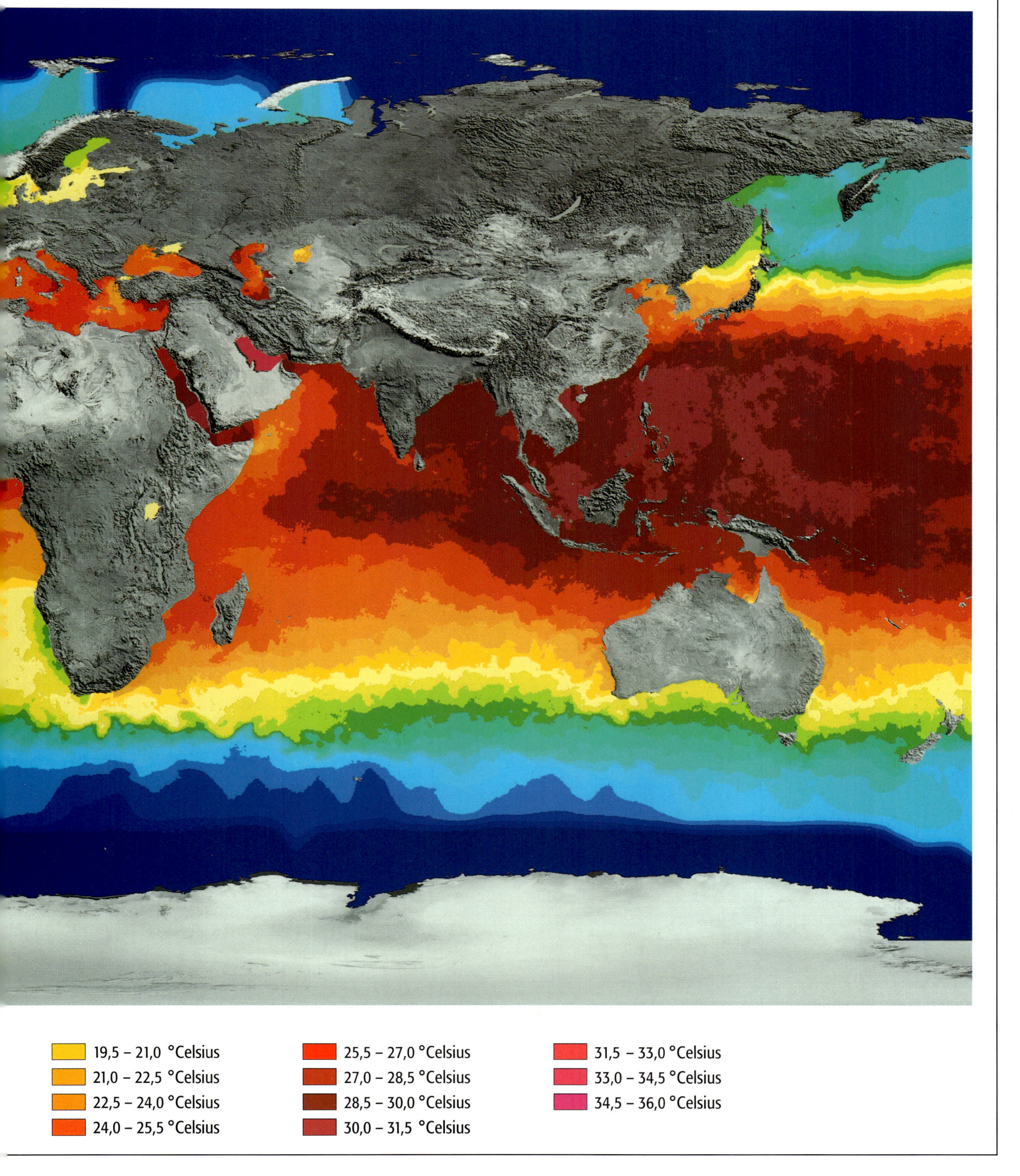

| | | |
|---|---|---|
| ▨ 19,5 – 21,0 °Celsius | ▨ 25,5 – 27,0 °Celsius | ▨ 31,5 – 33,0 °Celsius |
| ▨ 21,0 – 22,5 °Celsius | ▨ 27,0 – 28,5 °Celsius | ▨ 33,0 – 34,5 °Celsius |
| ▨ 22,5 – 24,0 °Celsius | ▨ 28,5 – 30,0 °Celsius | ▨ 34,5 – 36,0 °Celsius |
| ▨ 24,0 – 25,5 °Celsius | ▨ 30,0 – 31,5 °Celsius | |

Erde

# Die Temperaturverteilung auf der Me

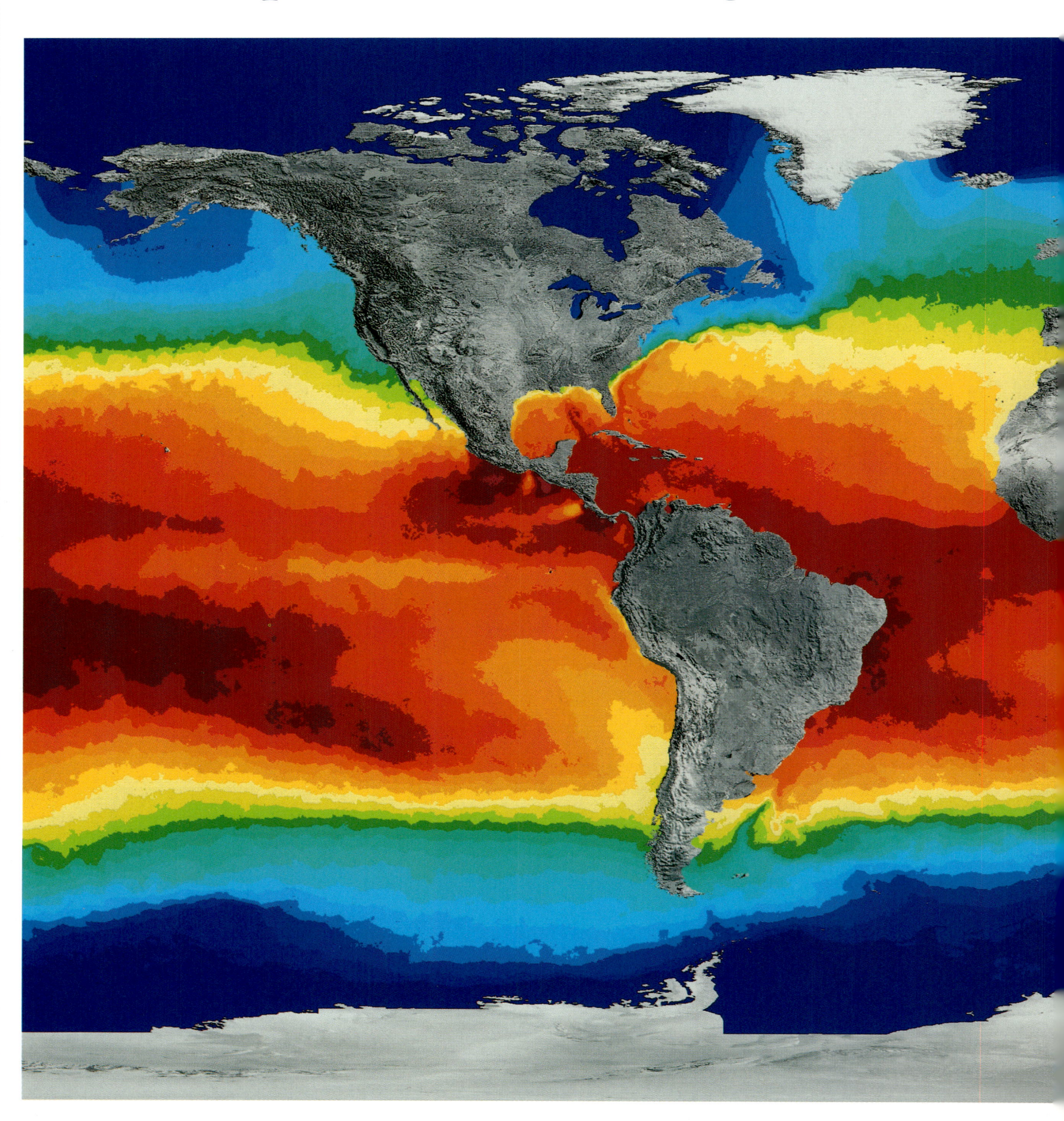

**Temperatur der Meeres-
oberfläche (Winter)**

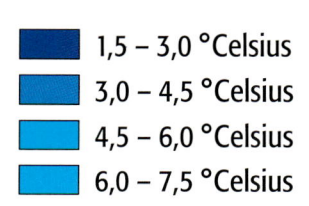

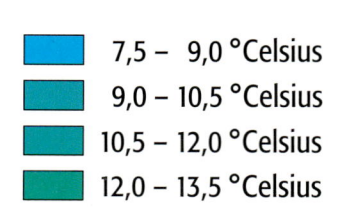

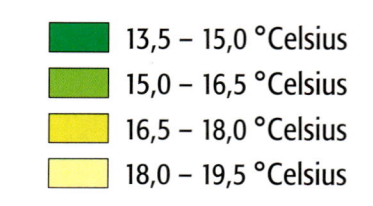

- 0 °Celsius
- 0 – 1,5 °Celsius
- 1,5 – 3,0 °Celsius
- 3,0 – 4,5 °Celsius
- 4,5 – 6,0 °Celsius
- 6,0 – 7,5 °Celsius
- 7,5 – 9,0 °Celsius
- 9,0 – 10,5 °Celsius
- 10,5 – 12,0 °Celsius
- 12,0 – 13,5 °Celsius
- 13,5 – 15,0 °Celsius
- 15,0 – 16,5 °Celsius
- 16,5 – 18,0 °Celsius
- 18,0 – 19,5 °Celsius

Temperaturverteilung auf der Meeresoberfläche

## esoberfläche im Winter

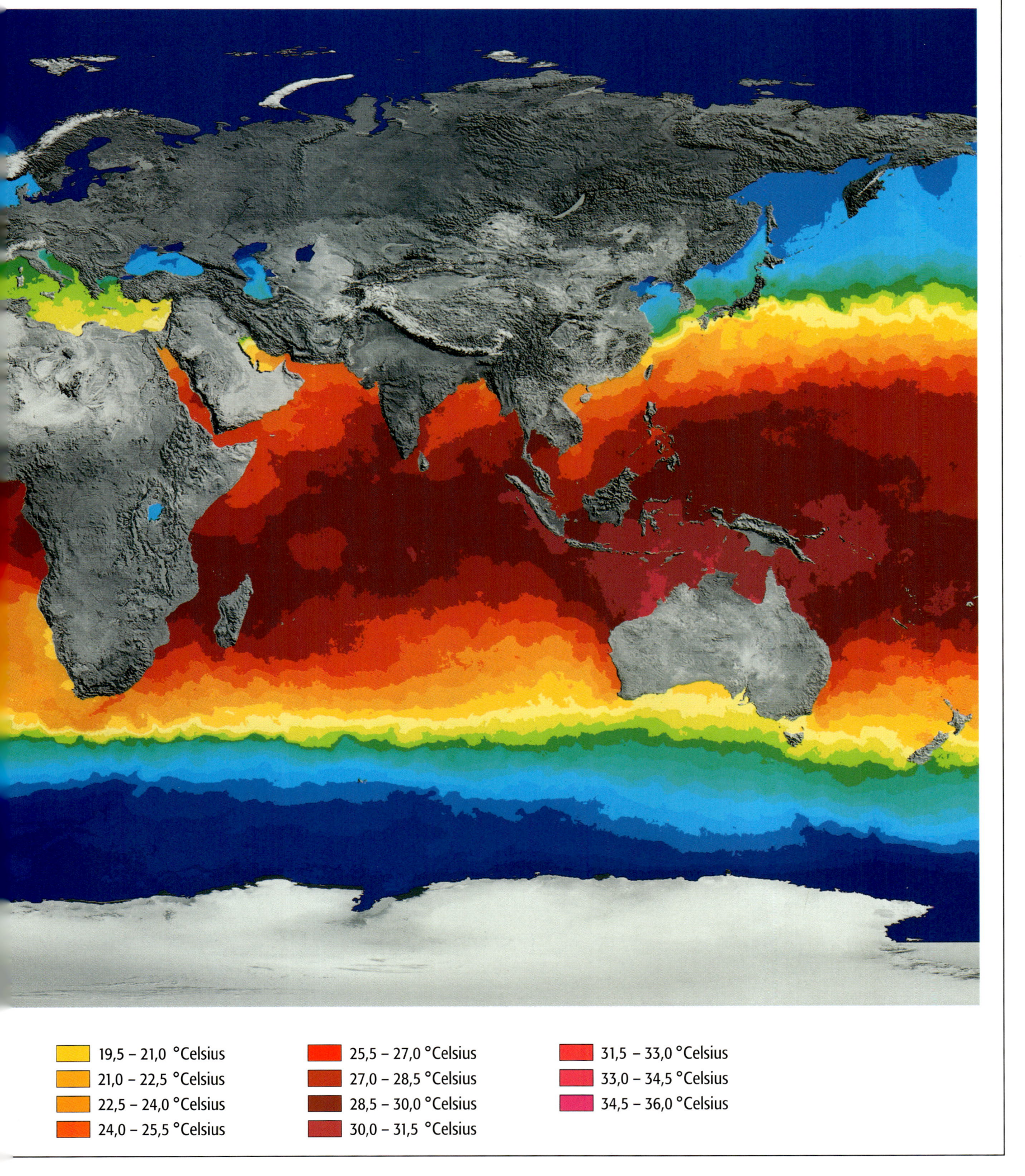

| | |
|---|---|
| ▬ 19,5 – 21,0 °Celsius | |
| ▬ 21,0 – 22,5 °Celsius | |
| ▬ 22,5 – 24,0 °Celsius | |
| ▬ 24,0 – 25,5 °Celsius | |
| ▬ 25,5 – 27,0 °Celsius | |
| ▬ 27,0 – 28,5 °Celsius | |
| ▬ 28,5 – 30,0 °Celsius | |
| ▬ 30,0 – 31,5 °Celsius | |
| ▬ 31,5 – 33,0 °Celsius | |
| ▬ 33,0 – 34,5 °Celsius | |
| ▬ 34,5 – 36,0 °Celsius | |

Erde

# Das El-Niño-Phänomen

Das »Christkind« kommt jedes Jahr. El Niño, der Knabe oder das Christkind: so wird an der peruanischen Pazifikküste ein warmer Küstenstrom bezeichnet, der alljährlich zur Weihnachtszeit auftritt. In Abständen von 4 bis 30 Jahren entfaltet dieses »Christkind« jedoch teuflische Kräfte und bringt sintflutartige Niederschläge über die wüstenartige Küstenebene.

Entscheidenden Anteil an der Auslösung eines El-Niño-Ereignisses haben zwei Luftdrucksysteme – das australisch-asiatische Tiefdruck- und das südpazifische Hochdrucksystem –, die sich stets genau entgegengesetzt verhalten: Wenn der Druck im Südpazifik besonders hoch ist, ist er im asiatisch-australischen Raum besonders niedrig und umgekehrt. Diese Druckverteilung steuert zusammen mit zwei Zirkulationszellen den El-Niño-Effekt.

Die eine Zirkulationszelle wird von der warmen, im Äquatorgürtel aufsteigenden Luft gesteuert. Diese strömt polwärts, steigt bei etwa 30° Nord und Süd ab und kehrt als der uns bekannte Passat zum Äquator zurück. Die zweite Zelle besteht aus einer Luftmassenzirkulation, die in Äquatornähe breitenkreisparallel von Ost nach West verläuft und in der Höhe zurückströmt. Der bodennahe Teil dieser Zelle treibt warmes Oberflächenwasser vor sich her nach Westen und kann den Meeresspiegel im asiatisch-australischen Bereich um bis zu 25 Zentimeter erhöhen. Vor der südamerikanischen Küste steigt in einer Ausgleichsströmung kaltes, sauerstoff- und nährstoffreiches Tiefenwasser – der Humboldtstrom – auf. Bei verändertem Druckgefälle zwischen asiatisch-australischem Tief und südpazifischem Hoch wird auch das gesamte Luftaustauschsystem erheblich geschwächt: Das warme Wasser »schwappt« nach Osten zurück und erwärmt dort die Luftmassen. Der aufsteigende Ast der großräumigen Luftzirkulation ist damit bis vor die Westküste Südamerikas verlagert und führt dort zu heftigsten Niederschlägen, während Australien und Asien unter Dürre zu leiden haben.

Die Wärmebilder des Pazifiks zeigen für das Jahr 1987 das El-Niño-Phänomen: Warmes Wasser (Gelb- und Rottöne) dringt bis weit unter die südamerikanische Küste vor.

Das Satellitenbild zeigt die für ein El-Niño-Jahr charakteristische Wolkenbildung vor der Küste Perus, also aufsteigende warme Luftmassen mit Kondensation.

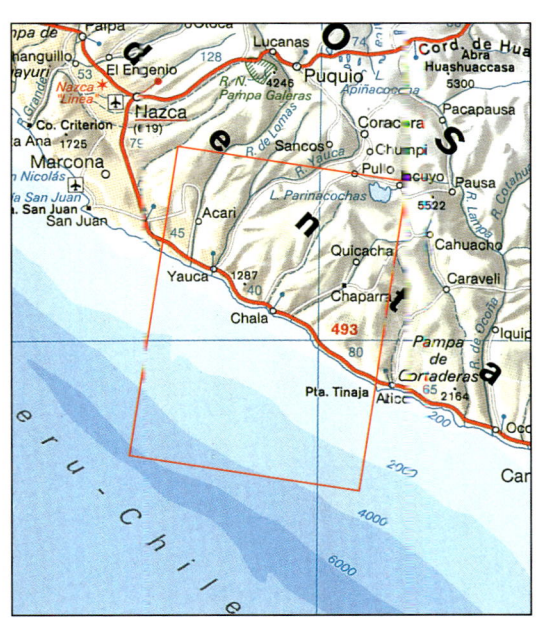

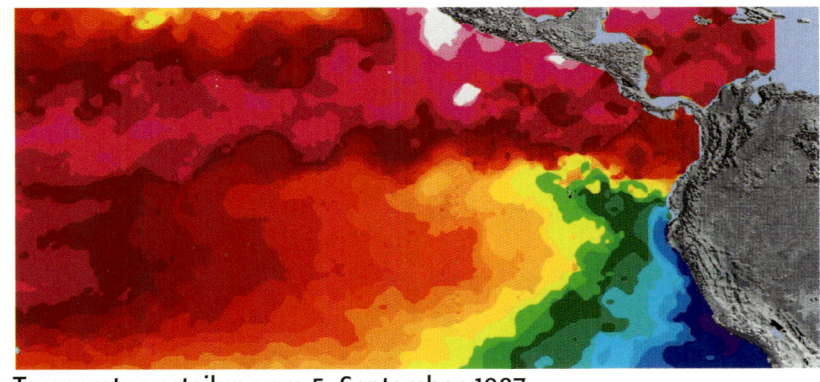

Temperaturverteilung am 9. September 1986

Temperaturverteilung am 5. September 1987

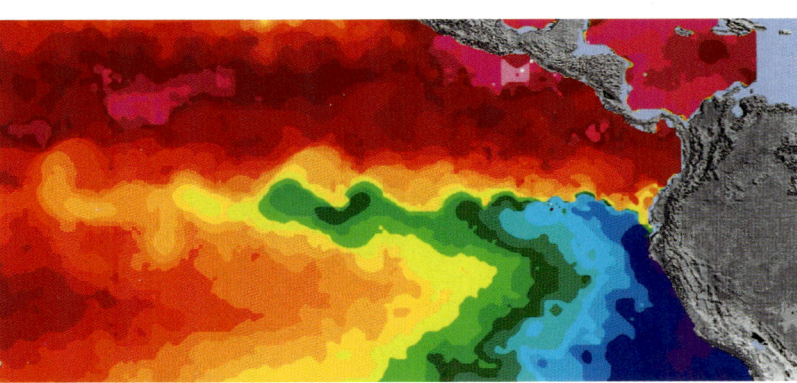

Temperaturverteilung am 6. September 1988

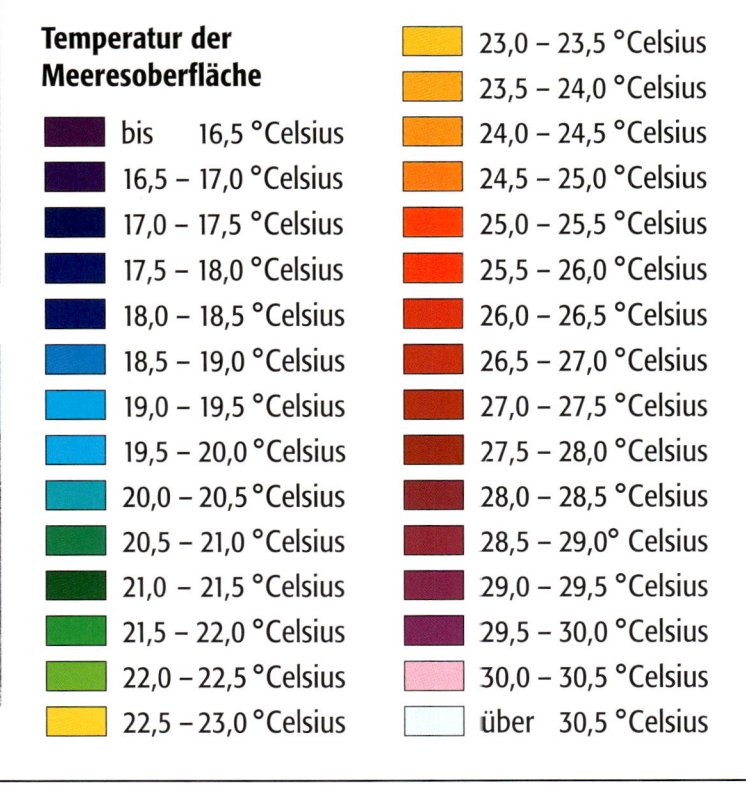

**Temperatur der Meeresoberfläche**

- bis 16,5 °Celsius
- 16,5 – 17,0 °Celsius
- 17,0 – 17,5 °Celsius
- 17,5 – 18,0 °Celsius
- 18,0 – 18,5 °Celsius
- 18,5 – 19,0 °Celsius
- 19,0 – 19,5 °Celsius
- 19,5 – 20,0 °Celsius
- 20,0 – 20,5 °Celsius
- 20,5 – 21,0 °Celsius
- 21,0 – 21,5 °Celsius
- 21,5 – 22,0 °Celsius
- 22,0 – 22,5 °Celsius
- 22,5 – 23,0 °Celsius
- 23,0 – 23,5 °Celsius
- 23,5 – 24,0 °Celsius
- 24,0 – 24,5 °Celsius
- 24,5 – 25,0 °Celsius
- 25,0 – 25,5 °Celsius
- 25,5 – 26,0 °Celsius
- 26,0 – 26,5 °Celsius
- 26,5 – 27,0 °Celsius
- 27,0 – 27,5 °Celsius
- 27,5 – 28,0 °Celsius
- 28,0 – 28,5 °Celsius
- 28,5 – 29,0° Celsius
- 29,0 – 29,5 °Celsius
- 29,5 – 30,0 °Celsius
- 30,0 – 30,5 °Celsius
- über 30,5 °Celsius

Maßstab des Kartenausschnitts 1 : 4 000 000

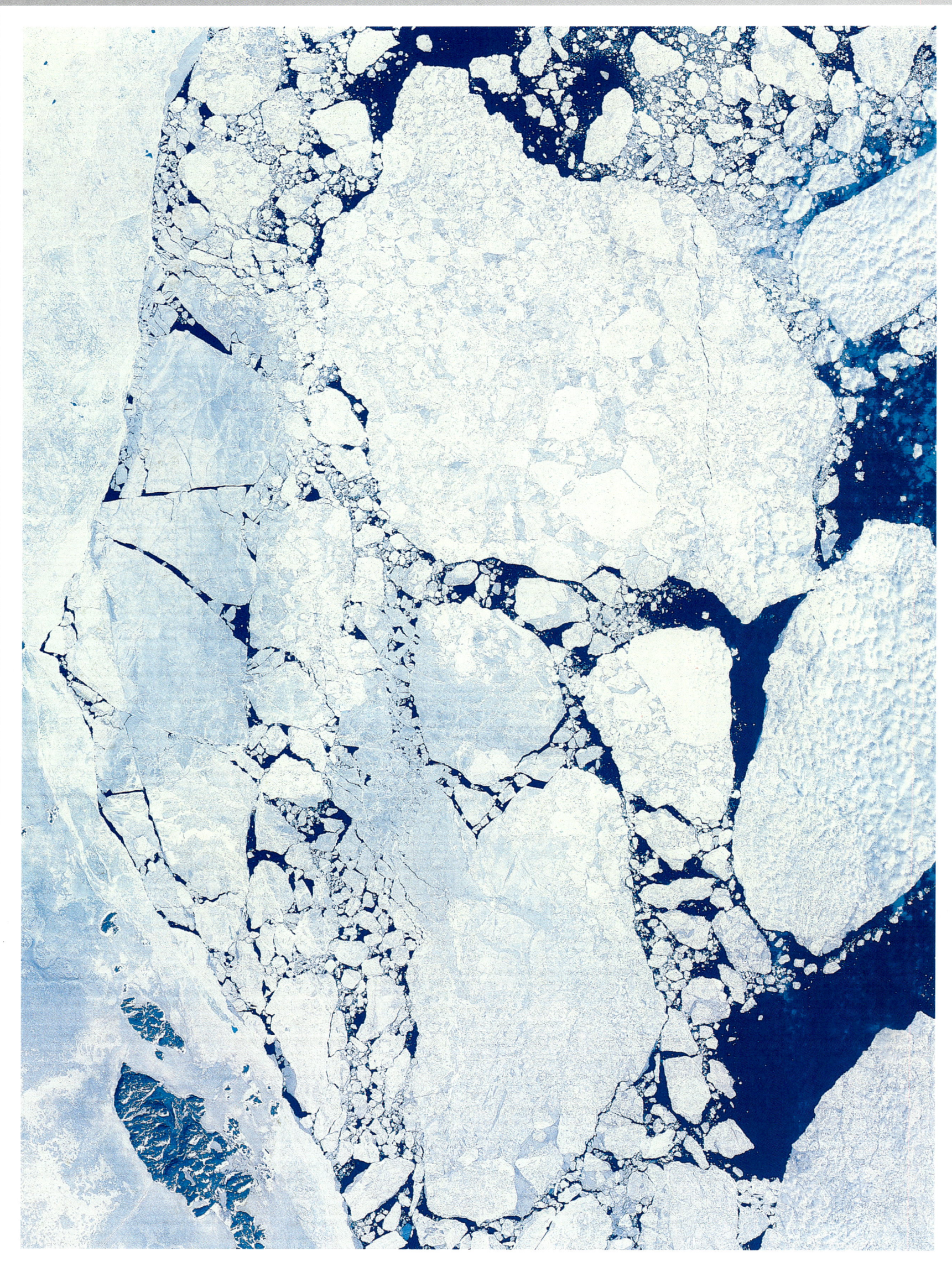

Erde

Temperaturverteilung auf der Meeresoberfläche

# Eis im Nordpolarmeer

Die Satellitenaufnahme zeigt einen Ausschnitt der Ostküste Grönlands im Sommer. Längs des westlichen Bildrands verläuft der Schelfeisgürtel, der mit Grönland und den kleinen Inseln (links unten) fest verbunden ist. Diesem Schelfeis vorgelagert erkennt man das Packeis: große aufgebrochene Treibeisschollen. Hellblaue Flecken im Bild zeigen neu gebildetes Eis an. Lange Zeit waren die Polargürtel ausschließlich Areale für Abenteurer, imperialistische Expansionspolitik und Lagerstättenexploration. Erst in neuerer Zeit werden Eismassen als Archiv für die Klimageschichte der Erde entdeckt. Das Eis speichert die Gaszusammensetzung der Luft, Stäube, sogar Pollen seit vielen Tausend Jahren. Das Eis stellt ein riesiges Süßwasserreservoir dar, das durch Gefrieren oder Auftauen Meerwasserströmungen, Luftmassenbewegungen und Meeresspiegelschwankungen auslöst oder beeinflußt. Abschmelz- und Gefriervorgänge in den Polarzonen liefern wichtige Hinweise für langfristige globale Tendenzen der Temperaturentwicklung.

Einem geoklimatischen Szenarium nach würde abschmelzendes nordpolares Eis die Wasserdichteverhältnisse wegen der Reduzierung der Salzkonzentration im Nordpolarmeer so verändern, daß kein Wasser mehr in große Tiefen absänke und deshalb keinen Sog mehr produzierte, der bislang den tropisch warmen Golfstrom nach West- und Nordeuropa saugt. Schon eine Veränderung des Salzgehalts um 0,6 Prozent würde ausreichen, um die Großzirkulation zu stoppen.

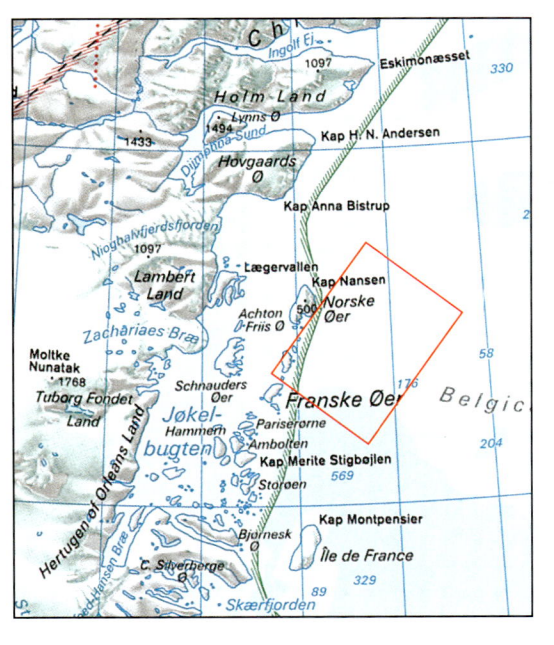

*Das Foto zeigt Treibeis im Jakobshavener Eisfjord vor der Ostküste Grönlands. Die Verfärbung des Eises im Mittelgrund beweist, daß es sich hier um Eisberge handelt, die von kalbenden Gletschern stammen. Die Eisberge des Nordpolarmeeres sind meist klein und in der Form unregelmäßig. Die Eisberge des Südpolarmeeres hingegen sind häufig aus Schelfeis und dementsprechend wesentlich größer und an der Oberseite flach ausgebildet.*

Maßstab des Kartenausschnitts: 1 : 4 000 000

0    40    80    120    160    200 km

Erde

# Verteilung des Phytoplanktons in den Ozeanen

Der Gehalt des Meerwassers an Phytoplankton unterliegt jahreszeitlichen Schwankungen, da die Produktion dieser pflanzlichen Lebewesen von der Durchlichtung des Meerwassers, von seinem Salzgehalt und der Temperatur abhängt. Denn der Lebensraum des Phytoplanktons sind die lichtdurchfluteten oberflächennahen Schichten des Meeres bis etwa 160 Meter Tiefe. Wenn der Lichteinfall sich im Frühjahr steigert, setzt eine reiche Blüte des Phytoplanktons ein.

Diese mikroskopisch kleinen Planktonten enthalten ebenso wie die Landpflanzen Chlorophyll a und andere Pigmente zur Aufnahme von Sonnenlicht, das sie zur Photosynthese benötigen. Dabei werden aus Kohlendioxid ($CO_2$) und Wasser ($H_2O$) unter Umwandlung von Sonnenenergie in chemische Energie molekularer Sauerstoff ($O_2$) und Glucose gebildet.

Der Gehalt des Meerwassers an Phytoplankton beeinflußt die Reflexion der Sonnenstrahlen, die in die oberen Meeresschichten eindringen. Durch die Messung der Farbe der Ozeane kann der Gehalt an Phytoplankton bestimmt werden. Blaugrün bis Grün ist die Farbe des planktonhaltigen Meerwassers, Kobaltblau aber gilt als die Wüstenfarbe des Meeres.

Die Kenntnis der Verbreitung des Phytoplanktons ist von Bedeutung, da die marine Nahrungskette mit der pflanzlichen Produktion organischer Substanz durch das Phytoplankton beginnt und über das Zooplankton bis zu vielen Fischen und den Bartenwalen führt, die ausschließlich von Plankton leben. Zudem spielt es eine große Rolle als Sauerstofflieferant.

Meeresgebiete mit einem hohen Gehalt an Phosphorverbindungen sind planktonreich, wie zum Beispiel der subantarktische Atlantik und die Gewässer nahe der Südwest- und Nordwestküste Afrikas. Eine Eutrophierung des Wassers kann dem Wachstum von Phytoplankton zunächst sogar förderlich sein, jedoch kann dadurch der Sauerstoffhaushalt des Meeresgebiets überfordert und schließlich gestört werden. Wenn Abwässer den Lichteinfall behindern, wird manchen Planktonarten die Lebensgrundlage entzogen. Die Verschmutzung der Meere beeinträchtigt das Wachstum des Phytoplanktons und die Photosyntheseleistung, was sich auf die Sauerstoffproduktion negativ auswirkt.

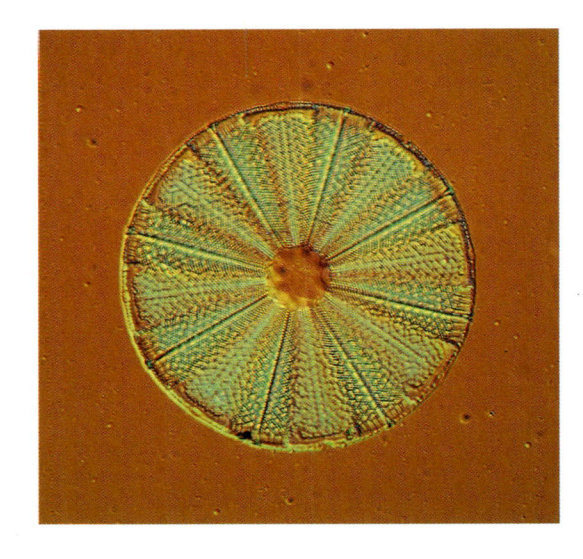

*Das Phytoplankton besteht aus mikroskopisch kleinen Algen, die bizarre Formen aufweisen. Abgebildet ist die einzellige Kieselalge Actinoptychus ondulatus in einer Vergrößerung von 300:1.*

**Phytoplanktongehalt der Ozeane**

- unter 0,05 Milligramm pro Kubikmeter
- 0,05 – 0,10 Milligramm pro Kubikmeter
- 0,10 – 0,20 Milligramm pro Kubikmeter
- 0,20 – 0,40 Milligramm pro Kubikmeter
- 0,40 – 0,60 Milligramm pro Kubikmeter
- 0,60 – 0,80 Milligramm pro Kubikmeter
- 0,80 – 1,00 Milligramm pro Kubikmeter
- 1,00 – 1,50 Milligramm pro Kubikmeter
- 1,50 – 2,50 Milligramm pro Kubikmeter
- 2,50 – 4,00 Milligramm pro Kubikmeter
- 4,00 – 6,00 Milligramm pro Kubikmeter
- 6,00 – 10,00 Milligramm pro Kubikmeter
- 10,00 – 15,00 Milligramm pro Kubikmeter
- 15,00 – 20,00 Milligramm pro Kubikmeter
- über 20,00 Milligramm pro Kubikmeter
- Daten liegen nicht vor

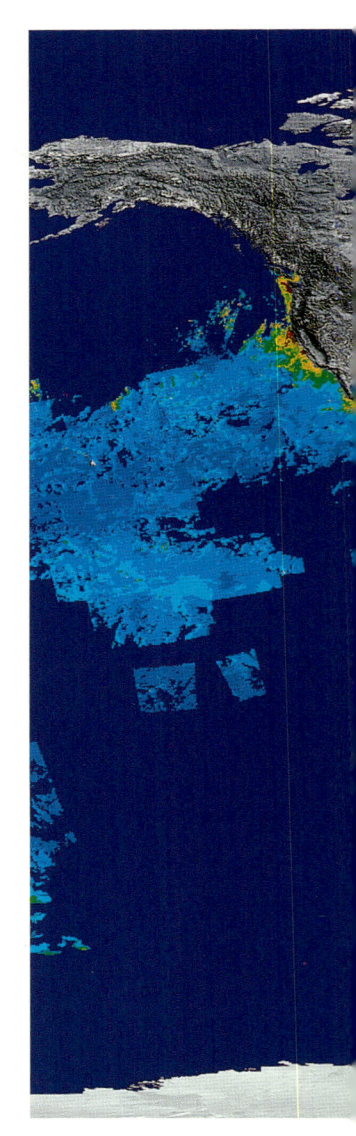

Sommer

Winter

Ökosystem Ozean

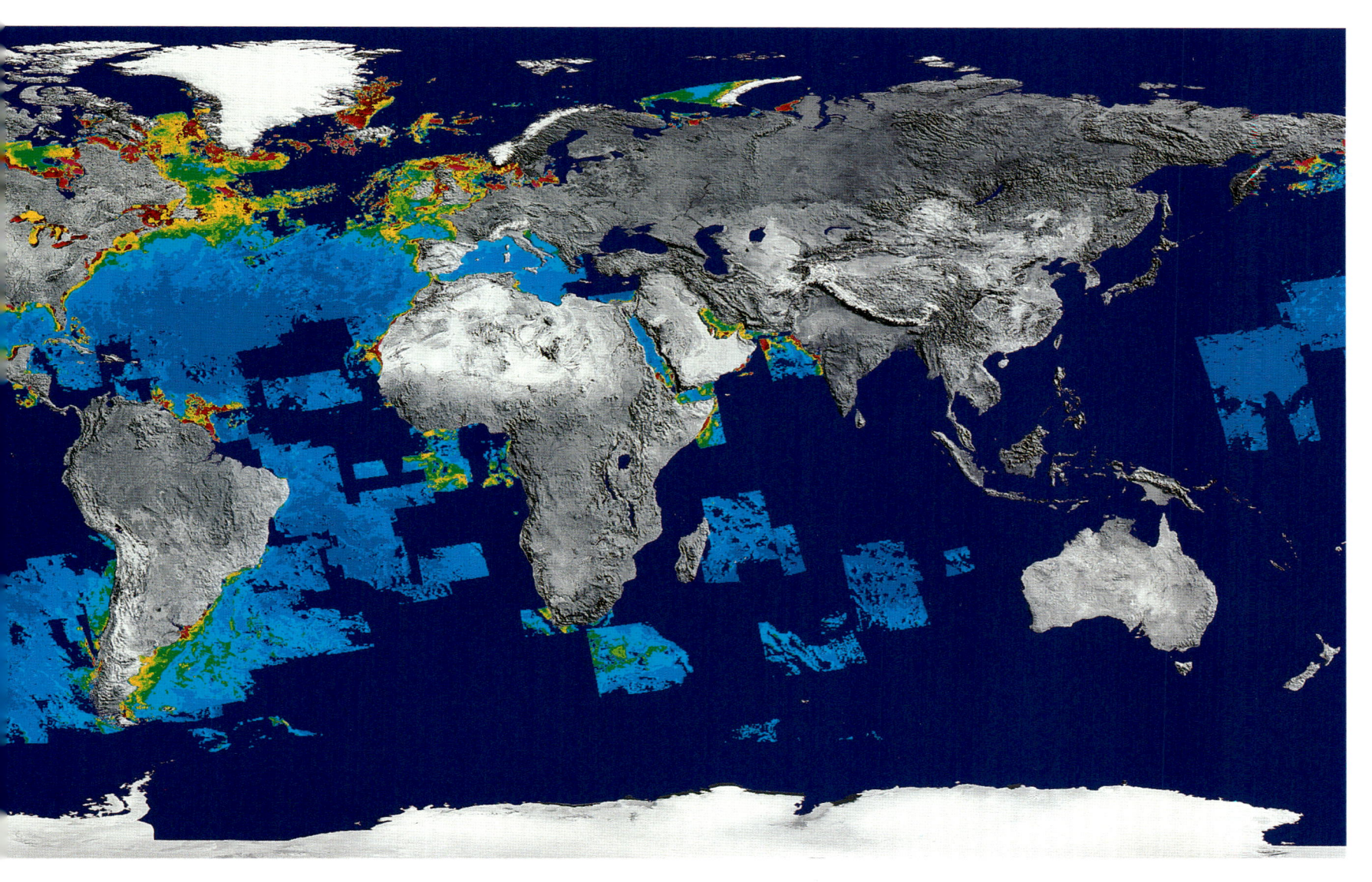

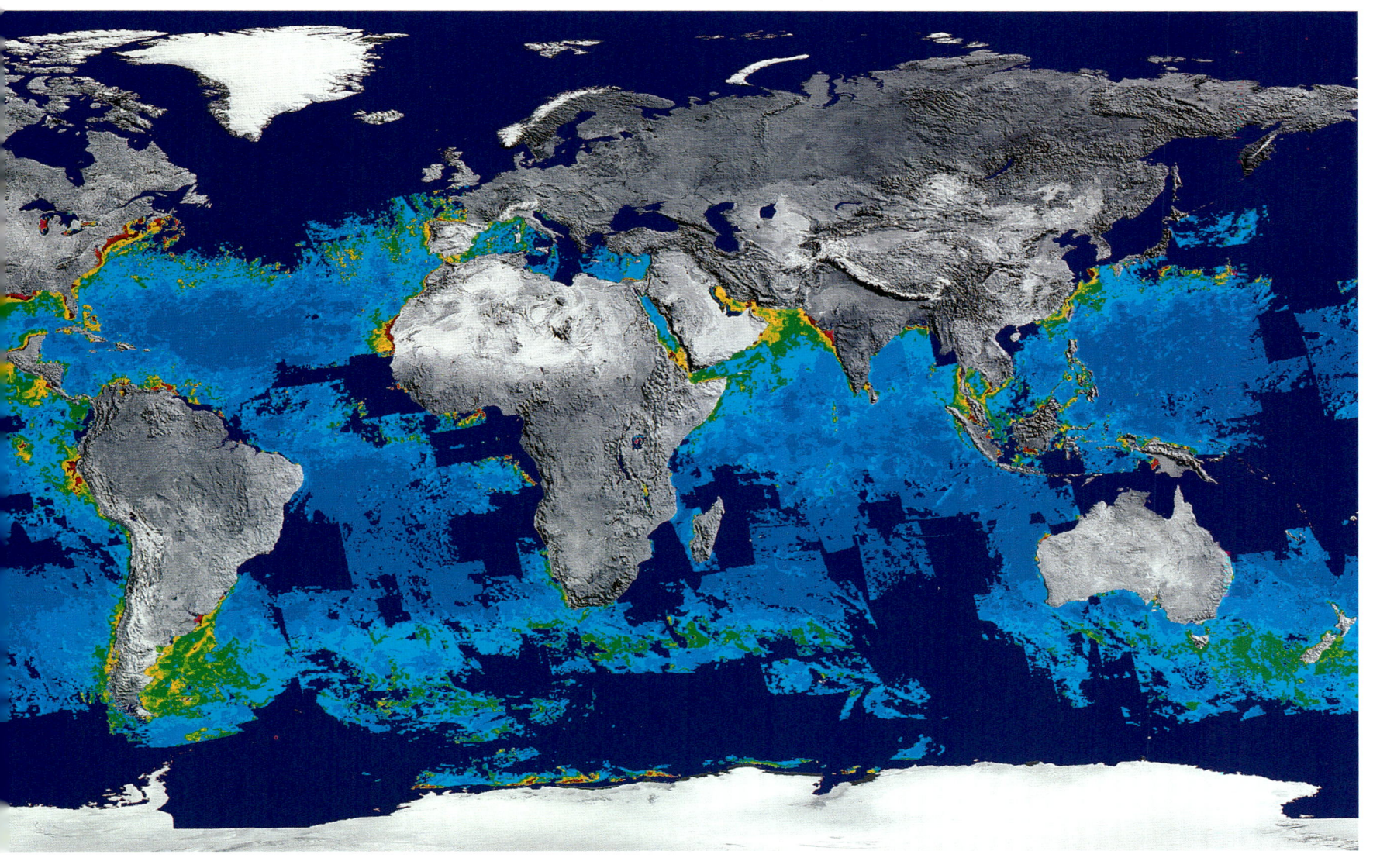

91

Erde

Ökosystem Ozean

# Ebbe und Flut im Wattenmeer

*In einem langgezogenen Sandhaken läuft die nordfriesische Insel Amrum nach Norden hin aus. Hier liegt das Vogelschutzgebiet der Norddorfer Odde. Von links nach rechts (von Osten nach Westen) sind bei Niedrigwasser idealtypisch abgebildet das Watt, ein schmaler Marschensaum, der höhere, teilweise bewaldete Geestkern der Insel, die Dünen auf der Nordseeseite sowie der Sandstrand.*

Der Vergleich zeitverschiedener Bilder ist am besten geeignet, die Wattenküste als eine Küste des stetigen Wandels, der Landzerstörung und der Neubildung vorzustellen. Das Watt bildet sich an flachen Gezeitenküsten als amphibischer Saum zwischen festem Land und offener See. Im Rhythmus der Gezeiten fällt es bei Ebbe ganz oder teilweise trocken und wird bei Flut vom Meerwasser bedeckt.

Die westliche Begrenzung der Wattenküste zum offenen Meer bildet eine Kette von Düneninseln mit Außensänden, die nur bei Sturmflut überspült werden, wie der Amrumer Kniepsand, der Japsand, der Norderoog- und der Süderoogsand. Eine durchgehende Deichlinie bildet die östliche Begrenzung des Wattenmeers. Inmitten des Wattenmeers liegen (von Norden nach Süden) die eingedeichten Marschinseln Föhr, Langeneß und Pellworm sowie die bewohnten Halligen Gröde, Habel, Hooge und Nordstrandischmoor, die nur ein bis zwei Meter das mittlere Tidenhochwasser überragen.

Das Bild auf Seite 92 oben zeigt den Raum zur Zeit des Niedrigwassers. Hier wird das Netz der Priele sichtbar, die als Wasserrinnen das Watt gliedern. Sie setzen als breite und tiefe Durchlässe zwischen den Außensänden an und verästeln sich nach Osten hin. Über sie gelangt das Wasser der Nordsee ins Watt. Bei ablaufender Tide setzt sich der Schlick im Watt ab und erhöht es. Über diese Priele brandet aber auch bei Sturmfluten das Meer an und reißt Landstücke an sich.

Als große »Mandränken« gingen die Sturmflutkatastrophen von 1364 und 1634 in die Geschichte ein. Damals wurde dieses Gebiet Nordfrieslands in viele isolierte Landstücke zerschlagen, und kurze Zeit später begannen die Menschen, durch Deichbauten ihr Land zu sichern und neues Land zu gewinnen: Maßnahmen, die auch heute durchgeführt werden, allerdings weniger um der Landgewinnung willen als vielmehr zum Küstenschutz. Deutlich sichtbar wird dies an der Vordeichung der Hattstedter Marsch (östliche Bildmitte), deren Deich (1982–1987 gebaut) sich deshalb so deutlich abhebt, weil ihm Kleiabdeckung und Begrünung noch fehlen. In dem neuen Koog wurden im Rahmen des Naturschutzes neben einem Speicherbecken mehrere Süßwasser- und Salzwasserbiotope angelegt.

Die übrigen Deiche sind wegen ihres Graswuchses nur mittelbar zu erkennen an den seewärtigen, hellgrün bis rosa erscheinenden Salzwiesen mit ihrem Quellerbewuchs auf den Schlickflächen des Vorlands. Landwärts lassen die beiden Sommeraufnahmen eine deutliche Unterscheidung der Agrarlandschaftsmuster zu. Dunkelgrün erscheinen die noch nicht abgeernteten Ackerflächen der fruchtbaren Marsch, in hellem Grün die Wiesen und Weiden, in rötlichen Farbtönen das punkt- und linienhafte Siedlungsmuster der Marsch.

Zum Schutz des überaus reichen Lebensraums Wattenmeer wurden an der schleswig-holsteinischen Gezeitenküste Nationalparks mit mehreren Schutzzonen eingerichtet.

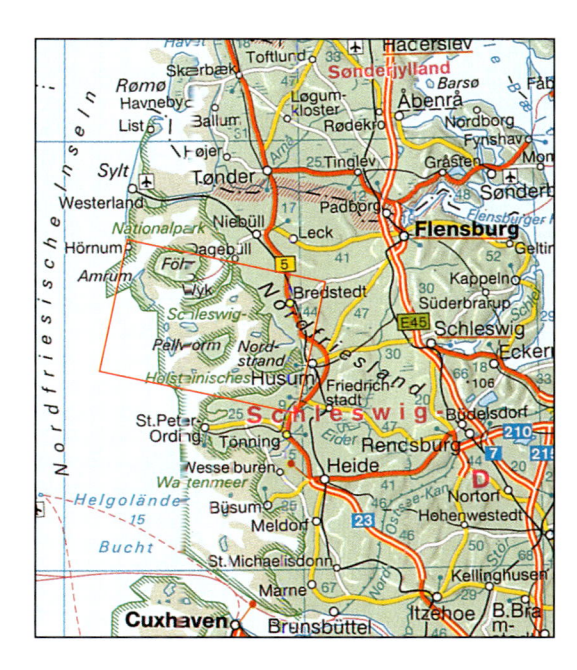

Maßstab des Kartenausschnitts: 1 : 2 000 000
0  20  40  60  80  100 km

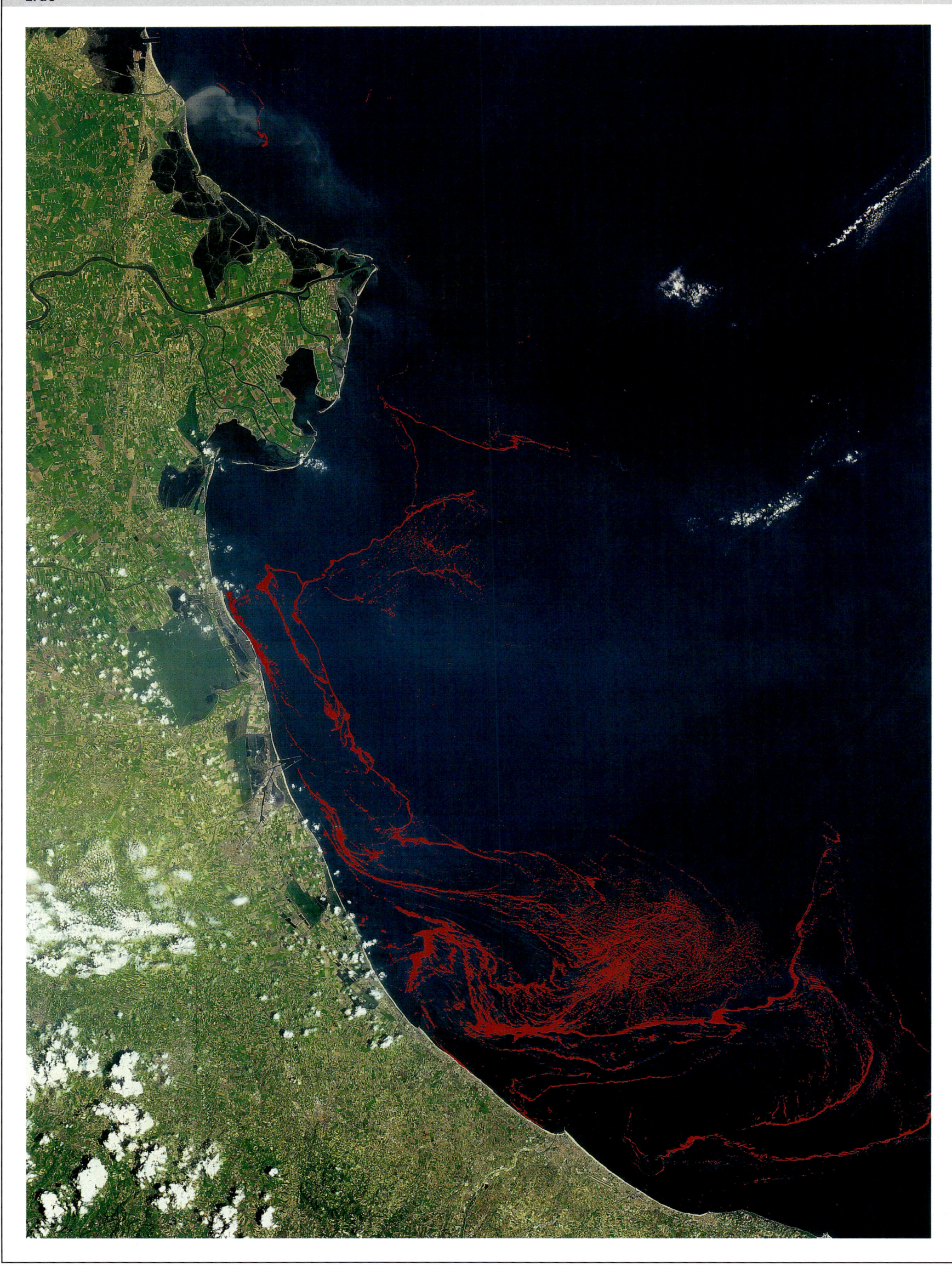

# Erde

Ökosystem Ozean

# Algenteppich in der Adria

Das Satellitenbild vom Sommer 1988 zeigt die italienische Adriaküste etwa zwischen Chioggia im Norden und Fano im Süden. Im nördlichen Teil des Bildes ist das Podelta gut zu erkennen. Der Po transportiert in seinen Wassermassen eine große Menge an Sand, Schlamm und Schwebstoffen, die er vor der Küste ablagert, womit er die Küstenlinie ins Meer hinausschiebt. Die Satellitenaufnahme läßt auch Altwasserarme im Deltabereich erkennen. Das Foto zeigt eine Ausgleichsküste mit Lagunen und Nehrungen. Winddrift und Meeresströmungen verteilen das vom Po herbeitransportierte Feinmaterial längs der Küste und bilden damit die beliebten kilometerweiten Sandstrände. Im Mittelteil des Bildes kann man sehr gut die bereits abgeschnürten ehemaligen Küstenbuchten erkennen, die zu Binnenseen geworden sind. In der südwestlichen Bildecke sind die Ausläufer der Apenninen zu sehen. Die älteren landwirtschaftlichen Nutzflächen sind meistens kleiner als die jüngeren, die im Bereich des Podeltas häufig dem Reisanbau dienen. Kleinere landwirtschaftliche Nutzflächen findet man auch an den Ausläufern der Apenninen.

Das Auffälligste dieser Aufnahme jedoch sind die roten Schlieren in der blauen Adria: Die Falschfarbenaufnahme zeigt besonders aktive Vegetation in Rottönen. Bei den Schlieren handelt es sich um Algenzusammenballungen, die im Meer treiben. Die Algen entwickeln sich stets im Sommer. Der mit organischen Abwässern aus Industrie, Landwirtschaft und Haushalt hochbelastete Po liefert den Algen Nährstoffe, die sie im warmen sonnendurchfluteten und durch die oft frische Brise aus Nordost gut durchmischten, sauerstoffreichen Meer explosionsartig gedeihen lassen.

Die Algen hängen sich zu Teppichen zusammen und verdriften wegen der Nordostwinde und der gegen den Uhrzeigersinn laufenden Meeresströmung nach Süden; dabei sterben sie langsam ab, wie die Farbänderung auf dem Foto von Karminrot zu Orangerot bezeugt. Sie hinterlassen faulenden Schleim. Der beim Fäulnisprozeß notwendige Sauerstoff wird Fischen, Schalen- und Krustentieren entzogen, die dadurch absterben.

Eine weitere Folge dieser in den achtziger und neunziger Jahren auftretenden Algenpest war der Rückgang des Badetourismus um über 40 Prozent an der Sandküste zwischen Venedig und Ancona. Eine Reihe von Notprogrammen der italienischen Regierung soll dem Bau von Kläranlagen und der Reduzierung des Chemieeinsatzes der Landwirtschaft dienen. Das Vorhaben, das Powasser geringer zu belasten, wird sich allerdings über Jahrzehnte hinziehen, nimmt doch der Po nahezu alle Abwässer des hochindustrialisierten und landwirtschaftlich hochintensivierten dichtbesiedelten Norditalien auf.

*Stinkende Algenteppiche haben in den achtziger und neunziger Jahren viele Urlauber aus ihren Stammurlaubsgebieten an der italienischen Adria vertrieben. Zwei Sommer lang gab es wöchentlich Berichte des ADAC über die Entwicklung der Algen in den Badegebieten der Adria.*

Maßstab des Kartenausschnitts: 1 : 4 000 000

Erde

# Die Meeresströmungen

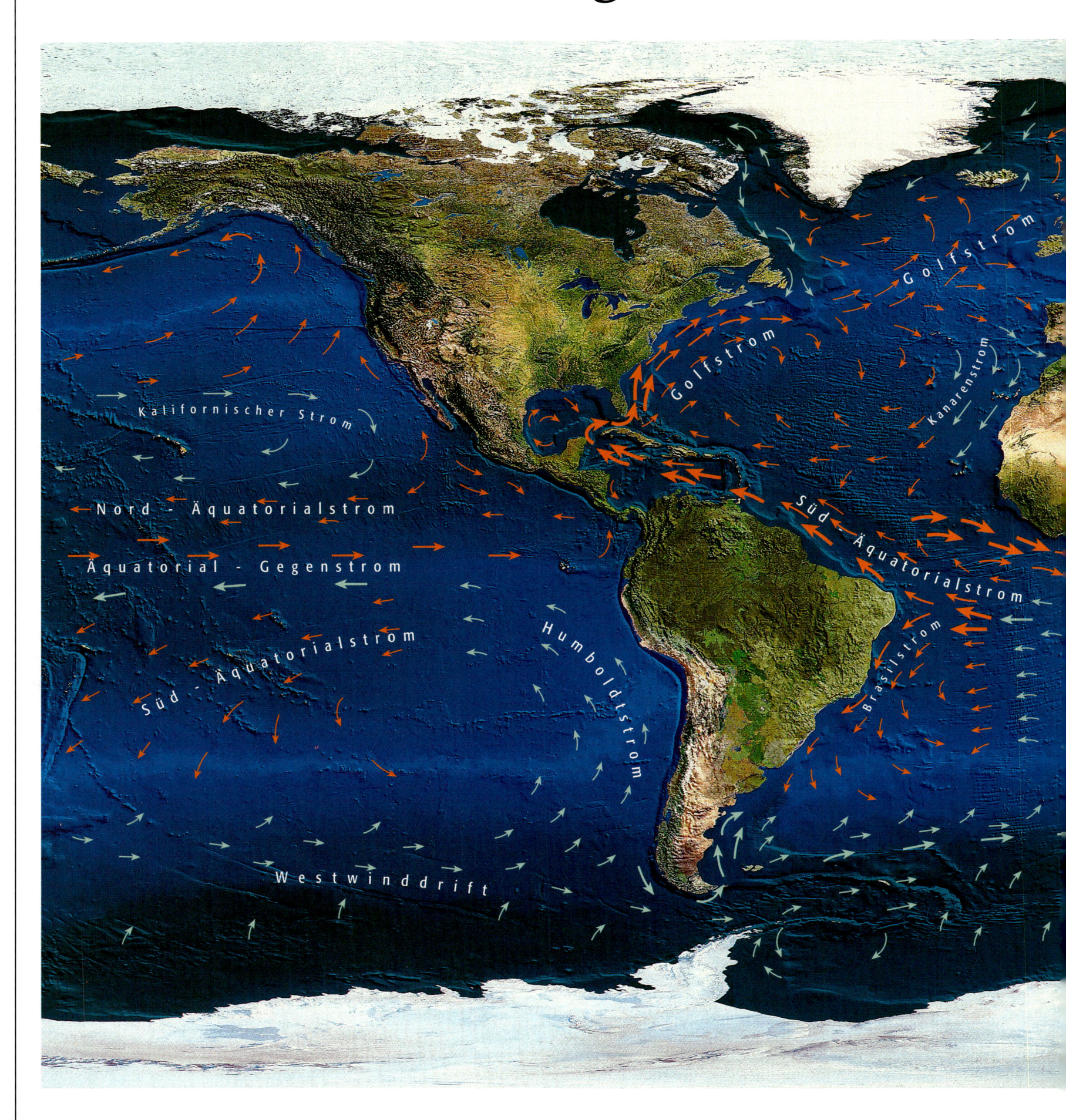

**Meeresströmungen**
- Warme Strömung
- Kalte Strömung

**Geschwindigkeit der Strömung**
- 6–12 Seemeilen in 24 Stunden
- 12–24 Seemeilen in 24 Stunden
- Über 24 Seemeilen in 24 Stunden
- 6–12 Seemeilen in 24 Stunden
- 12–24 Seemeilen in 24 Stunden

# Meeresströmungen

Verursacht durch das planetarische Windsystem, bilden sich im Atlantik und im Pazifik je zwei großräumige Wirbel heraus, die im Pazifik durch den Äquatorial-Gegenstrom getrennt werden. Dabei bestehen die östlichen, von ablandigen Winden angetriebenen Strömungsäste aus kalten Auftriebswässern. Die Gestalt Südamerikas bewirkt, daß im Atlantik der Südäquatorialstrom nach Norden abgedrängt wird und den Golfstrom verstärkt, der bis in die arktischen Gewässer vordringt. Im Norden des Indischen Ozeans wechselt die Richtung der Meeresströmungen entsprechend dem Rhythmus der Monsune.

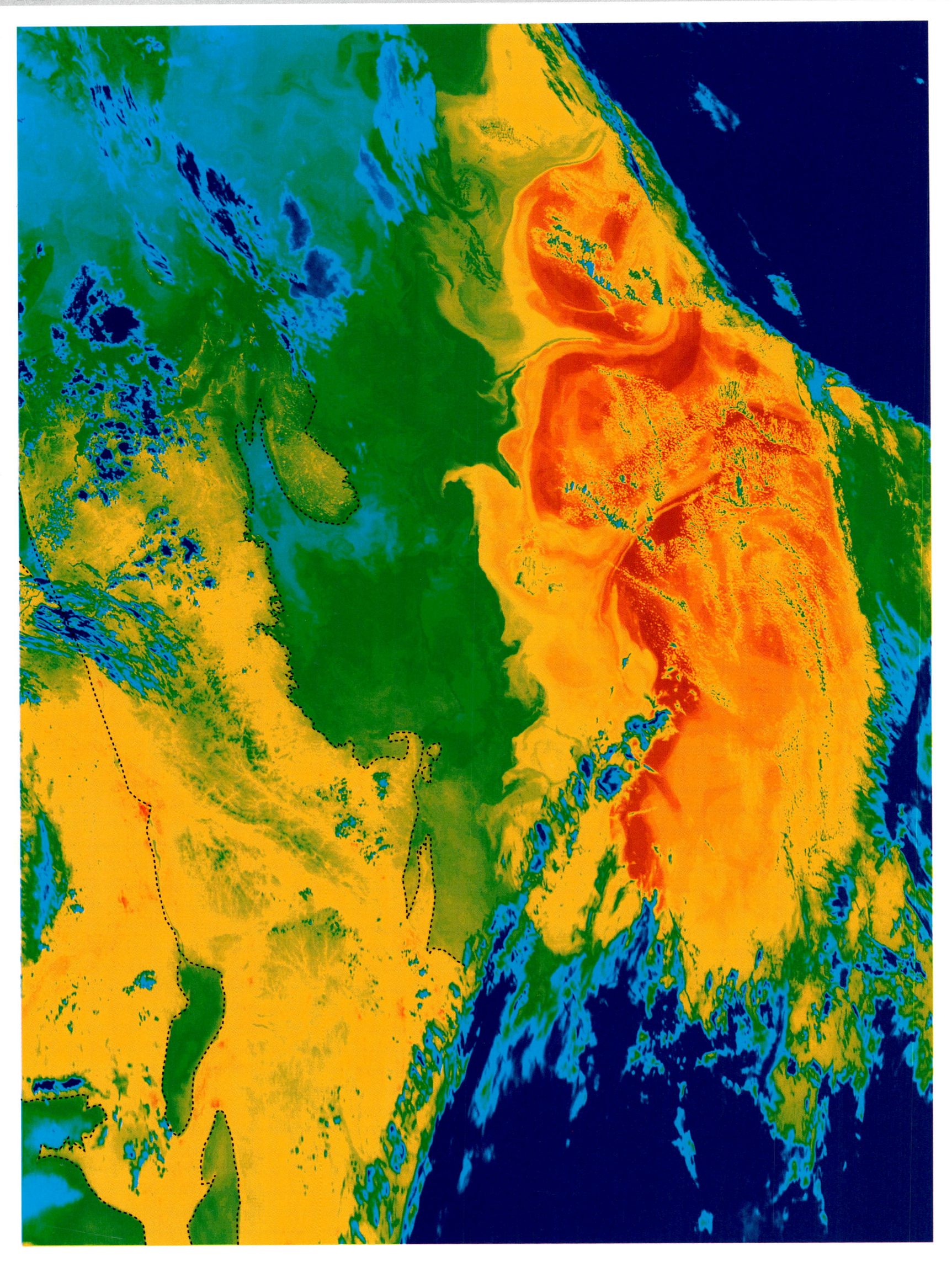

Erde

## Meeresströmungen

# Der Golfstrom

Bei der farbenfrohen Satellitenaufnahme handelt es sich um ein sogenanntes Thermalbild, das Temperaturverhältnisse in Farbtönen abbildet. Der nicht entzerrte Bildausschnitt zeigt den Golfstrom vor der Ostküste Nordamerikas. Als Geländefixpunkte sind in der linken unteren Ecke als grüne Flecken Teile des Eriesees, des Huronsees und der ganze Ontariosee zu erkennen, aus welchem als dünner grüner Faden der Sankt-Lorenz-Strom nach Nordosten fließt. Außerdem ist noch der Küstenverlauf zwischen der langgestreckten Insel Long Island (New York) über Cape Cod Bay bei Boston bis Neuschottland als Grenze zwischen gelbem und grünem Farbton gut zu erkennen (gestrichelte Linien). Die irritierenden dunkelblauen Flächen – besonders in der rechten unteren und oberen Ecke – stellen hoch liegende Wolken und Wolkenschleier dar. Die Aufnahme wurde nachts angefertigt, weshalb das Festland relativ kühl (gelb) erscheint.

Der Golfstrom selbst ist etwa in der Bildmitte deutlich durch die Rot-, Orange- und Gelbfärbung auszumachen. Diese Farben zeigen höhere Temperaturen an. Die bogenförmigen Strukturen, die innerhalb dieses Bereichs zu erkennen sind, zeigen Verwirbelungen des wärmeren Wassers im Übergangssaum zu den kühleren Wassermassen an.

Bei dem sogenannten Golfstrom handelt es sich um ein Meeresstromsystem, das über komplexe Austauschvorgänge aus dem tropischen Karibischen Meer und dem Golf von Mexiko Wärme längs der nordamerikanischen Küste nach Norden transportiert, dann den Atlantik überquert und auf die west- und nordeuropäische Atlantikküste trifft. Das System wird aus zwei Quellen gespeist: Ein Teil des Wassers entstammt dem Nordäquatorialstrom. Der andere Teil stammt aus dem Südäquatorialstrom. Zusammen mit dem Antillenstrom bilden die genannten Meeresströmungen den Golfstrom, der auf der östlichen Seite des Atlantiks dann als Golfstrom-Trift oder als Atlantischer Strom bezeichnet wird. Angetrieben wird das Golfstromsystem, das erhebliche Wassermassen und Energiemengen umsetzt, von folgenden »Motoren«: Der eine Antrieb besteht aus dem Verdriften warmen Oberflächenwassers nach Westen durch die Passatwinde. Dort wird an den Ostküsten dieses Driftwasser nach Norden und Süden umgelenkt. Auf dem Weg nach Norden oder Süden verdunstet Wasser. In höheren geographischen Breiten kühlt es ab und gefriert teilweise, wodurch sich der relative Salzgehalt erhöht. Beide Vorgänge führen zu einer Dichtezunahme des Oberflächenwassers, das dann als schweres Nordatlantikwasser absinkt und wie in einem Paternoster weiteres Oberflächenwasser aus der Karibik ansaugt. Auf diese Weise tauchen im Nordatlantik etwa 17 Millionen Kubikmeter Wasser pro Sekunde ab. Der Atlantik hat durch seine riesige Nord-Süd-Ausdehnung die stärkste Meridionalzirkulation aller Ozeane und ist wie ein Durchlauferhitzer mit den übrigen Weltmeeren verbunden. Die im Wasser gespeicherte Energiemenge verdeutlicht folgendes Beispiel: Ist die Arktisluft 20 Grad Celsius kälter als die Wasseroberfläche des Golfstroms, so wird von einer 10 Quadratkilometer großen Ozeanfläche so viel Energie abgegeben, wie die Produktion aller deutschen Kernkraftwerke beträgt. Als kaltes Tiefenwasser strömt es rund um die Südspitze Afrikas in den Nordpazifik zurück, wo es als Auftriebwasser an der Westküste Nordamerikas aufsteigt und der globale Wasserkreislauf mit einer Umlaufzeit von etwa eintausend Jahren von neuem beginnt.

Dieser »Wasserfahrstuhl« ist in seiner Funktionstüchtigkeit stark vom Salzgehalt des Oberflächenwassers abhängig. Der Salzgehalt aber wird von der globalen Klimaentwicklung entscheidend gesteuert. Globale Erwärmung bringt Abtauen des Inlandeises mit sich, wodurch der relative Salzgehalt der Meere reduziert wird, die Wärmepumpe dementsprechend langsamer läuft, sich weiter nach Süden verlagert oder ihre Tätigkeit ganz einstellt. Änderungen der ozeanischen Zirkulation aber könnten verheerende klimatische Auswirkungen haben. Im Rahmen von Simulationsmodellen wurde für den Fall einer globalen Erwärmung um nur 3 Grad Celsius eine erhebliche Temperaturdepression für Europa und Nordamerika errechnet, weil der wärmebringende Golfstrom zum Stillstand käme. Die Folge wäre, daß Nordwesteuropa unter einer Eisdecke verschwinden und Eisberge bis zu den Kanarischen Inseln vordringen würden. Weiße Eisflächen reflektieren die Einstrahlung fast vollkommen, wodurch ein weiteres Absinken der Temperatur zu erwarten wäre. Eiszeiten scheinen aus solchen Störungen des »Wasserfahrstuhls« hervorgegangen zu sein. Nach neueren Erkenntnissen ereignet sich ein Übergang von einer Warmzeit zu einer Kaltzeit in nur wenigen Jahrzehnten. Ein Stillstand der Wärmepumpe hätte auch noch zur Folge, daß das aus der Atmosphäre entnommene »Treibhausgas« $CO_2$ nicht mehr im Tiefenwasser zwischengelagert und somit die Erwärmung der Erde beschleunigt würde.

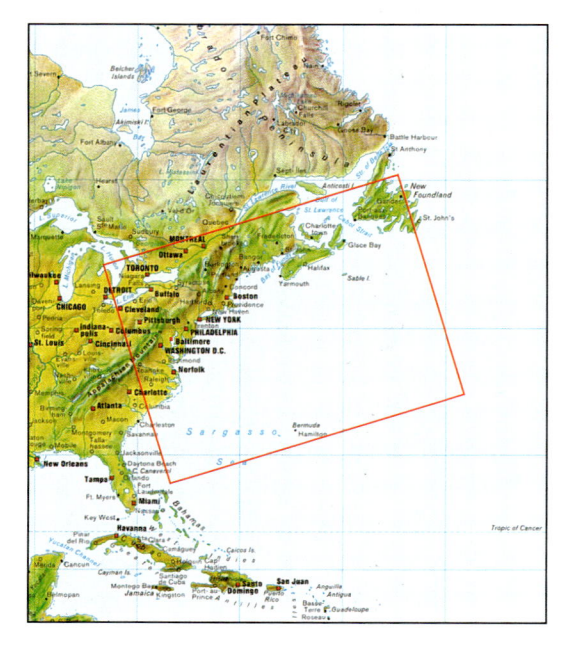

*Das in Nordnorwegen gelegene Narvik hat einen ganzjährig eisfreien Hafen. In Inuvik (Kanada) auf vergleichbarer geographischer Breite werden dagegen Januartemperaturen von minus 30 Grad Celsius gemessen. Verantwortlich für diese positive Temperaturanomalie an der norwegischen Küste ist der Golfstrom, der Wärme nach West- und Nordeuropa transportiert.*

Maßstab des Kartenausschnitts: 1 : 80 000 000
0   800   1600   2400   3200   4000 km

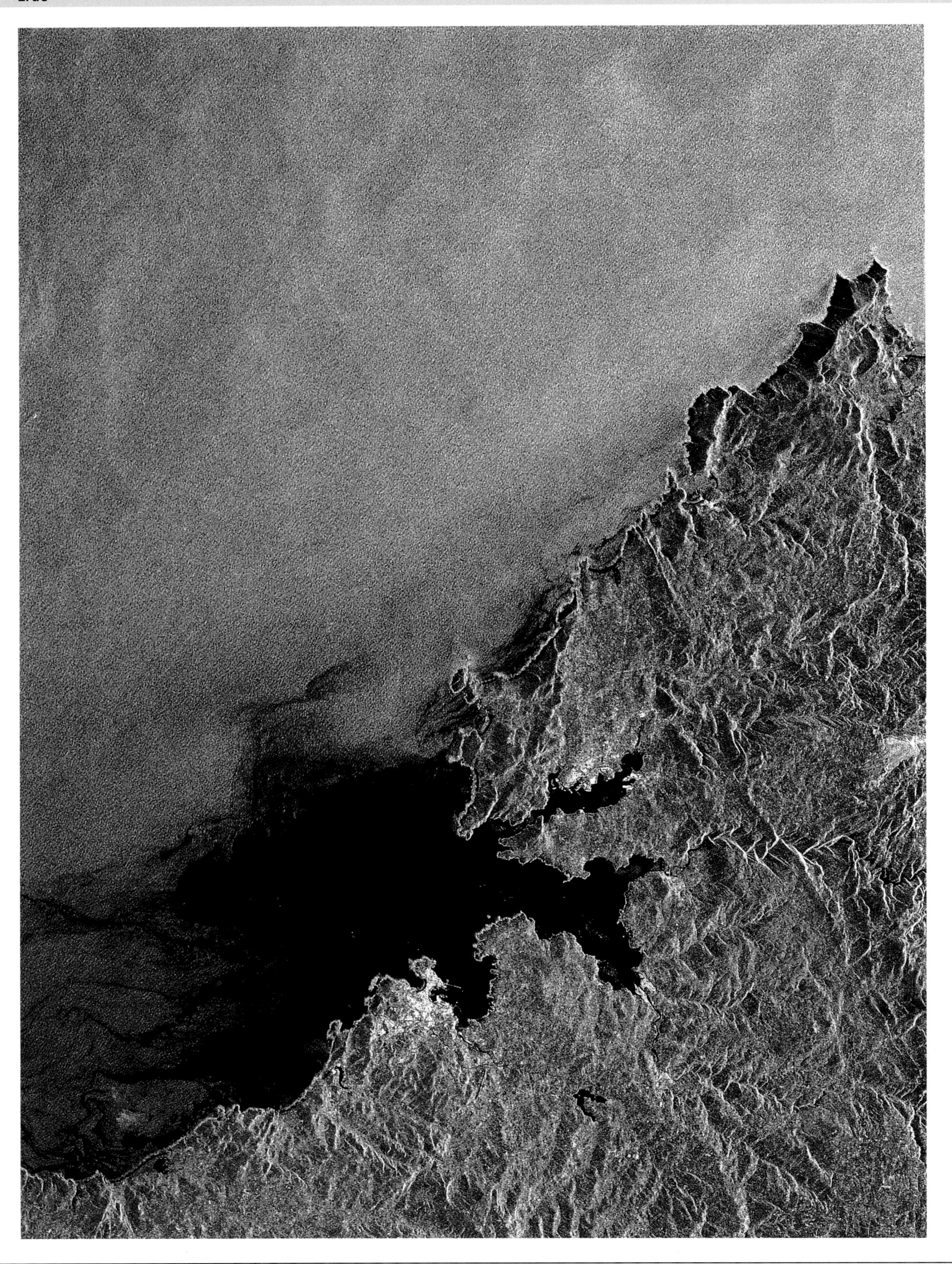

# Erde

**Meeresströmungen**

# Tankerunfall vor der nordspanischen Küste

*Der Tanker »Aegean Sea« ist gestrandet! Ein brennender Ölteppich vor der europäischen Atlantikküste, dichte Qualmwolken, ein auf Grund gelaufener Tanker: Das ist ein spektakuläres Bild für die Verschmutzung der Meere und Küsten, an die wir uns schon fast gewöhnt haben, die aber wesentliche Existenzgrundlagen menschlichen Lebens zerstört.*

Bei dem vorliegenden Satellitenbild handelt es sich um eine Radaraufnahme, also um eine Aufzeichnung, die reflektierte elektromagnetische Wellen abbildet. Im Bild erscheint die Geländefläche je nach Exposition zum Radarempfänger heller oder dunkler. Oberflächenform und Oberflächenrauhigkeit lassen sich auf den Bildern somit gut erkennen.

Eine lange Dünung – von bewegter Windsee überlagert – rollt aus Nordosten auf die hügelige, buchtenreiche Nordostecke Spaniens zu. Die große, tief eingeschnittene Bucht der Ria de Botanzos ist bis in den Atlantik hinaus schwarz gefärbt, also ohne Radarecho. Links unten aus dem Bild laufende Schlieren zeigen an, daß hier offenbar verschiedene Flüssigkeiten gemischt sind. Der große schwarze Fleck im unteren Zentrum des Bildes ist ein riesiger Ölteppich, der die Wogen geglättet hat und deshalb im Radarbild als reflexionsloses Areal schwarz erscheint.

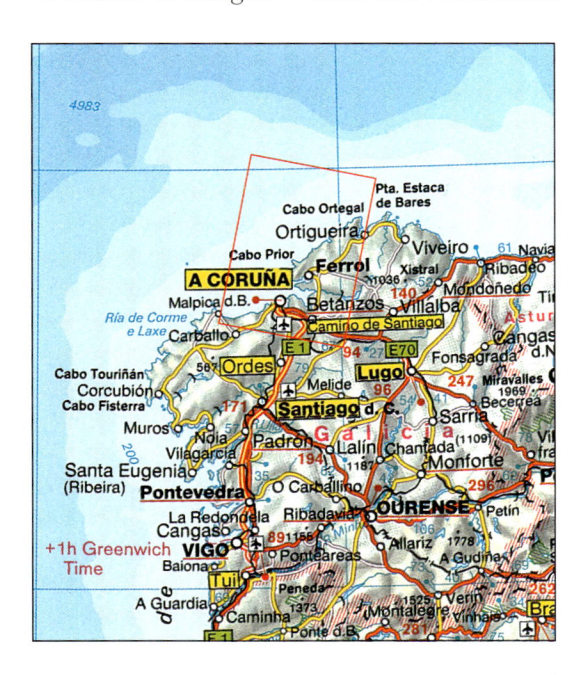

Am 3. Dezember 1992 strandete der unter griechischer Flagge laufende Tanker »Aegean Sea«, explodierte und brach auseinander. Dabei ergossen sich rund 70 000 Tonnen Öl ins Meer. Etwa 100 Kilometer Küste wurde stark verschmutzt, mehrere tausend Seevögel verendeten, die Küstenfischerei erlitt einen schweren Schlag.

Der Transport von Rohöl mit Schiffen ist immer von Unfällen überschattet gewesen. Mit dem Bau von Mammut-Tankern mit über 275 000 Tonnen Tragfähigkeit erhöhte sich die Gefahr von Tankerunfällen sowohl quantitativ wie auch qualitativ. Die Reduzierung der Kosten durch eine Registrierung von Schiffen in Ländern mit geringen Sicherheitsstandards, das Anheuern ungeschulten Personals, die erhebliche Reduzierung der Mannschaft und die Wahl kürzerer, aber risikoreicher Fahrtrouten erhöhen die Unfallgefahr beträchtlich.

Besonders betroffen ist der Schiffahrtsweg durch den englischen Kanal und seine Zufahrten. In diesem Seegebiet wird der bei weitem größte Schiffsverkehr bewältigt.

Tankerunfälle sind die spektakulärste Weise, wie Erdöl in die Meere und an die Küsten gelangt. Sie sind allerdings nur für etwa ein Drittel der Ölverschmutzung verantwortlich. Tankspülungen, lecke Förderplattformen und undichte Pipelines entlassen heimlich, aber stetig Öl in die Meere.

Als Auswirkungen auf die Kleinstlebewesen des Meeres ist in vielen Fällen selbst nach kleineren Tankerunfällen ein massenhaftes Absterben festzustellen. Besonders betroffen sind auch Seevögel, deren Gefieder durch Öl verklebt, so daß sie verenden. Die wasserlöslichen Bestandteile des Erdöls können schon in geringer Konzentration für Meereslebewesen tödlich sein. Krustentiere und andere auf dem oder im Meeresboden lebende Arten sind dadurch aufs stärkste gefährdet.

Maßstab des Kartenausschnitts: 1 : 4 000 000
0　40　80　120　160　200 km

101

### Erde

# Die Ausbreitung der Schneedecke au[f]

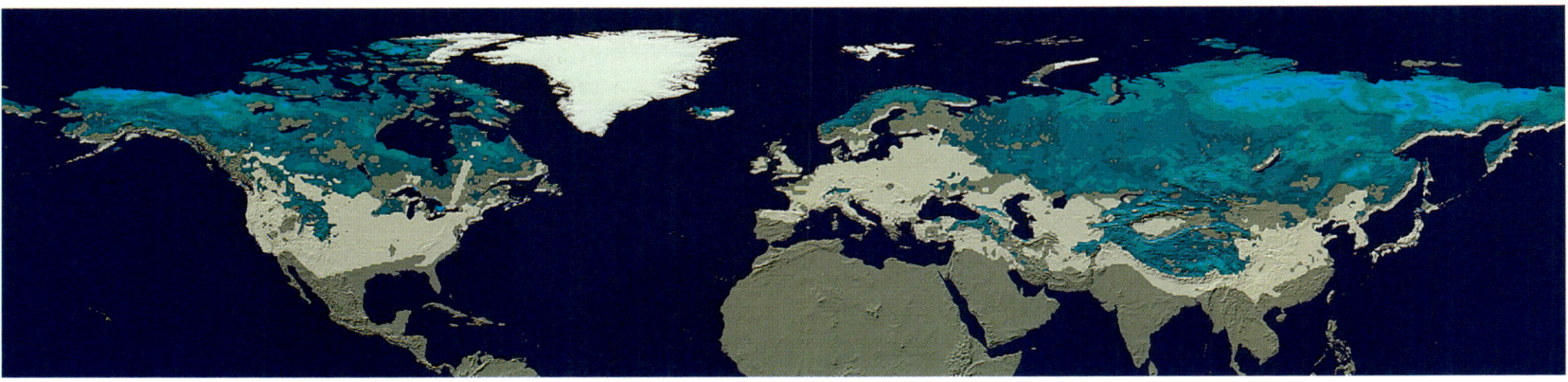

Mittlere monatliche Schneehöhe: Dezember

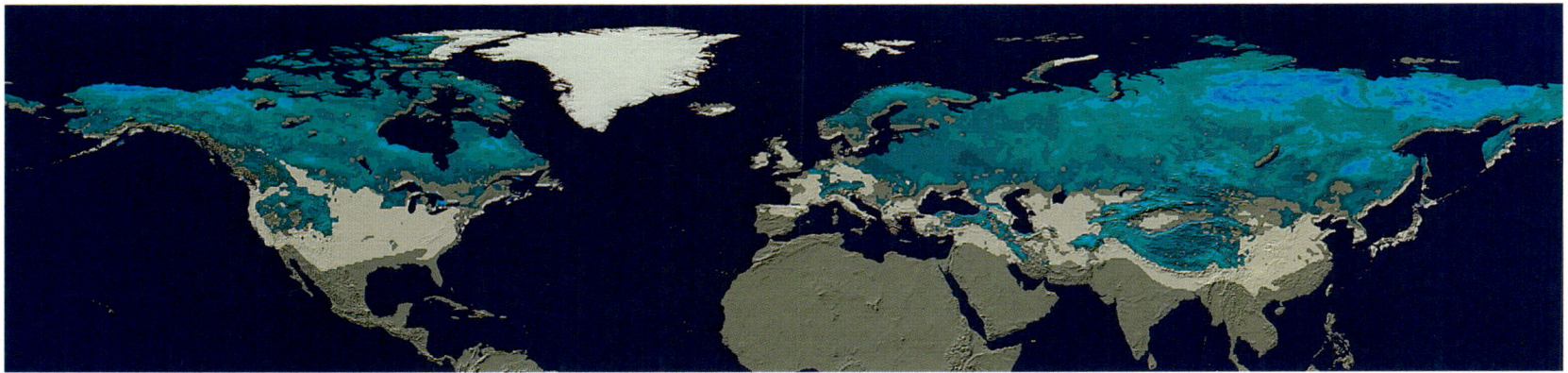

Mittlere monatliche Schneehöhe: Januar

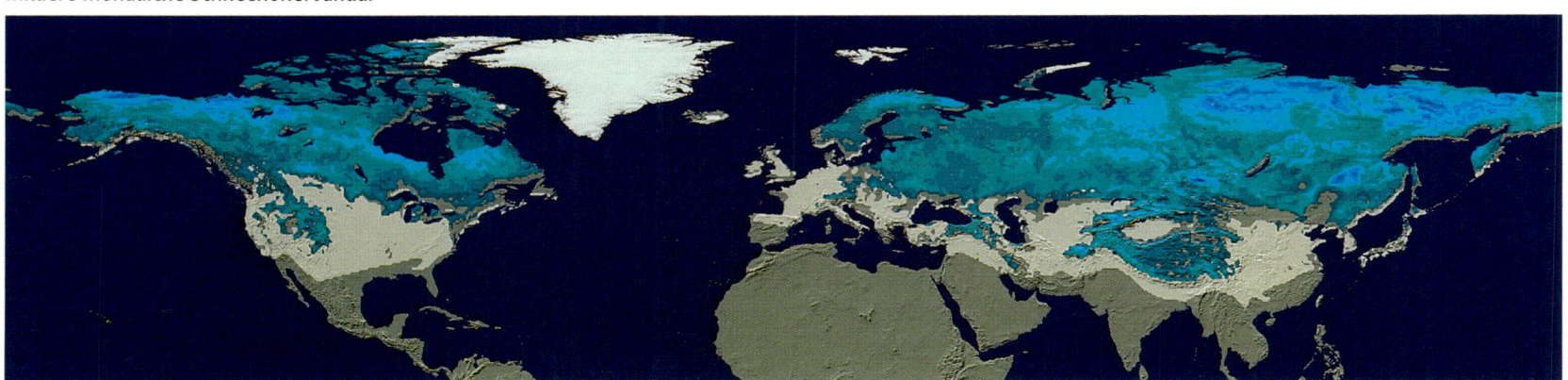

Mittlere monatliche Schneehöhe: Februar

Schnee ist Niederschlag in fester Form. Auf der Erdoberfläche wird gefallener Schnee abgelagert und in Schneedecken gespeichert. Durch den Wechsel von Witterung und Jahreszeit erfährt die temporäre Schneegrenze, und mit ihr auch die Schneedecke, eine vielfache Änderung. Die Ausbildung einer Schneedecke ist folglich abhängig von den bei Schneefall herrschenden meteorologischen Bedingungen. Die Höhe einer Schneedecke wird mit dem Schneepegel, einer einfachen Meßlatte, bestimmt.

*Die Hudson Bay steht als intrakontinentales Mittelmeer im Nordosten Kanadas mit dem Nördlichen Eismeer in Verbindung. Im Winter türmen die heftigen Nordwestwinde das Packeis bis zu einer Höhe von acht Metern auf.*

# Ausbreitung der Schneedecke der nördlichen Hemisphäre

Mittlere monatliche Schneehöhe: März

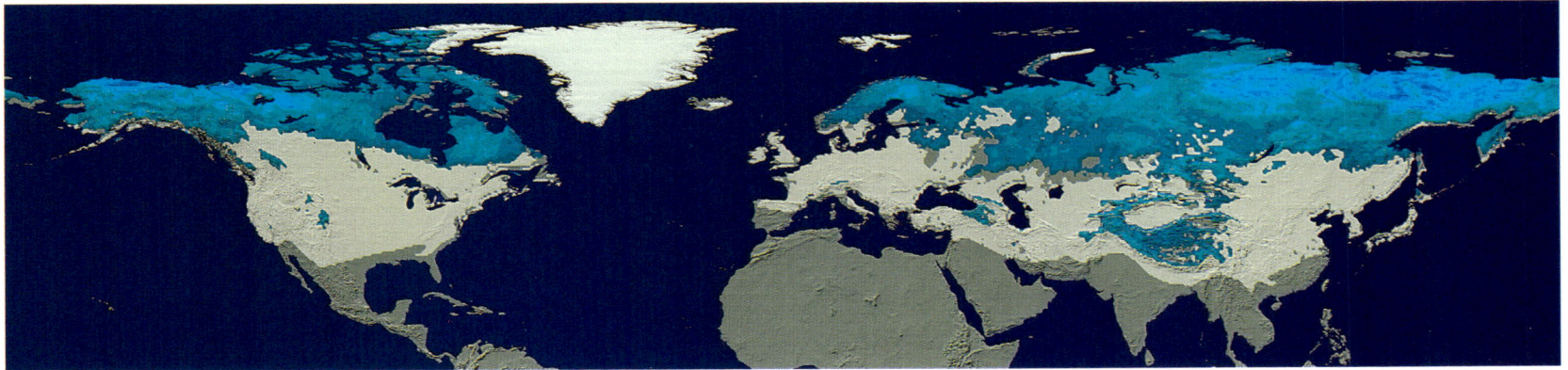

Mittlere monatliche Schneehöhe: April

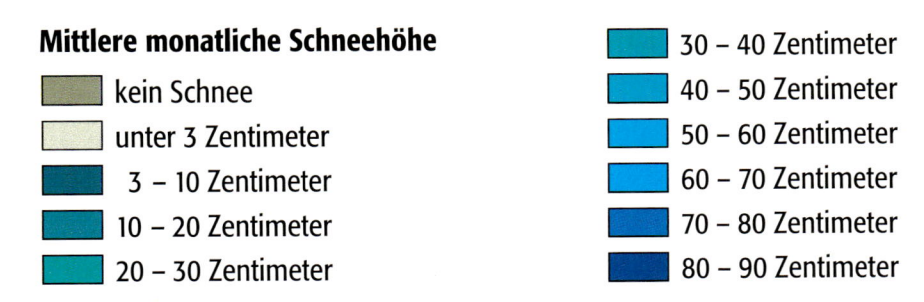

**Mittlere monatliche Schneehöhe**
- kein Schnee
- unter 3 Zentimeter
- 3 – 10 Zentimeter
- 10 – 20 Zentimeter
- 20 – 30 Zentimeter
- 30 – 40 Zentimeter
- 40 – 50 Zentimeter
- 50 – 60 Zentimeter
- 60 – 70 Zentimeter
- 70 – 80 Zentimeter
- 80 – 90 Zentimeter
- 90 – 100 Zentimeter
- über 100 Zentimeter
- permanent

Von einem Schneedeckentag, also einem Tag mit geschlossener Schneedecke, sprechen die Meteorologen, wenn an einem Tag mehr als die Hälfte des Bodens in der Umgebung einer Beobachtungsstation mit Schnee bedeckt ist. Als Schneedeckenzeit bezeichnen sie die Zeitspanne zwischen dem Beginn der ersten und dem Ende der letzten Schneedecke eines Jahres.

Die Strahlungseigenschaften und Isolationswirkung von Schneedecken beeinflussen den Wärmehaushalt der Natur, das winterliche Klima und den Abfluß. Schneedecken besitzen wegen ihres hohen Gehalts an Luft nur ein geringes Wärmeleitvermögen. Dadurch schützen sie die Pflanzen und den Boden vor hohen Temperaturschwankungen und vor großer Frosteinwirkung. Anderseits verschärfen sie den Frost in der darüberliegenden Luftschicht, da sie den größten Teil der eingestrahlten Energie reflektieren. Insofern haben sie auch Bedeutung für den Menschen, für die Wirtschaft eines Raumes und vor allem für den Straßenverkehr.

Temperatur und Niederschlag bestimmen die regionale Verbreitung von Schneedecken. In meernahen, tief gelegenen Ebenen treten nur selten Schneedecken auf, in meerfernen Gebieten nahe dem Polarkreis können sie aber bis zu über 250 Tagen im Jahr liegen bleiben. Mit der Höhe nimmt die Lufttemperatur ab, die Zahl der Schneedeckentage aber zu.

Die fünf Karten dokumentieren das Vorgreifen und den Rückzug der Schneedecke im Winterhalbjahr. Es sind ausschließlich die Gebiete der Westwindzirkulation, in denen – ausgenommen die Räume permanenter Eisbedeckung wie Grönland – die Niederschläge im Winter als Schnee fallen und für längere Zeit liegen bleiben. Wegen der im Jahresdurchschnitt negativen Strahlungsbilanz im Nordosten Sibiriens und Kanadas entwickeln sich dort die Kältezentren der Nordhalbkugel. Zudem liegen diese Gebiete am weitesten von den mildernden Einflüssen der Ozeane in dieser Westwindzone entfernt. Die Abnahme der Wärmewirkung von Pazifik und Atlantik ist auch die Ursache für die Verbreitung des von Schnee bedeckten Gebiets nach Osten hin. Die Schneefreiheit polnaher Räume hat ihre Ursache zum Teil in der Wirksamkeit von warmen Meeresströmungen, zum Teil in der Niederschlagsarmut der polaren Klimazone.

Erde

# Die Ausdehnung des Meereises in de

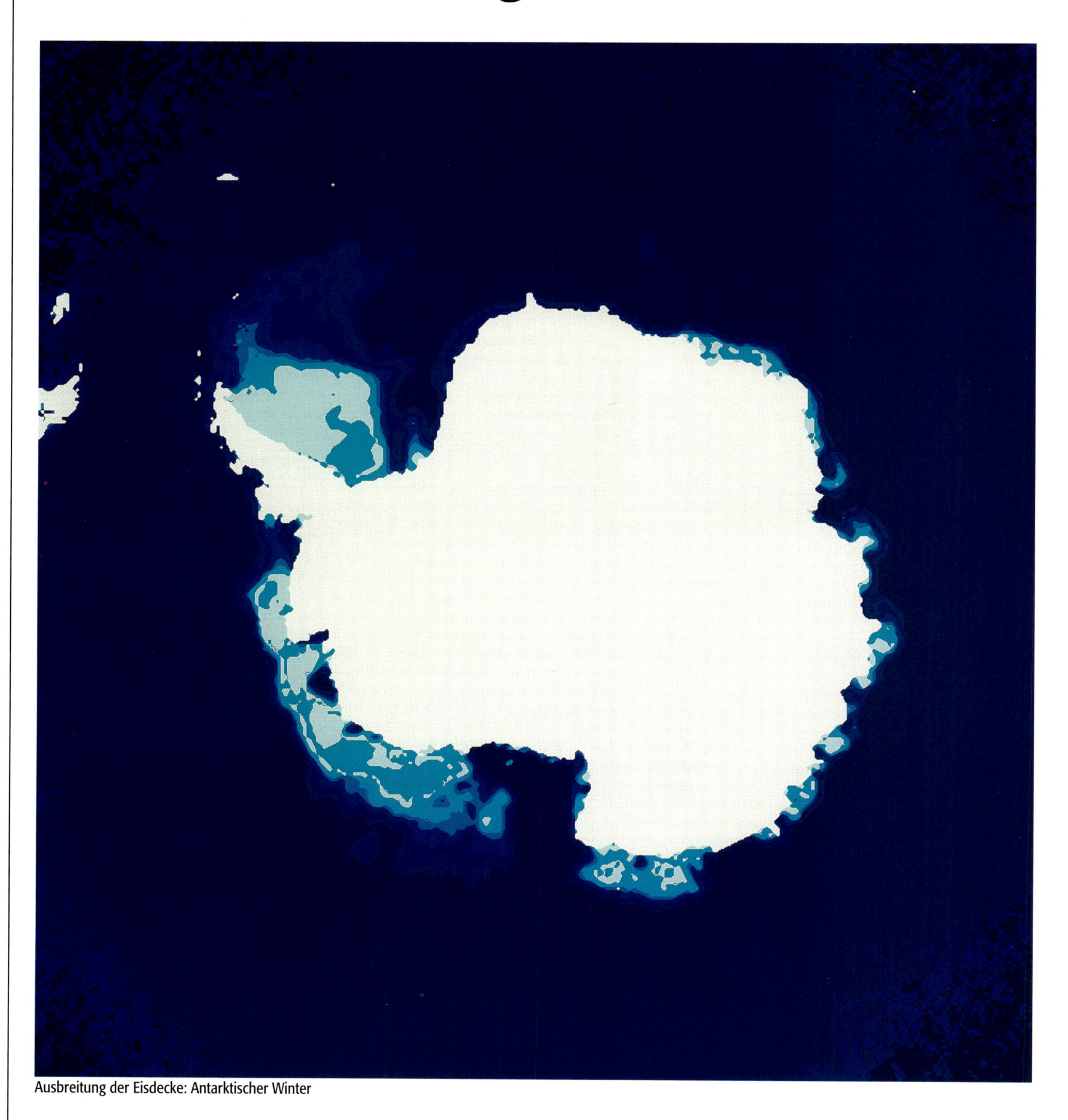

Ausbreitung der Eisdecke: Antarktischer Winter

**Ausdehnung des Meereises**

- eisfrei
- 0 – 20 Prozent
- 20 – 40 Prozent
- 40 – 60 Prozent
- 60 – 70 Prozent
- 70 – 80 Prozent
- 80 – 90 Prozent
- 90 – 100 Prozent
- permanent
- Daten liegen nicht vor

# Antarktis

Ausdehnung des Meereises

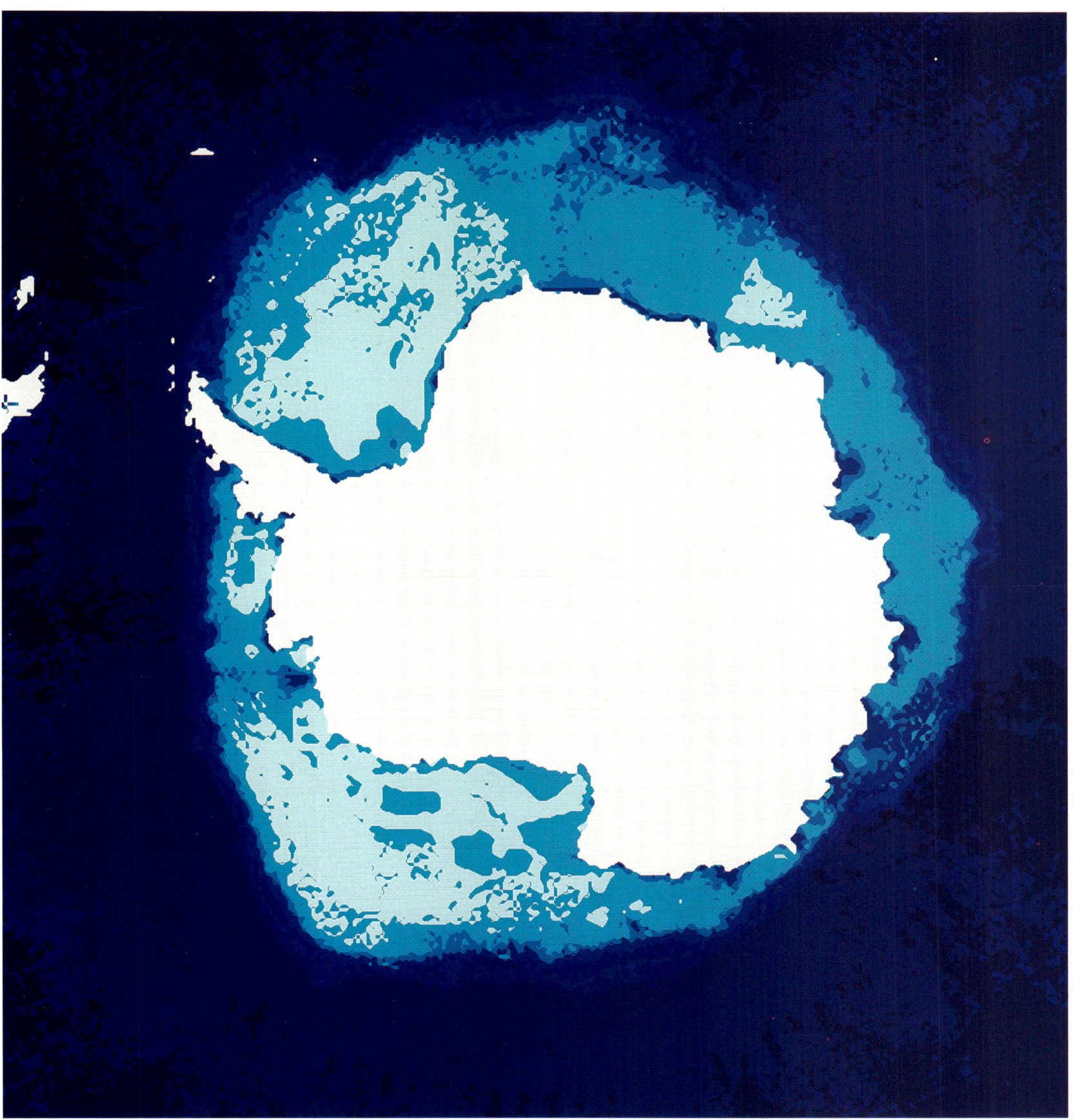

Ausdehnung des Meereises: Antarktischer Sommer

Das Land- und Meeresgebiet etwa südlich 55 Grad Süd bildet die Antarktis. Das Festland Antarktika und die Schelfeisflächen messen zusammen rund 14 Millionen Quadratkilometer. Bis 4000 Meter Mächtigkeit erreicht hier die größte zusammenhängende Eismasse der Erde, die zugleich 80 Prozent der Süßwasservorräte der Erde bindet. Bei dem extrem polaren Klima der Antarktis sinkt die Schneegrenze unter den Meeresspiegel; dann kann Gletschereis nicht mehr abschmelzen. Es tritt über die Küsten seewärts aus und bildet Schelfeis, das die flachen Meeresbuchten ausfüllt. Hier liegt das Ursprungsgebiet der charakteristischen Tafeleisberge der antarktischen Meere. Die eisfreien »Oasen« an den Küsten sind auf Fallwinde zurückzuführen.

Erde

# Die Landschaftsgürtel der Erde

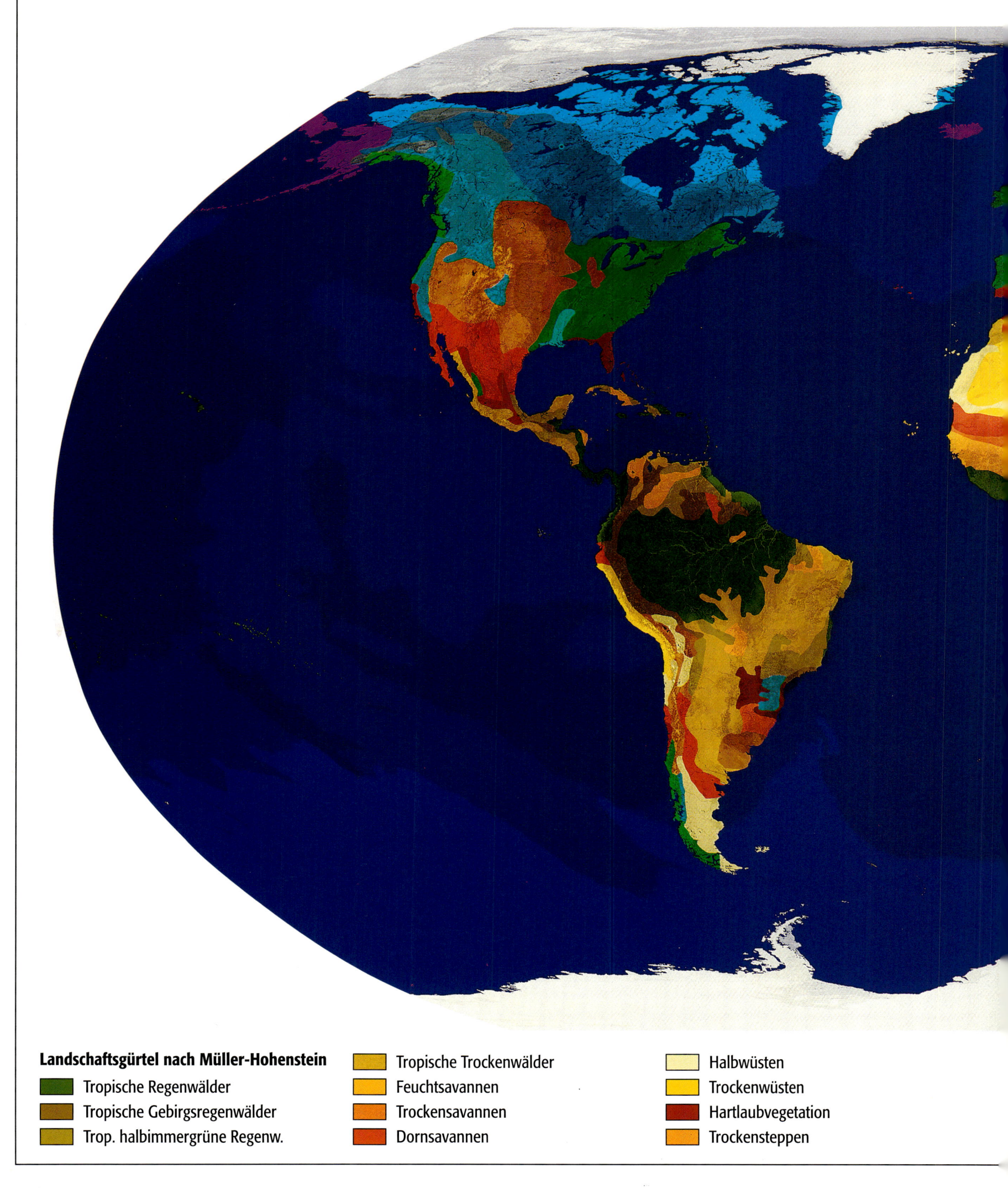

**Landschaftsgürtel nach Müller-Hohenstein**

- Tropische Regenwälder
- Tropische Gebirgsregenwälder
- Trop. halbimmergrüne Regenw.
- Tropische Trockenwälder
- Feuchtsavannen
- Trockensavannen
- Dornsavannen
- Halbwüsten
- Trockenwüsten
- Hartlaubvegetation
- Trockensteppen

Landschaftsgürtel

| | | |
|---|---|---|
| ■ Lorbeerwälder, subtrop. Regenwälder | ■ Sommergrüne Nadelwälder | □ Kältewüsten |
| ■ Sommergrüne Laubwälder | ■ Temperierte Regenwälder | ■ Subpolare Wiesen |
| ■ Immergrüne boreale Nadelwälder | ■ Sommergrüne Baumsteppen | ■ Tundren |
| ■ Gebirgsnadelwälder | ■ Schwarzerdesteppen | ■ Gebirgsvegetation oberh. Baumgrenze |

Erde

# Die Verteilung der Vegetation

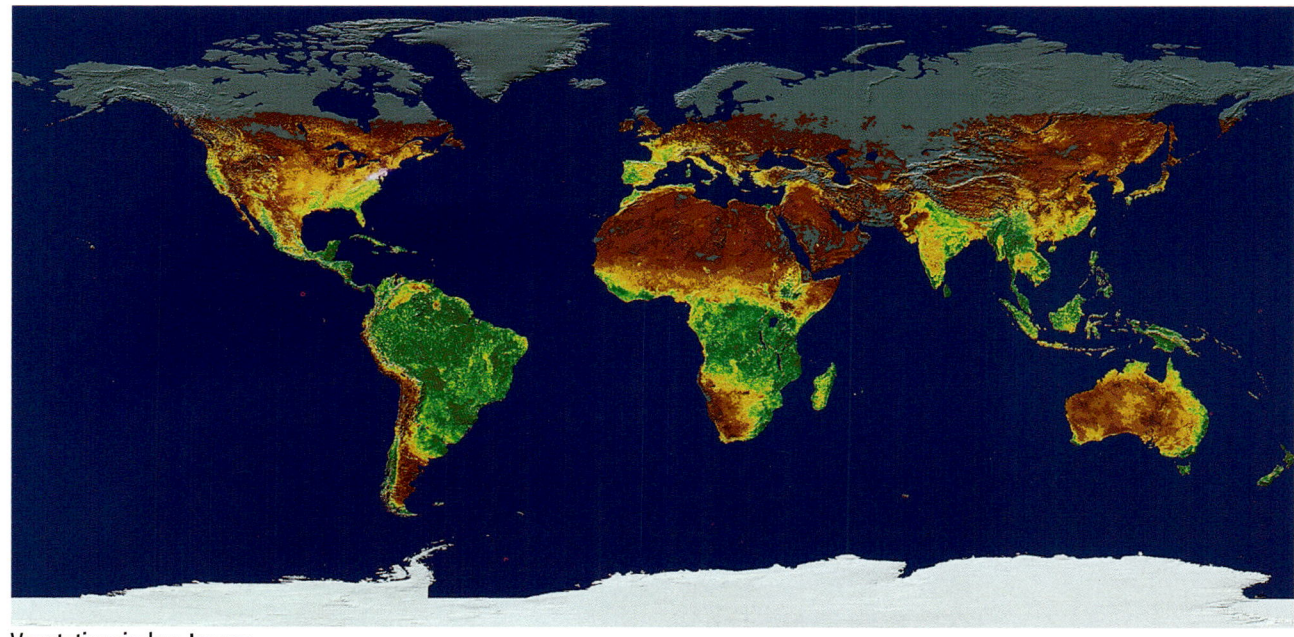

Vegetationsindex: Januar

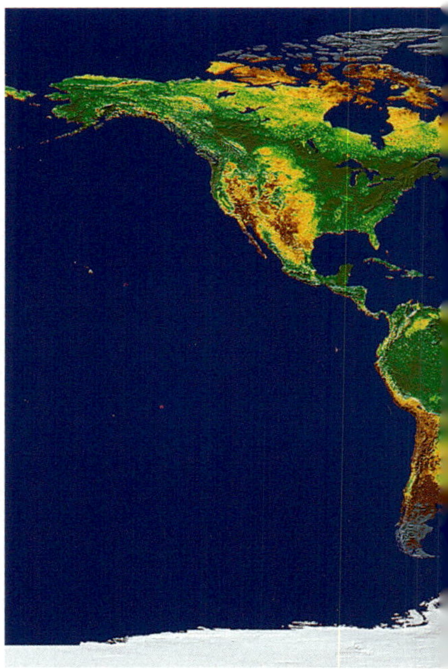

Vegetationsindex: Juli

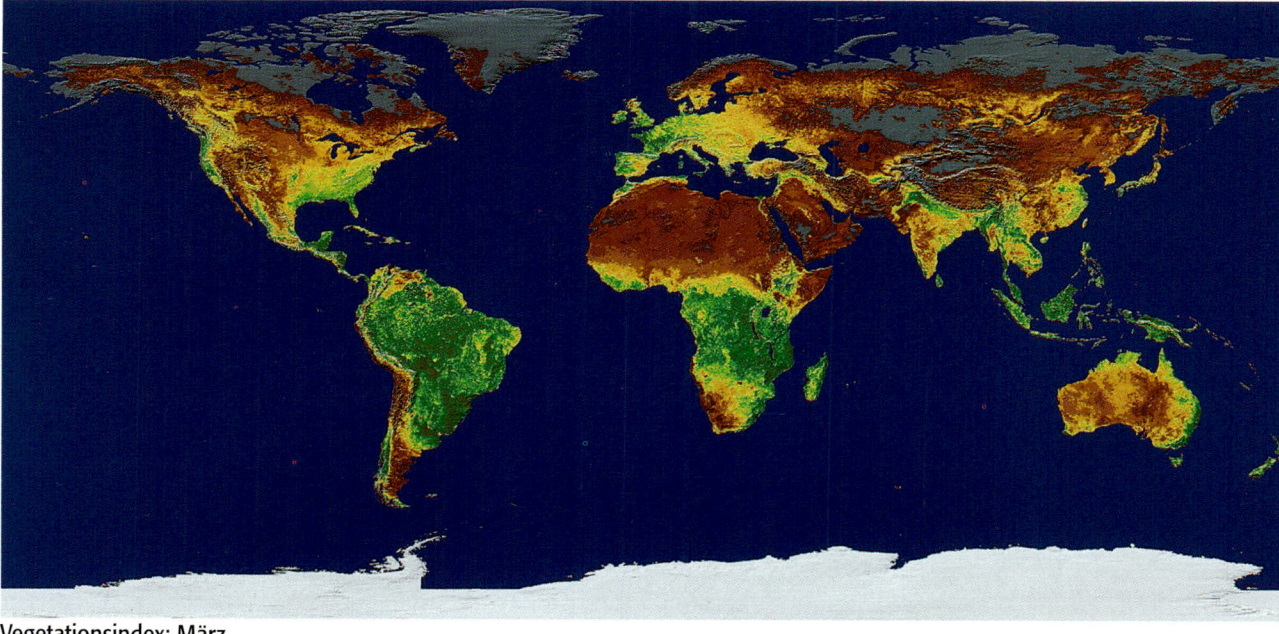

Vegetationsindex: März

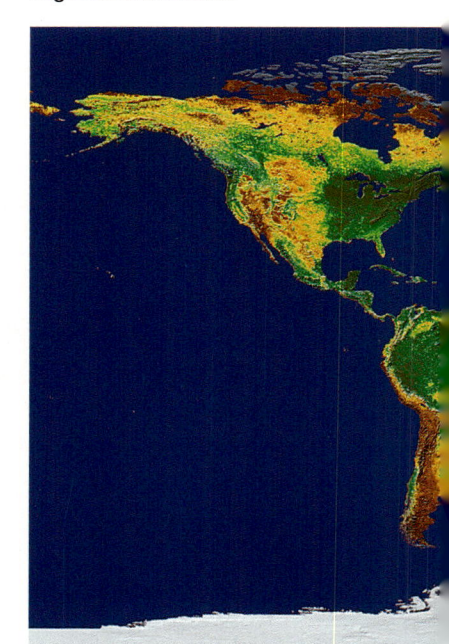

Vegetationsindex: September

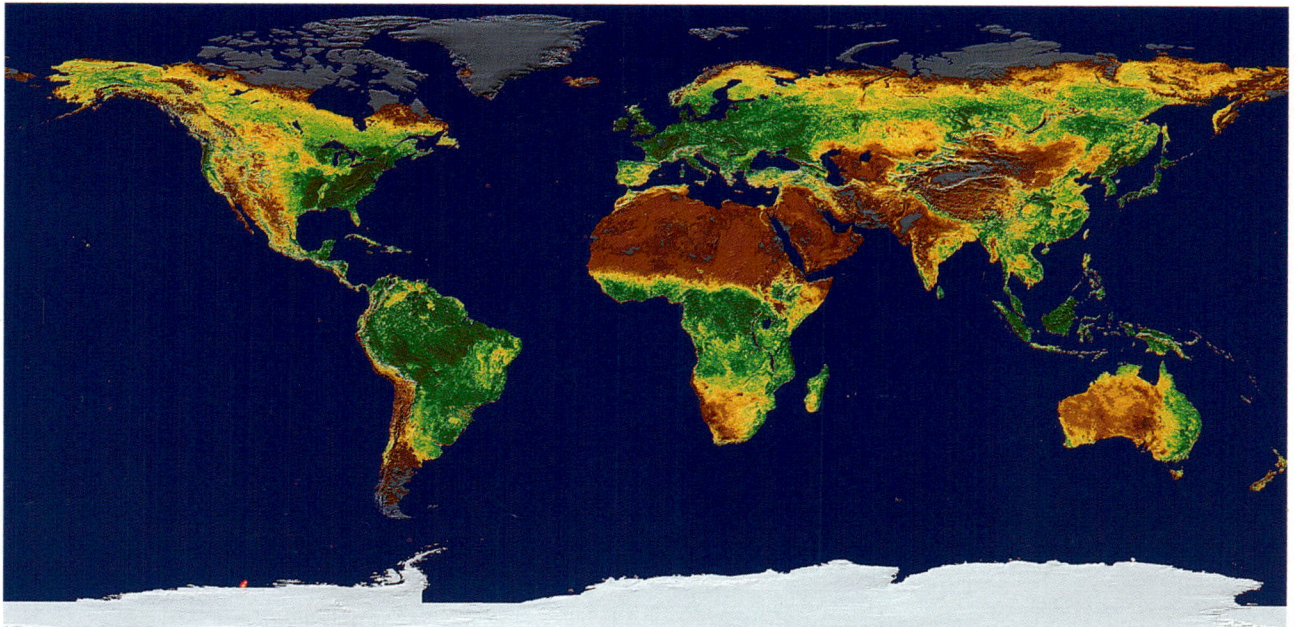

Vegetationsindex: Mai

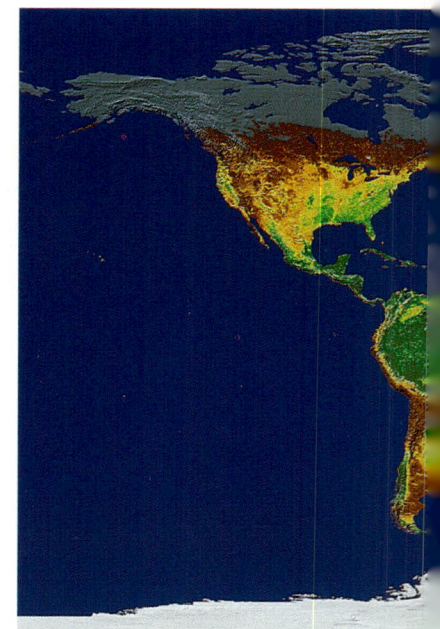

Vegetationsindex: November

# Vegetation

**Indexwerte**

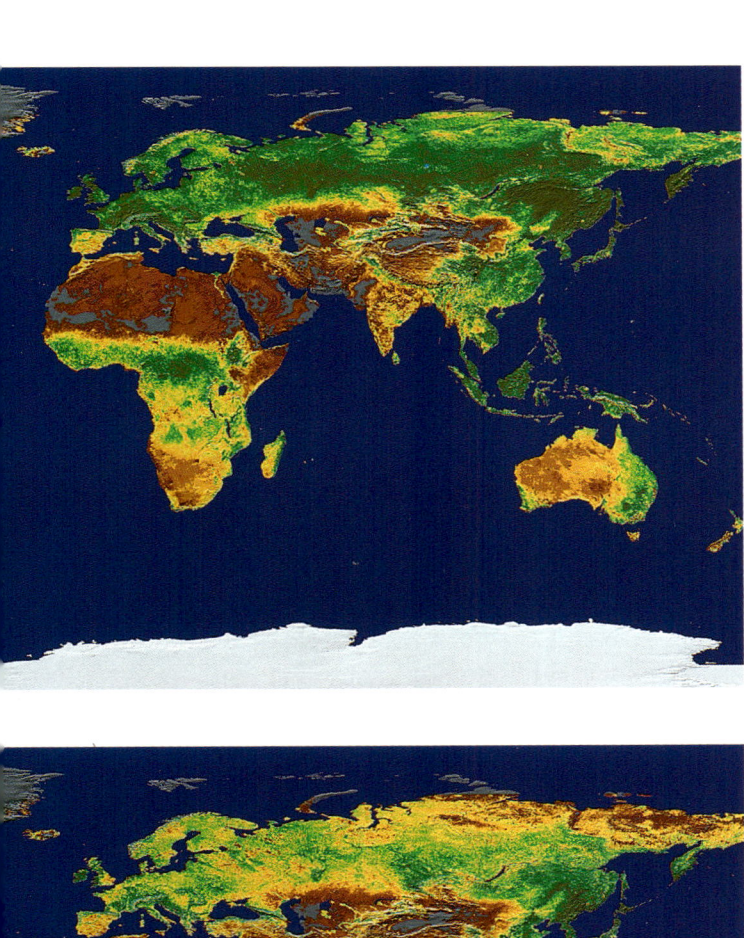

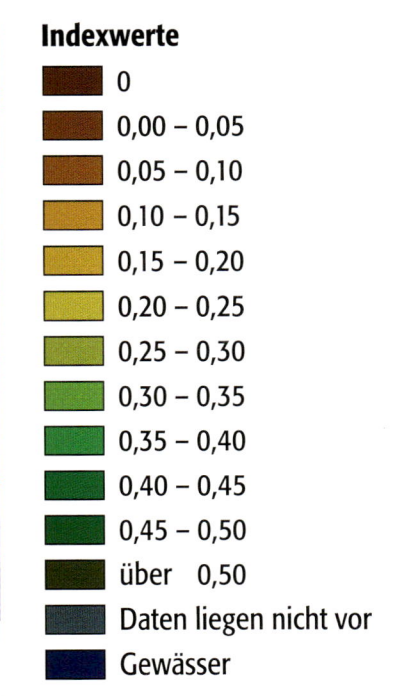

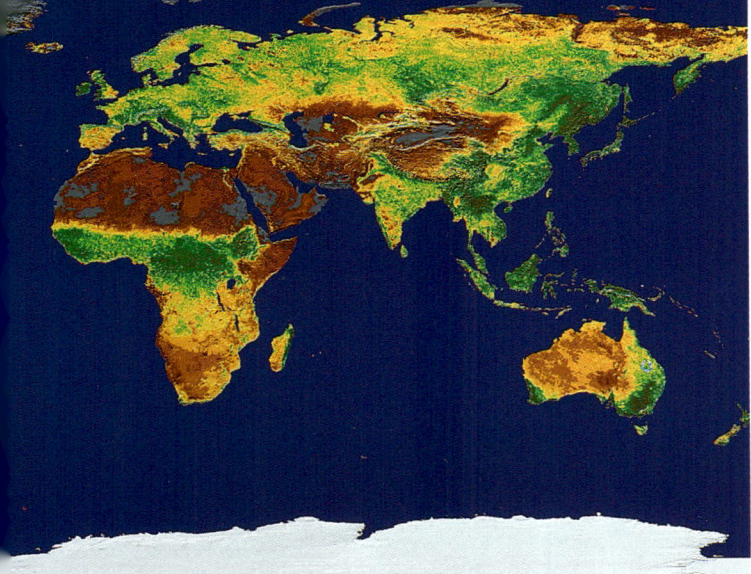

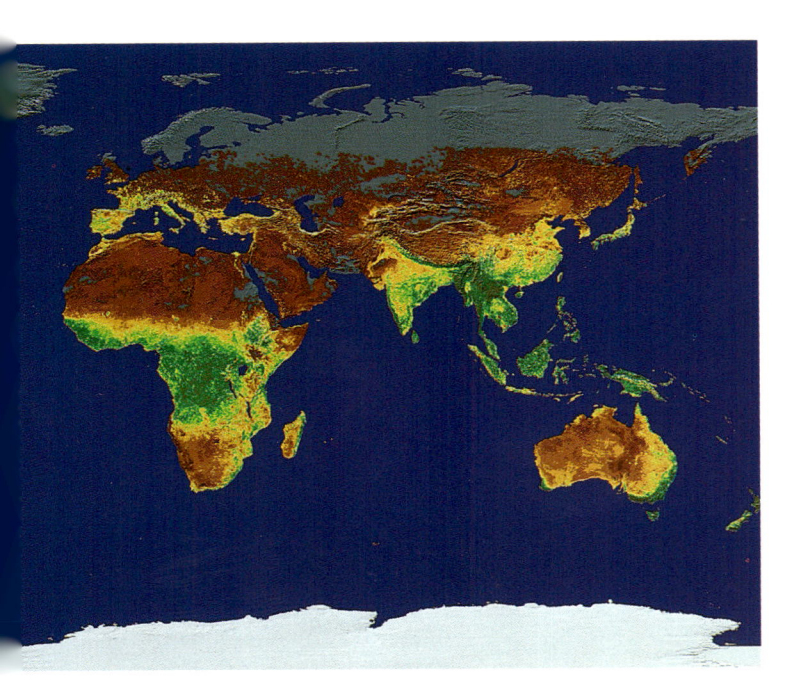

- 0
- 0,00 – 0,05
- 0,05 – 0,10
- 0,10 – 0,15
- 0,15 – 0,20
- 0,20 – 0,25
- 0,25 – 0,30
- 0,30 – 0,35
- 0,35 – 0,40
- 0,40 – 0,45
- 0,45 – 0,50
- über 0,50
- Daten liegen nicht vor
- Gewässer

Um die Entwicklung der Vegetation auf der Erde während eines Jahres von Satelliten aus aufzeichnen zu können, macht man sich die Reflexionsfähigkeit des Chlorophylls zunutze. Dadurch erhält man eindeutige Hinweise auf die Dichte und »Kraft« der lebenden Vegetation. Zur Aufzeichnung werden mehrere Datenkanäle herangezogen, da die lebende Vegetation im sichtbaren Bereich des Lichts nur 20 Prozent der eingestrahlten Energie reflektiert, im nahen Infrarotbereich aber rund 60 Prozent. Durch diese Eigenschaft schützen sich die Pflanzen vor einer zu großen Aufhitzung durch die Sonne.

Die Indexwerte geben demnach die Dichte und Produktivität der lebenden Vegetation wieder, die von nahezu pflanzenlosen Wüsten bis zur Pflanzenfülle tropischer Regenwälder und intensiv genutzter Agrargebiete reicht.

Ganzjährig vegetationsfrei sind die großen Wüstengebiete der Erde, allen voran die Wüsten im Trockengürtel der Alten Welt, der an der Westküste Nordafrikas ansetzt und sich über die Arabische Halbinsel und den Iran fast lückenlos bis nach Innerasien mit dem Tiefland von Turan und den Wüsten Taklamakan und Gobi hinzieht. Auf der Südhemisphäre entsprechen diesem Trockenraum die Kalahari in Südafrika sowie das Innere Australiens. Dazu kommen die Küstenwüsten Namib im Südwesten Afrikas und Atacama in Südamerika.

Ganzjährig tragen ein dichtes Pflanzenkleid mit frischer Vegetation allein die äquatornahen Tropen vom Amazonastiefland Südamerikas über das Kongobecken Afrikas bis zur Inselwelt Hinterindiens. Entsprechend der »Wanderung« des Sonnenhöchststandes und damit der Zenitalregen ist in den anschließenden Gebieten ein Wechsel von Regen- und Trockenzeiten festzustellen. Dadurch folgen in den Savannen, den Grasländern der Tropen, auf Sommer mit intensivem Pflanzenwachstum mehrmonatige Winter mit Trockenruhe der Pflanzenwelt. Auch die Monsungebiete Süd- und Südostasiens sind an dem regelhaften Rhythmus von hoher Pflanzenproduktivität und Wachstumsruhe zu erkennen, ausgenommen die Gebiete mit großflächiger Bewässerung.

Im Unterschied zu den Savannen ist in den gemäßigten Breiten dieser Wechsel von hoher pflanzlicher Produktion im Sommer und eingeschränktem Pflanzenwachstum im Winter bedingt durch die Kälte, die um so länger anhält, je weiter ein Raum polwärts oder meerfern liegt.

# Erde

# Agrarkolonisation in Rondonia/Brasilien

»Wir müssen unser Land erobern, unsere Erde besitzen, nach Westen marschieren...« Mit diesem Aufruf leitete im Jahre 1957 Brasiliens damaliger Präsident Juscelino Kubitschek eine der größten Landnahmen auf unserer Erde ein. Obwohl die Maßnahme gewaltige Dimensionen besitzt, vor den Augen der Öffentlichkeit vonstatten geht und enorme Umweltveränderungen hervorruft, findet sie dennoch weit weniger Interesse als etwa die Erschließung des Westens Nordamerikas, die inzwischen Geschichte geworden ist.

Bis Mitte der siebziger Jahre war das Vordringen der Viehzucht in bislang weitgehend ungenutzte Areale die bedeutendste Ursache der massiven Umweltzerstörung im brasilianischen Amazonasgebiet wie in ganz Lateinamerika. Wertvolle Ökosysteme, die im Laufe von vielen hundert oder tausend Jahren gewachsen sind, wurden und werden Opfer eines kurzfristig angelegten Gewinnstrebens privilegierter Einzelunternehmer und nationaler oder internationaler Agrokonzerne. Die Beschäftigungseffekte bleiben meist sehr bescheiden: Auf den großen Viehfarmen Brasiliens wird für 3000 Rinder gerade einmal ein Arbeiter benötigt.

Für die Erschließung des brasilianischen Amazonastieflands und des Westsaums von Brasilien gibt es zahlreiche private und öffentliche Motive. Unterprivilegierte Gruppen in den außerordentlich armen ländlichen Regionen Nordost- und Südbrasiliens suchen in den Regenwaldgebieten eine Überlebenschance. Der Staat sieht in der gelenkten wie spontanen Agrarkolonisation ein Ventil, das sozialen Spannungen vorbeugt und einen gewissen Ersatz für dringend notwendige Agrarreformen bietet. Und letztlich erwartet man sich durch die Nutzung schier unermeßlicher natürlicher Ressourcen nicht nur eine Modernisierung der regionalen Wirtschaft, sondern auch eine Erhöhung der nationalen Wertschöpfung.

Nachdem die Kolonisation im eigentlichen Amazonastiefland, insbesondere entlang der Transamazônica, kläglich gescheitert ist, konzentrieren sich die Bemühungen seit den frühen achtziger Jahren schwerpunktartig auf den Bundesstaat Rondonia. Dieses einst peripher gelegene Grenzland zwischen den Bundesstaaten Amazonas im Norden und Mato Grosso im Osten weist heute das stärkste Bevölkerungswachstum in ganz Brasilien auf. Zwischen 1970 und 1991 hat sich die Einwohnerzahl von sehr bescheidenen 111 000 verzehnfacht. Mit etwa fünf Einwohnern pro Quadratkilometer ist der Bundesstaat Rondonia im Durchschnitt immer noch sehr dünn besiedelt und damit scheinbar unbegrenzt aufnahmefähig.

In der Tat bietet der Großteil von Rondonia, außerhalb des Amazonasbeckens und damit der inneren immerfeuchten Tropen gelegen, günstigere natürliche Entwicklungsbedingungen als das Amazonastiefland selbst. Das Klima des in sanfte Rücken und weite Flächen aufgelösten Tafellands des Brasilianischen Schilds zeichnet sich durch eine dreimonatige Trockenzeit in den Monaten Juni bis August aus. Aufgrund der wechselnden Feuchte gehören die Wälder nicht mehr dem innertropischen Regenwald an, sondern bilden Übergangsformen mit Laubabfall in der Trockenzeit und Buschwäldern der Cerra-

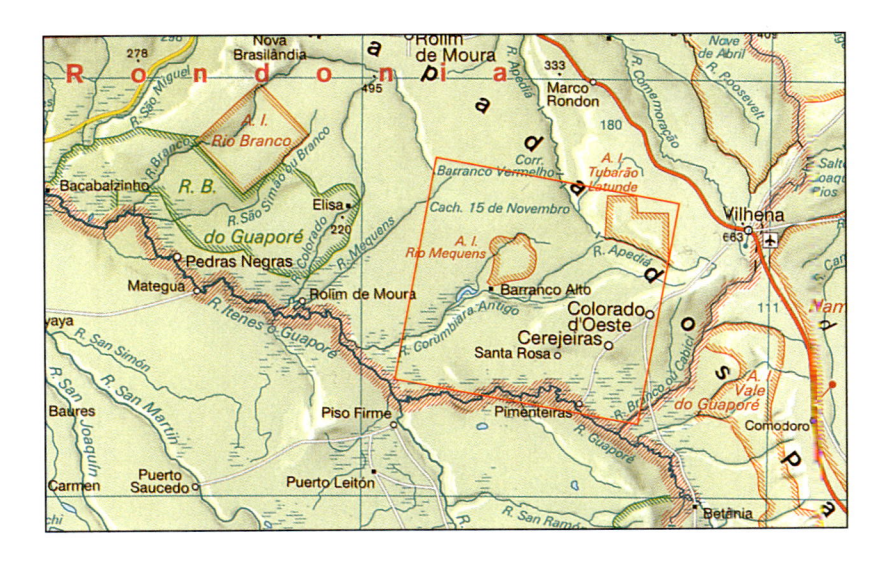

## Erde

*Jeden Tag wird in Brasilien ein Teil des Regenwalds in der Größe eines Fußballfelds unwiederbringlich zerstört. Während die Rodung durch bäuerliche Kolonisten meist kleinteilig erfolgt, rücken kapitalkräftige Agrounternehmen massiv vor und brennen großflächig Areale nieder. Auf den Rodungsinseln entstehen Viehweiden oder Nutzflächen für Marktfrüchte (cash crops).*

do-Formation in höheren Lagen. Mit zunehmender Trockenheit nach Süden treten auch verstärkt natürliche Grassavannen der Campos Cerrados auf. Die fruchtbaren Podsole lösen immer häufiger die sterilen Latosole des Amazonastieflands ab und bieten sich vor allem als Standorte für Dauerkulturen und Weidewirtschaft an.

Neben den besser angereicherten Böden und Gewässern begünstigen die Erfahrungen aus den gescheiterten Amazonasprojekten die brasilianische Agrarkolonisation der zweiten Generation. Die staatliche Steuerung und Unterstützung verliefen besser, wenn auch nicht optimal, und die Zuwanderer aus dem zentralen und südlichen Brasilien brachten vermehrt landwirtschaftliche Kenntnisse und zum Teil sogar etwas Kapital mit. Der von Anfang an eingeplante höhere Anteil an arbeits- und pflegeintensiven Baum- und Strauchkulturen, besonders von Kakao und Kaffee, minderte das Anbaurisiko. Heute gilt Rondonia nicht nur als autark in der Lebensmittelversorgung, sondern erzeugt sogar bedeutende Überschüsse.

Das Satellitenbild (Seite 110/111) zeigt einen Ausschnitt aus dem äußersten Süden von Rondonia mit dem Grenzfluß Rio Guaporé (am südlichen Bildrand) zu Bolivien. Das Gebiet ist etwas von der zentralen Entwicklungsachse abgesetzt, die sich an der berühmten Bundesstraße 364 von Cuiaba nach Porto Velho entlangzieht. Dabei sind drei sehr unterschiedliche Strukturen deutlich erkennbar.

In den Flußniederungen des Rio Corumbiara Antigo dehnen sich weitläufige Weideflächen aus, die zu eher traditionell extensiv geführten Großbetrieben gehören und oft über 100 000 Hektar Fläche umfassen. Diese sind über ein weitmaschiges Wegenetz und Landepisten an die fernen städtischen Zentren angebunden. In Tieflagen bringt die regelmäßige Überschwemmung der mineral- und schwebstoffreichen Flüsse eine natürliche Düngung. Zusätzlich werden die Weiden vor allem am Ende der Trockenzeit großflächig abgebrannt, was mit der dunkelroten Färbung markiert wird.

Nach Osten schließt sich das Kolonisationsgebiet von Colorado d'Oeste an, das in die Phase von 1970 bis 1981 fällt, zu den älteren in Rondonia gehört und unter erheblicher Beteiligung der Weltbank realisiert worden ist. Es weist das typische Muster mit klar geplanten Erschließungshaupt- und -nebenachsen auf, an die sich langgezogene bäuerliche Besitzparzellen von 100 Hektar Größe anlehnen. Die Rodung geschieht sukzessive von der Straße aus, wobei zwischen den Zeilen ein Waldanteil erhalten bleiben soll. An Knotenpunkten bilden sich geplante Mittelpunkt-

*Im Bundesstaat Rondonia, südlich des Amazonasbeckens gelegen, ist bereits über ein Viertel des Regenwalds vernichtet worden. Führt man die Rodung im bisherigen Tempo fort, ist damit zu rechnen, daß nach 25 Jahren das ursprüngliche natürliche Waldkleid und damit auch das einzigartige Ökosystem vollständig verschwunden sein werden.*

# Vegetation

siedlungen (Nucleo Urbano), die auch über öffentliche Infrastruktur und staatliche Lagerhäuser verfügen. Nach Aufgabe von Minifundien und ihren Aufkauf durch kapitalkräftige Gruppen entstehen in dieser Zone vereinzelt auch Großbetriebe.

Ganz bewußt den Latifundien vorbehalten ist ein jüngeres Kolonisationsgebiet im anschließenden Nordwesten. Diese Großbetriebe umfassen mindestens einige tausend Hektar Fläche und betreiben überwiegend intensive Viehwirtschaft, wobei auch hier die Weiden abgebrannt werden. Um einen schnelleren Gewinn zu erwirtschaften, sät man auf den Rodungsflächen oft afrikanische Gräser an. Doch die Produktivität der Kunstweiden läßt schon nach wenigen Jahren rapide nach. Zur Degradation des Bodens kommen andere Probleme wie etwa verstärkte Erosion hinzu. Für brasilianische Verhältnisse ist es nicht untypisch, daß der massive Eingriff in die gewachsene Naturlandschaft zum Beispiel auch in dem Gebiet geschieht, das als Indianer-Schutzgebiet Rio Mequens eigentlich eine Tabuzone bilden sollte.

*Der Unterschied zwischen natürlichem, artenreichem Waldbestand und degradierter Fläche könnte nicht deutlicher sein: Auf den Rodungsflächen haben nur wenige feuerresistente Baumarten überlebt. Die offene Fläche bedecken Gräser von meist minderer Qualität, deren Produktivkraft in Folge von Nährstoffmangel und Austrocknung nach wenigen Jahren schnell nachläßt.*

*Pisten durch den Regenwald tragen entscheidend zu dessen Erschließung und Zerstörung bei. Häufig werden sie zunächst nur für Zwecke der Holzwirtschaft angelegt, ziehen in der Folge aber aufgrund des enormen Bevölkerungsdrucks stets Siedler an, die von der Piste aus auch ohne Planung und Genehmigung in den Wald vordringen.*

# Erde

# Vegetation

# Rodungen in der Taiga Rußlands

Das im Satellitenbild vorgestellte Gebiet liegt etwa 1000 Kilometer nordnordöstlich von Moskau und rund 400 Kilometer westlich von Archangelsk, weitab von überörtlichen Eisenbahn- und Straßenverbindungen. Es gehört zur Autonomen Republik der Komi, einem Volk der Jäger, Fischer und Waldarbeiter. Insgesamt ist der Raum mit unter zehn Einwohnern pro Quadratkilometer nur dünn besiedelt. Lediglich am südlichen Bildrand sind Siedlungen in vegetationsfreien Flächen festzustellen.

In einem gewaltigen Bogen durchzieht der Fluß Mezen, der im Timanrücken entspringt, in seinem Mittellauf die flachwellige, teils versumpfte Taiga westlich des Ural; er mündet in der nach ihm benannten Bucht des Weißen Meeres. Wegen des kühlfeuchten Kontinentalklimas im »Hohen Norden« des europäischen Rußlands ist der Fluß von Ende Oktober bis Mitte Mai vereist und nur im Frühjahr bis hierher schiffbar, denn 180 bis 220 Tage dauert der extrem kalte Winter, in dem die Temperaturen bis unter minus 50 Grad Celsius absinken.

Seit Menschen diesen Raum besiedeln, sind die riesigen borealen Nadelwälder – neben Fischfang und Jagd – ihre Wirtschaftsgrundlage. Eine ackerbauliche Nutzung ist aus klimatischen Gründen und wegen des Dauerfrostbodens ausgeschlossen. Dazu kommt die Insektenplage, die das Leben in dem Raum erschwert.

Was dieses Bild jedoch offenbart, das sind die offenen Wunden eines rücksichtslosen Raubbaus an der Natur. Die Wälder

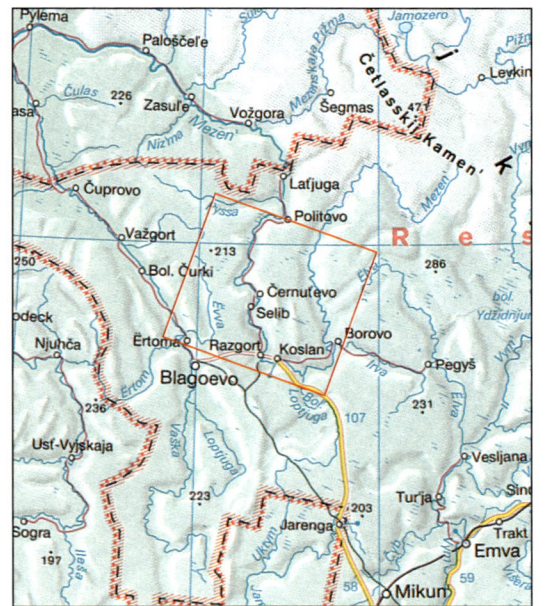

*Weit entfernt von jeder Zivilisation liegt diese Blockhütte im Norden Rußlands. Hier geht das geschlossene Waldgebiet der Taiga in die Waldtundra über, in der sich zu den Nadelhölzern auch Birken und kleinblättrige Sträucher gesellen.*

im Flußbogen der Mezen sind fast vollständig abgeholzt. Entlang geradliniger Forststraßen frißt sich der Kahlschlag planmäßig in die Wälder vor. Die meisten Forststraßen enden an der Mezen oder ihren Zuflüssen, denn über sie werden die Stämme zur holzverarbeitenden Industrie an der Küste geflößt. Während der Stalin-Zeit, vor allem nach dem Zweiten Weltkrieg, begann der Raubbau. Zunächst waren es bis in die fünfziger Jahre Kriegsgefangene und Zwangsarbeiter, die den kostspieligen Faktor menschlicher Arbeit abdeckten. Danach wurden sie durch Arbeitsbrigaden des Komsomol und des Militärs ersetzt.

Die russische Taiga umfaßt rund die Hälfte aller Nadelwälder der Erde, und rund ein Drittel dieser Waldfläche wird für die Holzindustrie von russischen und ausländischen Unternehmen ausgebeutet. Nach Angaben des Internationalen Forstinstituts in Moskau beträgt der Holzverlust 20 bis 40 Prozent, weil gefällte Bäume verrotten oder beim Transport in den Flüssen versinken. Zudem entstehen durch veraltete Methoden beim Holzfällen kaum wiedergutzumachende Landschaftsschäden: Der empfindliche Boden der Taiga wird so geschädigt, daß lange Zeit keine Bäume mehr nachwachsen können, und die Wiederaufforstung wird vernachlässigt, weil sie den Gewinn schmälert.

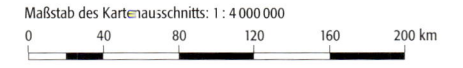

Maßstab des Kartenausschnitts: 1 : 4 000 000

Erde

Vegetation

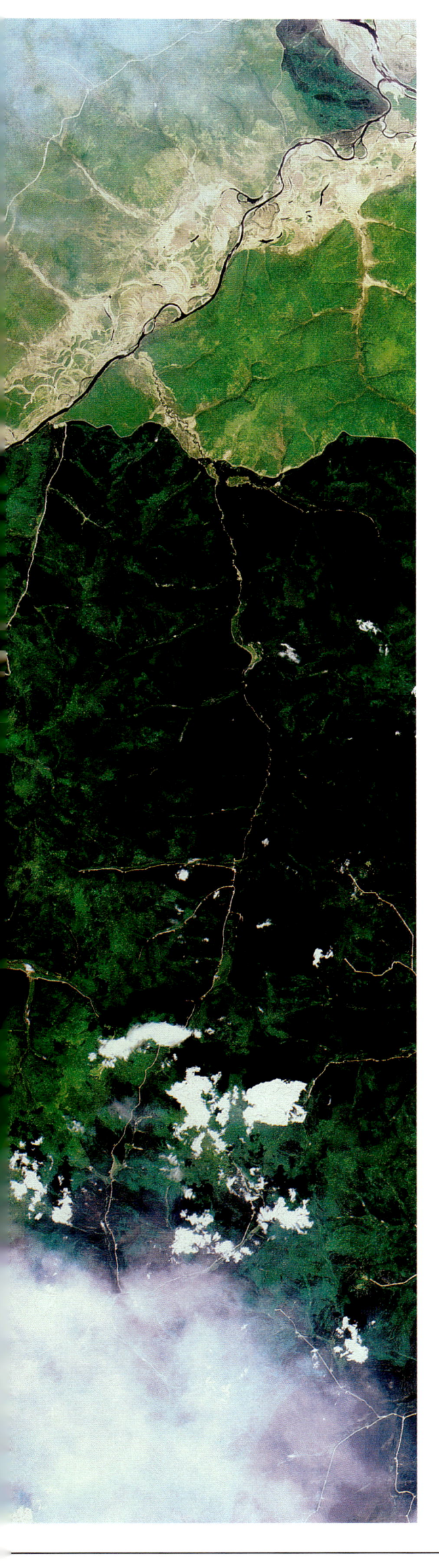

# Waldbrände in der Mandschurei

Im äußersten Norden Chinas in der Provinz Heilongjiang wütete im Mai 1987 ein Waldbrand, der erst nach über drei Wochen gelöscht werden konnte. Mehr als 200 Menschen starben, über 50 000 wurden obdachlos, die Kreisstadt Mohe (Xilinji) brannte nieder. Die Angaben über die zerstörten Waldflächen schwanken zwischen 5 800 und über 10 000 Quadratkilometern. Fünf Waldarbeiter wurden verhaftet, weil sie die Brandkatastrophe durch »Pflichtvergessenheit« – so die chinesischen Behörden – ausgelöst hatten. Da die Behörden anfangs die Gefahr unterschätzt hatten, dauerte es sehr lange, bis der Brand schließlich unter Kontrolle gebracht werden konnte. Beamte der Kreisverwaltung wurden deshalb verurteilt, und sogar der Forstminister wurde nach seiner Selbstkritik abgelöst.

Der Bildausschnitt dokumentiert nahe dem nördlichen und dem südlichen Bildrand Waldbrände sowie riesige abgebrannte Flächen in der Bildmitte. Deren schwarze Farbe läßt die hellen Linien der Forststraßen besonders deutlich hervortreten. Als markante Linie ist auch der mäandrierende Lauf des Emuerhe wiedergegeben, eines rechten Nebenflusses des Amur. Das hügelige Gelände mit breitsohligen Tälern gehört zu den nördlichen Ausläufern des Großen Xingan (Chingan), weist Höhen zwischen 300 und 600 Metern auf und besitzt Mittelgebirgscharakter. Als eines der waldreichsten Gebiete Chinas liefert es den Rohstoff für eine bedeutende Papier- und holzverarbeitende Industrie.

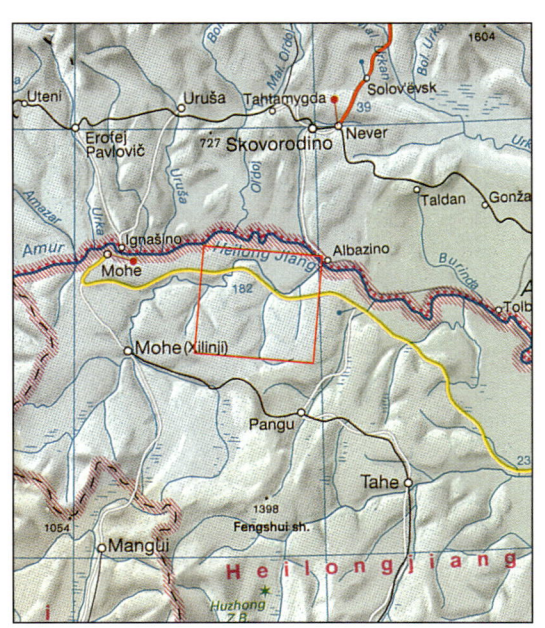

Daß gerade hier immer wieder Waldbrände ausbrechen, hat seine Ursache in der Zusammensetzung der Wälder, im geringen Feuchtigkeitsgehalt der Luft und des Holzes sowie in den klimatischen Gegebenheiten. Die Winter sind lang, kalt und trocken, die Sommer kurz und heiß mit starken Schwankungen in der Niederschlagshöhe. Im Frühjahr, wenn die Lärchen-, Birken- und Pappelwälder ausgetrocknet sind, genügen bereits wenig Wind und Funken, um Lauffeuer am Boden oder Gipfelfeuer in den Baumkronen auszulösen. Gerade im Frühjahr aber wehen die Winde in diesem Raum besonders heftig. Daß es hier nicht zu einer totalen Katastrophe kam, war dem Umstand zu verdanken, daß der Boden in den höheren Lagen noch nicht aufgetaut war. Besonders die Wurzeln der Laubbäume wurden daher kaum in Mitleidenschaft gezogen.

*Lärchenwälder sind der Reichtum der nördlichen Mandschurei. Sie sind jedoch besonders feueranfällig, da ihre Rinde brennbares Harz enthält und ihre im Frühjahr besonders trockenen Kronen leicht entflammbar sind.*

Maßstab des Kartenausschnitts 1 : 4 000 000

Erde

Vegetation

# Bodenerosion in den Bad Lands

*Wie in eine Mondlandschaft geht der Blick von der beackerten Hochfläche über die Erosionskante in die Bad Lands in South Dakota. Im Hintergrund fehlen bereits die zersägten Altflächenreste.*

Einerseits eine Touristenattraktion, andererseits ein Beispiel von Bodendegradation, sind die Bad Lands in den USA eine faszinierende Landschaft und ein Warnsignal vor hemmungslosem Raubbau an der Natur zugleich.

Das Satellitenbild zeigt einen Ausschnitt aus den nördlichen Great Plains, den flach nach Osten abfallenden Gebirgsfußflächen östlich der nordamerikanischen Kordilleren. Hervorstechend sind die Black Hills, ein mit Wald bedecktes Gebirgsareal, das dem Felsengebirge vorgelagert ist. Die Great Plains sind Prärieland, auf dem die großen Büffelherden zu Hause waren. Als offenes, baumarmes Grasland eignete sich das Gebiet besonders für die extensive Weidewirtschaft. Im Zuge der Erschließung Amerikas von Ost nach West drang aber der Ackerbau immer weiter vor, verdrängte die Indianer und konzentrierte die Weidewirtschaft auf kleinere Areale. Der Ackerbau geriet damit in die Zone der stark variierenden Niederschlagsmengen auf niedrigem Niveau, die Ernten unsicher macht. Hohe Windgeschwindigkeiten sorgten dafür, daß große Mengen des durch den Ackerbau bloßliegenden Bodens verfrachtet wurden. Starke Regenfälle auf gänzlich ausgetrocknete Ackerkrume führten zu extremer linien- und flächenhafter Erosion. Die schluchtartigen Erosionsrinnen (amerikanisch: Gullies) verlagerten sich immer weiter zum Oberlauf der Flüsse und Bäche, legten so über Jahrzehnte riesige Flächen um eine Etage von bis zu 150 Metern tiefer und schwemmten Milliarden Tonnen fruchtbaren Bodens in den Golf von Mexiko. Nahezu eine halbe Million Farmer mußten ihre Farmen aufgeben.

Das Satellitenbild zeigt zum Teil recht gut die quadratischen Blockfluren als ein Ergebnis der amerikanischen Landvermessung. Die Trockenheit dieses Gebiets im Regenschatten der Kordilleren wird auch durch die üppige Vegetation in den nach Osten zum Mississippi entwässernden Flußtäler deutlich. Gut zu erkennen ist, wie die Gully-Erosion von den Flüssen ausgehend wie ein Gefieder in die Ackerbauebene eingreift. In der südöstlichen Bildecke hat die Erosion eine helle Bodenschicht als vorläufige Erosionsbasis erreicht. Die Flüsse aus diesem Areal sind weiß gefärbt aufgrund ihrer Schwebstofffracht. Ein kleiner Rest beackerter Altfläche ragt inselartig aus dem tieferliegenden Umland.

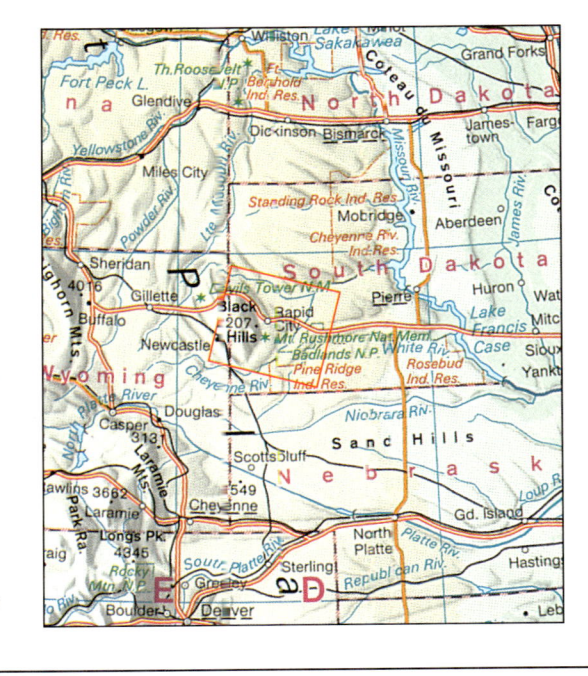

Maßstab des Kartenausschnitts: 1 : 12 000 000

Erde

Vegetation

# Künstliche Bewässerung in Saudi-Arabien

*Programmierbare, selbstfahrende Kreissprinkleranlagen rotieren um den Förderstrang aus einem Tiefbrunnen und verteilen wertvolles, nicht wiederbringbares Wasser aus 30 bis 280 Metern Tiefe auf eingeebnete Sandflächen. Baumreihen sollen den Dünenvormarsch verlangsamen oder stoppen.*

Wie Konfetti, verteilt in weiter Wüste, liegen kreisrunde Flächen in gelbem Sand: Selbstfahrende Kreissprinkleranlagen bewässern mit tiefliegendem Grundwasser den Wüstensand Saudi-Arabiens.

Das Satellitenbild zeigt die südöstliche Umgebung von Ar-Riyad, der Hauptstadt Saudi-Arabiens. Das Nedjed-Plateau mit Ar-Riyad bildet den Knotenpunkt, indem es an der Nahtstelle zwischen Nomadismus im Norden, Oasenwirtschaft im Süden, Erdölförderung im Arabischen Golf und religiösen Zentren (Mekka, Medina) am Roten Meer vermittelt.

Im Bild rotbraun gefärbte Streifen zeigen die an die Oberfläche tretenden Schichtstufenkämme aus Kalkschichten an. Dazwischen erstrecken sich weite Sandfelder, die besonders am östlichen Rand des Bildes zu einem dichten Dünengebiet zusammenwachsen. Die mäßig steilen Hangflächen der Schichtstufen im westlichen Teil des Bildes weisen fiederförmige Erosionsschluchten auf, die nur selten Wasser führen. Diese Wadis entwässern entsprechend dem Hauptgefälle nach Osten, wo sie in Dünenfeldern versiegen.

Die alte Oase al-Harg ist im Bild als ein ungeordnet erscheinendes, kleingepunktetes Areal zu erkennen. Diese alte Oase produzierte vielfältige Früchte: Datteln, Gemüse, Färbepflanzen, Futterpflanzen und vereinzelt Getreide. Das neue Bewässerungsareal, das seit den achtziger Jahren angelegt wurde, zeigt eine deutliche Struktur: Es zieht sich längs eines sandigen Durchbruchstals aus dem Gebirgsbereich bis zur Dünengrenze. Die dunklen Kreisflächen wurden zum Zeitpunkt der Aufnahme bewässert, die roten sind mit Vegetation bestanden, die gelblichen liegen brach oder sind gar aufgelassen, wie viele am nördlichen Rand zwischen al-Harg und Ar-Riyad.

Das Niederschlagsdefizit wird im kapitalstarken Saudi-Arabien durch Brunnenbohrungen und Meerwasserentsalzungsanlagen behoben. Das Land hat sich bei den neuen Bewässerungsanlagen auf den Anbau von Weizen und Futtermitteln spezialisiert und ist inzwischen zum sechstgrößten Weizenexporteur der Welt geworden. Das verwendete Grundwasser ist allerdings fossiles Wasser, also vor etwa 20 000 Jahren während einer feuchteren Klimaperiode gespeichert worden. In jedem Kilogramm saudischen Weizens stecken etwa 2000 Liter nicht erneuerbaren Wassers.

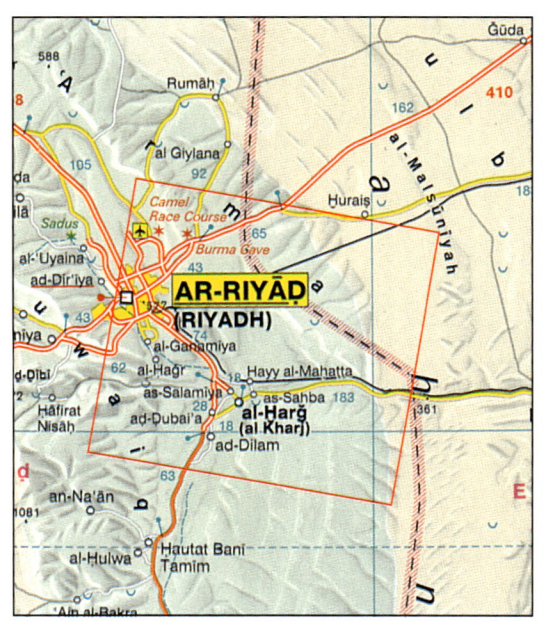

Maßstab des Kartenausschnitts: 1 : 4 000 000

0   40   80   120   160   200 km

Erde

Vegetation

# Bedrohte Korallenriffe

Wie dünne Eierschalen umgeben Korallenriffe die tropisch grünen Eilande der Gesellschaftsinseln im Südpazifischen Meer, deren bekannteste Tahiti ist. Was wie der immerwährende Traum von einem Inselparadies aussieht, ist bei genauerem Hinsehen ein höchst labiles Ökosystem.

Viele der in den Tropen liegenden Inseln sind mit einem mehr oder weniger stark unterbrochenen, sich zu einem unregelmäßigen Ring schließenden Korallenriff umgeben, welches selbst eine Inselreihe formen kann. Der Korallenkranz erhebt sich nur wenig über den Meeresspiegel.

Solche Inselformen sind an klares, sauerstoff- und salzreiches Meerwasser mit Temperaturen gebunden, deren mittleres Monatsminimum nicht unter 22 Grad Celsius und deren absolutes Minimum nicht unter 18 Grad Celsius liegt. Nur unter diesen Bedingungen können Korallenpolypen aus dem Meerwasser leben, Kalziumkarbonat ausfiltern und zum Bau leicht zerbrechlicher Kalkskelette verwenden, die anschließend durch Kalkalgen, welche die Hohlräume füllen, befestigt und zementiert werden.

Die mit Saumriffen umgebenen Inseln haben ihre charakteristische kranzförmige Gestalt oft als Hangriff langsam absinkender Vulkanberge erhalten. Sinkt der Vulkan unter den Meerwasserspiegel, so entsteht ein Atoll, das ausschließlich aus dem Riffkranz besteht. Während das Innere des Wallriffs – so wie in diesem Satellitenbild – meist aus der recht flachen Lagune besteht, die im äußersten Fall einige Dutzend Meter Tiefe erreicht, fällt die Außenböschung steil, oft bis in mehrere tausend Meter Meerestiefe, ab. Da am Außenrand des Saumriffs das Wachstum der Korallen am besten fortschreitet, kommt es zu einer Verödung der Lagune, die immer weiter von toten Korallenstöcken und deren Teilen aufgefüllt wird.

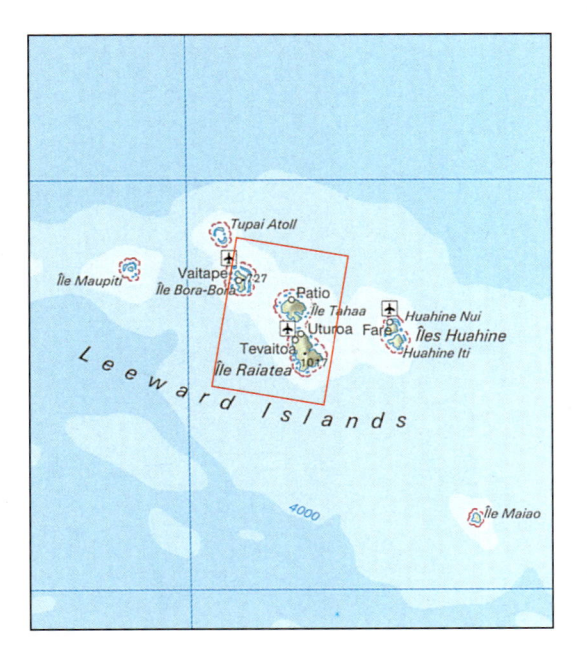

Korallenriffe, besonders Atolle, sind hochgefährdet. Die komplexe Lebensgemeinschaft innerhalb eines solchen Riffes erlaubt keine schnellen und erheblichen Änderungen der Lebensbedingungen. Schnell steigender Meerwasserspiegel, wie er durch die globale Erwärmung zu befürchten steht, brächte die Korallen zu schnell in zu große Wassertiefen und ließe sie absterben. Damit verlören ganze Staaten, wie die Malediven oder Staaten in Mikronesien, das Korallenriff als Brandungsschutz, die ohnehin oft nur wenige Meter über dem Meeresspiegel liegenden Inseln wären überflutet. Die zunehmende Verschmutzung der Meere, besonders durch Erdöl, verklebt die Korallen und reduziert die Lichtdurchlässigkeit des Meerwassers. Schwermetallhaltige und sauerstoffzehrende Abwässer aus küstennahen Industriezonen vergiften die Korallenpolypen. Flughafen- und Hafenbauten sowie Hotels werden oft aus Korallenkalk errichtet, der am Riff gebrochen wird, wodurch man völlig neue Strömungsverhältnisse am Riff und in der Lagune schafft. Sporttaucher zerstören durch unsachgemäßes Ankern ihrer Versorgungsboote und durch Souvenirjagd Teile des empfindlichen Riffs und damit die Attraktivität des von ihnen geschätzten Tauchreviers. Nicht zuletzt haben die Atomversuche in der Südsee zu erheblichen Erschütterungen in dem Riffgebäude geführt, die sich erst nach Jahren auswirken werden.

*Der Doppelgipfel der Insel Bora-Bora überragt ein Saumriff, das die türkisblauen Wasser einer weiten, mehrere Inseln einbeziehender Lagune schützt.*

*Kern der Insel ist einer von vielen erloschenen Vulkanen im Südpazifik, dessen harte Basalte des Vulkanschlots allein der Erosion getrotzt haben.*

Maßstab des Kartenausschnitts: 1 : 4 000 000

# Erde

Vegetation

# Das weltgrößte Wasserkraftwerk

*Das Turbinenhaus in der Mitte des 178 Meter hohen und 8 Kilometer langen Staudamms erzeugt mit 18 Generatoren und einer Kapazität von 12 600 Megawatt jährlich 75 Milliarden Kilowattstunden Strom. Das Großprojekt dieser Staudammanlage stellt einen massiven Eingriff in die Umwelt dar.*

Seit dem 13. Oktober 1982 ist der fünftlängste Fluß der Erde, der Rio Paraná, auf 180 Kilometern Länge zu einem gewaltigen See von 1460 Quadratkilometer Fläche aufgestaut, bevor er nahe der Stadt Foz do Iguaçu in einen 60 Kilometer langen und tief eingeschnittenen Cañon eintritt. Brasilien, das das größte Wasserkraftwerk der Erde gemeinsam mit dem Nachbarstaat Paraguay als Prestigeobjekt in Konkurrenz zum angrenzenden Argentinien errichtet hat und betreibt, verfolgt seit Jahrzehnten sehr ehrgeizig den Ausbau seiner Energiewirtschaft.

Das gesamte Potential der Wasserkraft wird auf 213 000 Megawatt beziffert, das nach Fertigstellung der gegenwärtig in Bau befindlichen Kraftwerke erst zu einem Viertel ausgeschöpft sein wird. Immer lautere Forderungen nach Berücksichtigung der Ökologie, die sich vor allem an umstrittenen Staudamm-Großprojekten im Amazonasgebiet orientieren, haben zu geringeren Finanzzuflüssen aus dem Ausland und bereits zur Aufgabe einiger Großprojekte geführt. So will die staatliche Energiegesellschaft Elektrobras S. A. im Einzugsgebiet des Rio Paraná auf fünf vorgesehene Kraftwerke verzichten. Diese Projekte hätten die Umsiedlung von 300 000 Menschen und die Überflutung fruchtbarer Gebiete samt eines Teils des Nationalparks Iguaçu zur Folge gehabt. Dieser hebt sich im Südosten durch sein ursprüngliches und dichtes Waldkleid sehr deutlich von den dichtbesiedelten und landwirtschaftlich genutzten Arealen beiderseits der Grenzen ab. Dort, wo innerhalb des grenzüberschreitenden Nationalparks der natürliche Stau des Rio Iguaçu endet, liegen an der Grenze zu Argentinien die weltberühmten Iguaçu-Wasserfälle.

Ein Staudamm-Großprojekt wirft angesichts der Zerstörung einer natürlichen Flußlandschaft mit massiven Eingriffen in die Flora und Fauna nicht nur ökologische, sondern auch erhebliche soziale Probleme auf. Für den Itaipu-Staudamm wurden in Brasilien und Paraguay insgesamt über 300 000 Hektar Land, auf dem ursprünglich 67 000 Menschen lebten, zwangsenteignet, wobei den Rechten der Betroffenen zunächst wenig Bedeutung geschenkt wurde. Bis zuletzt fehlte eine Strategie zur Neuansiedlung. Viele der Entwurzelten zogen auf eigene Faust nach Rondonia (siehe auch Seite 110–113). Im übrigen handelt es sich beiderseits des Paraná-Flusses um relativ junges Siedlungsland, das erst seit den frühen sechziger Jahren in Westparaná wie im subtropischen Regenwald von Ostparaguay vor allem von Zuwanderern aus dem brasilianischen Osten erschlossen worden ist.

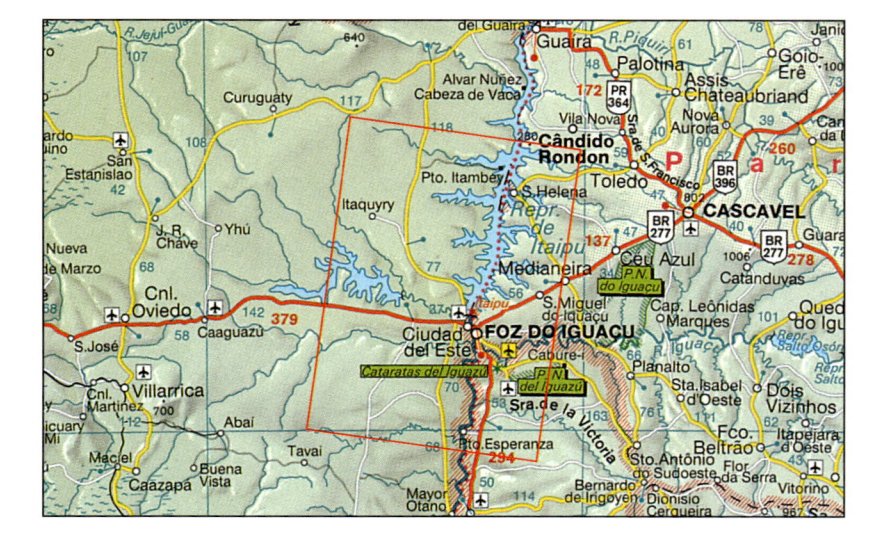

Maßstab des Kartenausschnitts:
1 : 4 000 000
0  40  80  120 km

Erde

# Die Verlandung des Aralsees

Im mittelasiatischen Tiefland von Turan, zwischen den Wüsten Kara Kum und Kysyl Kum im Osten und dem Hügel- und Bergland des Ustjurt-Plateaus im Westen liegt der abflußlose und salzhaltige Aralsee, der viertgrößte Binnensee der Erde. Er wird gespeist durch die Fremdlingsflüsse Amudarija und Syrdarija. Zeugen für den wüstenhaften Charakter des Raumes sind Salzseen, Salzkrusten, Salzsümpfe, die Salztonebenen austrocknender Seen, Sandflächen und Binnendünen.

Bis vor wenigen Jahrzehnten waren die Kennzeichen des flachen Ost- und Südufers des Aralsees zahllose kleine Buchten und vorgelagerte Sandinseln. Es unterschied sich deutlich von dem westlichen, über 100 Meter hohen Steilufer. Heute ist die Küstenlinie weithin ausgeglichen. Die Fischerstadt Mujnok lag noch in den sechziger Jahren am Südufer des Sees und war durch eine Schiffahrtslinie mit Aralsk am Nordufer verbunden. Heute ist der See 36 Kilometer von der Siedlung entfernt!

Innerhalb von nur 30 Jahren verlor der See über die Hälfte seiner Fläche (1960: 69 500 Quadratkilometer, 1992: 33 600 Quadratkilometer) und zwei Drittel seines Volumens! Der Seespiegel sank um 16,5 Meter! Inseln wuchsen mit dem Festland zusammen und schnürten den Nordteil des Sees ab, neue Inseln tauchten auf. Der Salzgehalt stieg von 5 Gramm auf 30 Gramm pro Liter an. Stürme wirbeln jährlich 75 bis 100 Millionen Tonnen Salz und Staub aus den Verlandungsflächen auf.

Worin liegen die Ursachen für diese dramatischen Veränderungen?

Nicht der Eintrag von Sedimenten, nicht die Besiedelung mit Pflanzen, auch nicht Maßnahmen der Landgewinnung bedingen hier die Verlandung des Gewässers. Vielmehr werden aus Amudarija und Syrdarija neun Zehntel des Wassers für die Bewässerung der Baumwollfelder, aber auch der Obstplantagen, Wein- und Tabakfelder abgeleitet! Dreimal mehr Wasser verdunstet der See, als über die Flüsse nachkommt. Seit den sechziger Jahren wurden im Rahmen der sozialistischen Zentralverwaltungswirtschaft der UdSSR in dem trockenen Land die Anbauflächen von 2,8 auf nahezu 8 Millionen Hektar gesteigert. Unter dem sinkenden Grundwasserspiegel und zunehmender Versalzung leiden auch die hier rot erscheinenden Anbauflächen an den Unterläufen und in den Deltas von Amudarija und Syrdarija. Was an Wasser heute noch über die Flüsse in den See gelangt, ist überaus salzhaltig und verschmutzt.

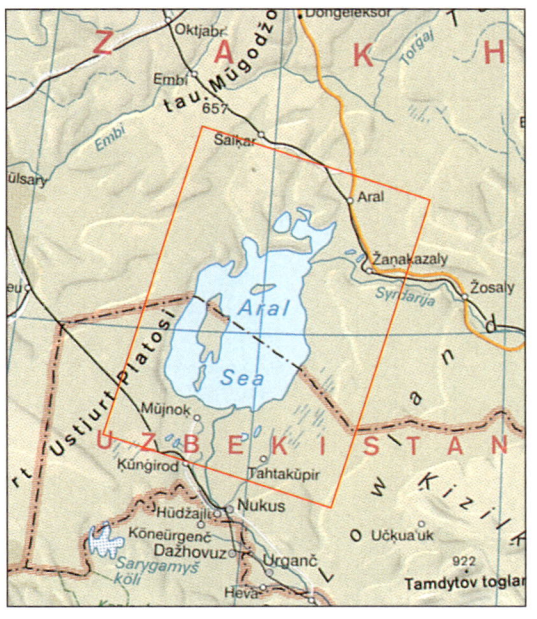

*Der Vergleich der beiden Satellitenbilder aus den siebziger (oben) und achtziger Jahren (Seite 126) läßt die dramatischen Veränderungen am Aralsee sichtbar werden. Einst war der Aralsee bekannt für seine Süßwasserfauna, die Störe, Karpfen, Barben und Hausen. Heute sind 20 von 24 Fischarten ausgestorben und die Fischerei tot. Vier Tonnen Salz werden pro Jahr auf jeden Hektar Boden aufgewent und machen die dicke Humusschicht langsam unfruchtbar.*

Maßstab des Kartenausschnitts 1 : 2 000 000

Erde

Vegetation

# Agglomeration Mexico City

*An mehr als 200 Tagen im Jahr liegt das Hochtal mit Mexico City aufgrund von Inversionswetterlagen unter einer dichten Dunstglocke, die die Schadstoffkonzentration weiter erhöht.*

Wie in keinem anderen Land der Erde melden seit vielen Jahren die mexikanischen Zeitungen täglich und sehr differenziert die Schadstoffwerte der Atmosphäre ihrer Hauptstadt Mexico City. Die größte städtische Bevölkerungsballung der Erde wächst infolge der starken und ungebrochenen Zuwanderung aus den ländlichen Gebieten des mittelamerikanischen Staates täglich um 2000 Menschen. Für sie können nicht annähernd entsprechende Arbeitsmöglichkeiten bereitgestellt werden. Neben einer hohen Zahl von Erwerbslosen und Unterbeschäftigten ist Kinderarbeit, vor allem auf der Straße, typisch. Gegenwärtig leben von den 93 Millionen Menschen des Staates Mexiko etwa 16 Millionen im Hauptstadtgebiet, deren »Zona Metropolitana« die engere Bundeshauptstadt Mexico D. F. und 33 Randgemeinden umfaßt.

Das Hochtal von Mexico City, am nördlichen Rand des Satellitenbilds gelegen, erstreckt sich inmitten des geographisch und geologisch kontrastreichen zentralmexikanischen Hochlands, das aufgrund der Konzentration von Menschen und Wirtschaft den Kernraum des gesamten Staates bildet. Es wird von zahlreichen Aschenkegeln und Vulkanen überragt, dessen höchster und wohl auch bekanntester, der Popocatepetl, auf 5465 Meter ansteigt (östlicher Bildrand). Im Übergangsraum zwischen gemäßigter und kalter Zone (tierra templada beziehungsweise tierra fria) herrscht ein warmgemäßigtes, wintertrockenes Klima. Die Stadt Mexico City ufert vor allem im Nordwesten auf dem Grund des ehemals großflächigen, heute fast vollständig ausgetrockneten Texcoco-Sees aus, dessen eingeschnürter Rest im Bild deutlich hervortritt.

Die Hauptstadt profitierte während der langen Regierungsphase des Diktators Díaz (1877–1911) von dessen offensiver Entwicklungs- und Modernisierungspolitik. Heute konzentrieren sich zwei Drittel der industriellen Erzeugung auf das Hauptstadtgebiet und das Areal von Monterrey im Bundesstaat Nuevo León. Nach dem großen Erdbeben des Jahres 1985 wurde eine Dezentralisierung von Verwaltung und Gewerbe eingeleitet, als deren Folge auch keine Industrieansiedlungen im Bundesdistrikt Mexiko mehr gestattet sind. Damit soll der Überforderung eines Raumes entgegengewirkt werden, der für mehr als 15 Millionen Menschen als nicht mehr tragfähig gilt. In 2200 bis 2300 Meter Höhe steht der Belastung von Atmosphäre, Vegetation, Böden und Gewässersystem eine nur mehr eingeschränkte Regenerationsfähigkeit der Natur gegenüber.

Maßstab des Kartenausschnitts: 1 : 4 000 000
0  40  80  120  160  200 km

Die Immissionen von über 40 000 Industriebetrieben und Millionen von Kraftfahrzeugen führen bei der intensiven ultravioletten Höhenstrahlung zu verstärkten photochemischen Effekten. Die internationalen Schadstoffstandards werden oft überschritten und führen zu überdurchschnittlich häufigen Erkrankungen der Atemwege, Binde- und Schleimhäute. Durch die Aufheizung der bodennahen Luftschicht um vier bis fünf Grad Celsius kann das Klima nur theoretisch als »kühlgemäßigt« gelten, und die natürliche Durchlüftung des Hochtals ist unzureichend. Die Luftverunreinigung wurde in der Vergangenheit durch die Staubstürme verstärkt, die in Folge des Trockenfallens des Seebodens entstanden sind. Die Situation bessert sich graduell in der Regenzeit durch den Wash-out-Effekt.

Das Sinken des natürlichen Wasserspiegels hat zu Wasserknappheit geführt, der nur durch Zuführung aus immer weiter entfernten Quellgebieten des Berglands bis hin zum meernahen Tiefland zu immer höheren Kosten begegnet werden kann. Nur etwa die Hälfte der Bevölkerung ist an das Abwassersystem angeschlossen, das seine Fracht weitgehend ungeklärt in die nördlichen Kanäle und Flüsse entläßt, die bis zur Mündungszone im Golf von Mexiko in Mitleidenschaft gezogen werden.

Es bestehen erhebliche Zweifel, ob das Dezentralisierungskonzept tatsächlich zu einer Verringerung des Zuzugs und zur Verminderung der Verkehrs-, Versorgungs- und Umweltprobleme führt. Allein der berechtigte Wunsch der Bewohner, am Wochenende zu Hunderttausenden der großstädtischen Hölle zu entfliehen, schafft zusätzliche Belastungen.

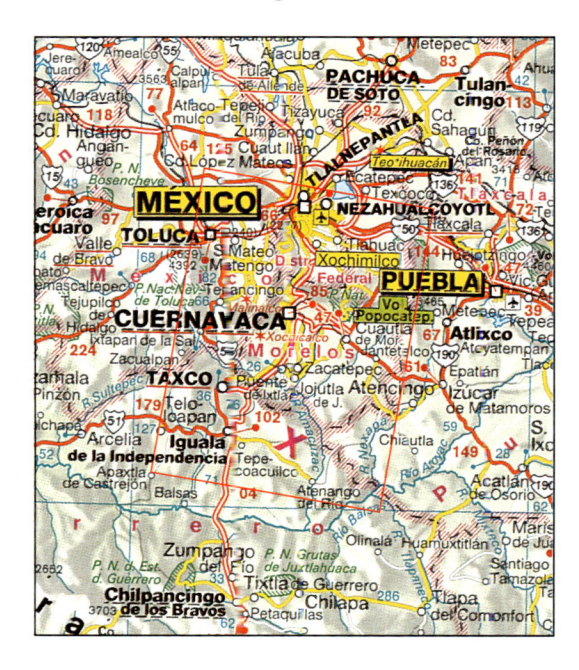

# Europa aus dem Weltraum

## Physische Übersicht

**Reliefformen**
- Hochgebirge
- Mittelgebirge
- Tiefland
- Grabenbruch
- Schäre
- Fjord
- Haff
- Flußdelta
- Gletscher
- Insel
- Halbinsel

Europa ist eigentlich die weit nach Westen vorgeschobene Halbinsel des Kontinents Eurasien. Seine Ostgrenze wird im allgemeinen entlang einer Linie gezogen, die vom Uralgebirge über den Uralfluß, den Nordrand des Kaukasus, das Schwarze Meer, Bosporus, Marmarameer und Dardanellen bis zum Ägäischen Meer reicht.

Europa ist der am reichsten gegliederte Kontinent. Mehr als ein Drittel seiner etwa 10 Millionen Quadratkilometer Fläche nehmen Inseln und Halbinseln ein. Deshalb mißt die Länge seiner Küsten über 37 000 Kilometer. Der mittlere Küstenabstand beträgt lediglich 340 Kilometer. Zwei Drittel des Erdteils können somit als küstennah eingestuft werden. In der Gestaltung der Küsten weist Europa eine reiche Vielfalt auf: Steil- und Flachküsten, Schären- und Fjordküsten in Nordeuropa, Nehrungs- und Haffküsten an der Ostsee, Wattenküste an der Nordsee, Riasküsten im Mittelmeerraum, Delten an den Mündungen von Rhone, Po und Donau.

Die mittlere Höhe Europas beträgt nur 300 Meter – es ist damit der niedrigste Erdteil. Obwohl zwischen 37 und 71 Grad Nord außerhalb der Tropen gelegen, gehört Europa nicht zu den kalten, sondern zu den gemäßigten, dichtbesiedelten Kontinenten, da es klimatisch durch den warmen Nordatlantikstrom beeinflußt wird.

Morphologisch-tektonische, klimatische und historische Elemente gliedern den Erdteil. Die erdgeschichtlich jungen Hochgebirge der Pyrenäen, der Alpen, der Dinariden und des Balkan trennen Südeuropa ab, das seinen eigenständigen Charakter teilweise dem Winterregenklima, teilweise der historisch-kulturellen Entwicklung im Mittelmeerraum verdankt. Die Dinariden und der Karpatenbogen schließen bis hin zum Schwarzen Meer die Räume ein, die Südosteuropa zugerechnet werden. In Klima und Geschichte ist Westeuropa einschließlich der Britischen Inseln atlantisch geprägt. Es geht ohne scharfe Trennlinie im Bereich des Rheins nach Mitteleuropa über. Das Norddeutsche Tiefland weitet sich zur Osteuropäischen Tiefebene. Kennzeichen Osteuropas sind die Flachheit und Gleichförmigkeit des Landes mit Reliefunterschieden kaum über 200 Meter, die »Weite des Raumes« sowie das durch seine Gegensätze charakterisierte kontinentale Klima. Zu Nordeuropa wird außer der Vulkan- und Gletscherinsel Island und der Skandinavischen Halbinsel sowie Finnland aus historischen Gründen auch Dänemark gezählt.

Europa

# Der Siedlungs- und Wirtschaftsraum

# Siedlungs- und Wirtschaftsraum Europa

**Siedlungs- und Wirtschaftsräume, dargestellt anhand von Lichtquellen**

☐ Lichtquellen

Zu den besonderen Kennzeichen des Kontinents Europa zählen neben dem hohen Anteil der Inseln und Halbinseln an der Gesamtfläche und der vielgliedrigen Küste die Lage in den mittleren, gemäßigten Breiten, die Verbreitung ausgedehnter Tiefländer sowie der relativ geringe Anteil von Hoch- und Mittelgebirgen an der Gesamtoberfläche. Diese Naturgegebenheiten sind mitverantwortlich für die Verteilung der Bevölkerung auf diesem Kontinent, der zu den dichtestbesiedelten der Erde gehört.

Die durch die Meßgeräte des Satelliten aufgezeichneten Lichtpunkte geben Hinweise auf die Ansiedlung von Menschen, darüber hinaus aber auch auf Fabrikationsstätten, die nachts stark erhellt sind. Deshalb sind zum Beispiel in dieser Darstellung auch die Standorte von Raffinerien abgebildet, obgleich dort nur relativ wenige Menschen leben.

Die Lichtpunkte sind gemäß bestimmten Leitlinien angeordnet. Zunächst ist auffallend, daß die Lichterketten weithin dem Verlauf der Küstenlinien folgen – ein Hinweis auf die Küstenorientierung der Bevölkerung, auf ihre Konzentration in Hafenstädten. Zum zweiten verlaufen die Lichtquellen entsprechend bekannten Fluß- und Verkehrsachsen wie im Oberrheingraben oder in der Poebene, aber auch – mit größeren Lücken – entlang der Donau. Die größte zusammenhängende Lichterflut spendet der Agglomerationsraum, der vom Nordrand der deutschen Mittelgebirge über das Ruhrgebiet, die Niederlande und Belgien sowie den Großraum London bis in das mittelenglische Industriegebiet reicht. Demgegenüber ragen aus dem Netz der übrigen Lichtpunkte mehrere Metropolen wie Solitäre heraus: die spanische Hauptstadt Madrid im Zentrum der iberischen Halbinsel, Paris als das »Herz Frankreichs«, Moskau inmitten des weiten osteuropäischen Tieflands, St. Petersburg als weit nördlich gelegener »Stern«.

Die Lichtquellen sind jedoch auch indirekte Hinweise auf die relativ dünnbesiedelten Teile Europas. Hier fallen besonders die Gebirge auf: die vom Lichterkranz einer Städtereihe umgebenen dunklen Alpen, der lichterlose Bogen der Karpaten, die langgestreckten Skanden. Geringe Bevölkerung besitzen auch manche landwirtschaftlich genutzten Ebenheiten. Dunkel erscheinen die zusammenhängenden Waldflächen im Norden Europas. Und zu den dünn besiedelten Gebieten rechnen viele Inseln, die kaum Industrie besitzen, wie Island, Irland, Sardinien und Korsika sowie Kreta.

Europa

# Digitales Geländemodell Europas

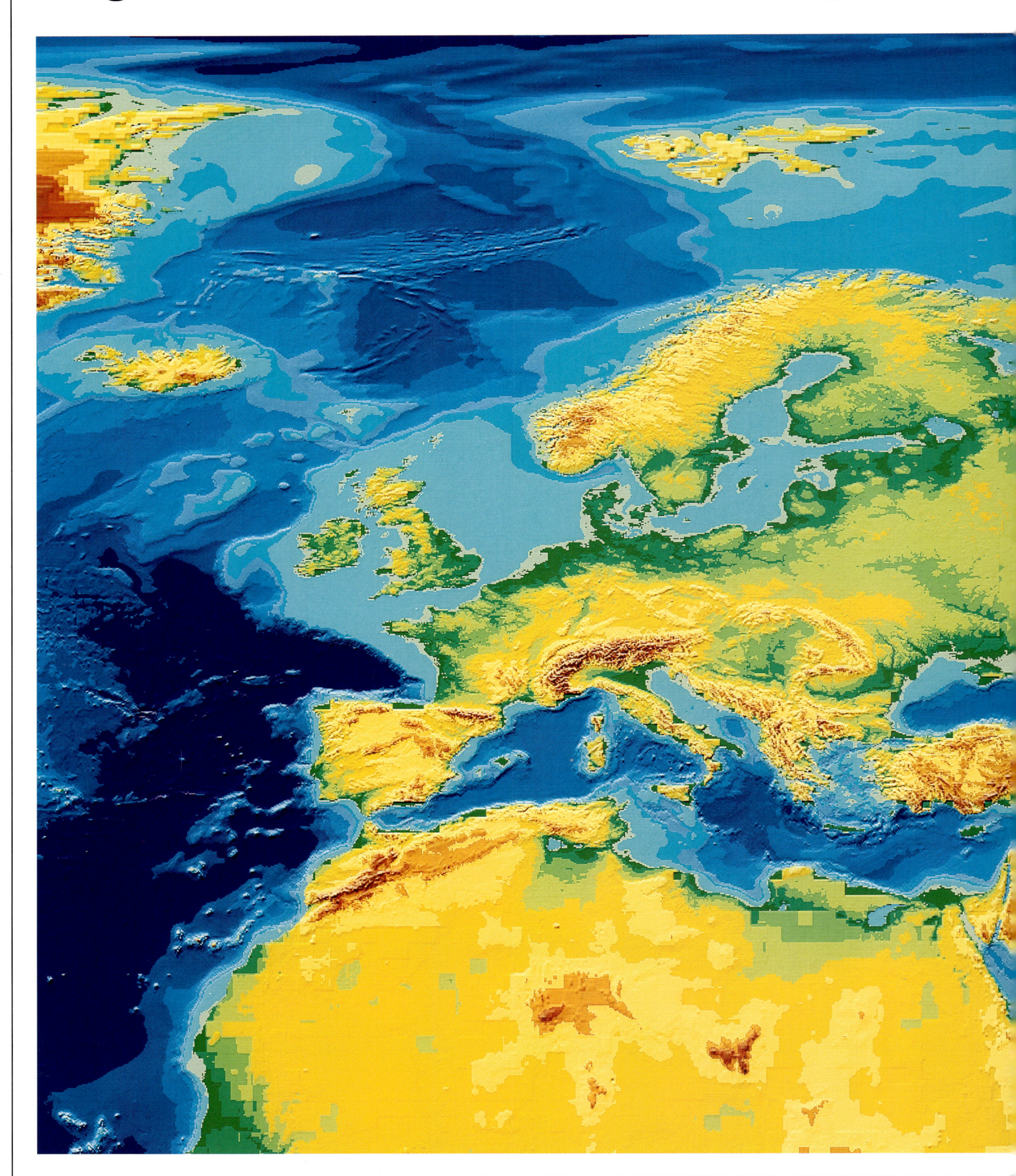

# Digitales Geländemodell

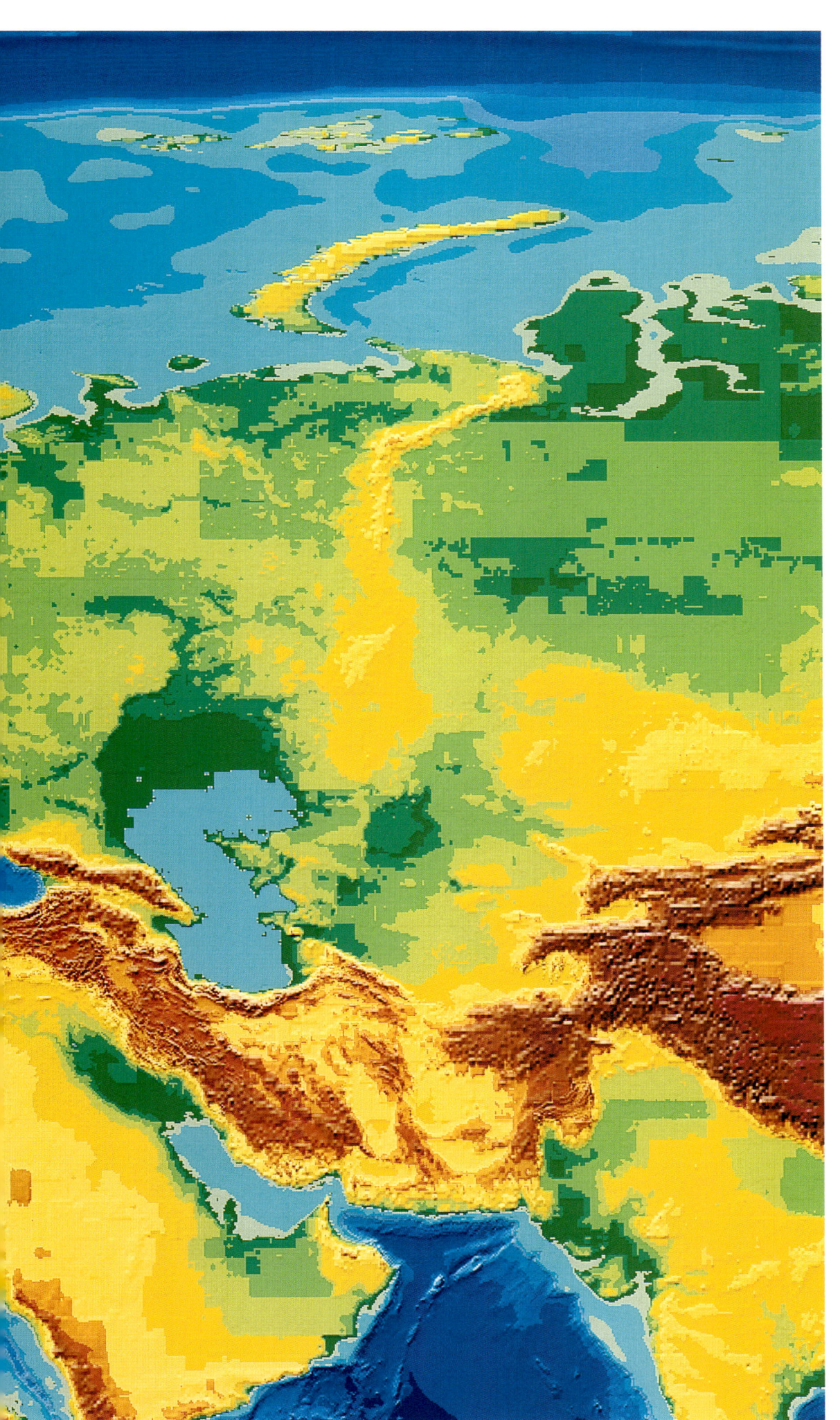

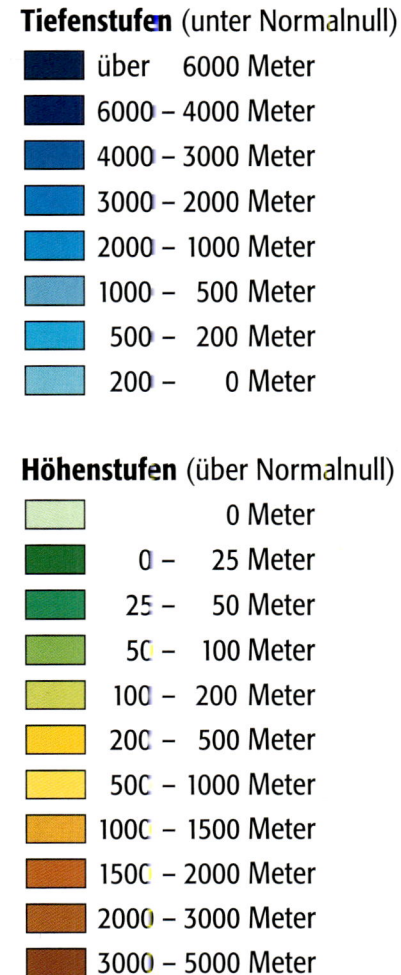

**Tiefenstufen** (unter Normalnull)
- über 6000 Meter
- 6000 – 4000 Meter
- 4000 – 3000 Meter
- 3000 – 2000 Meter
- 2000 – 1000 Meter
- 1000 – 500 Meter
- 500 – 200 Meter
- 200 – 0 Meter

**Höhenstufen** (über Normalnull)
- 0 Meter
- 0 – 25 Meter
- 25 – 50 Meter
- 50 – 100 Meter
- 100 – 200 Meter
- 200 – 500 Meter
- 500 – 1000 Meter
- 1000 – 1500 Meter
- 1500 – 2000 Meter
- 2000 – 3000 Meter
- 3000 – 5000 Meter
- über 5000 Meter

Die Darstellung der Höhengliederung Europas in einzelnen Stufen läßt die morphologischen und tektonischen Elemente Europas deutlich hervortreten. Sie zeigt einen Gebirgsrahmen im Süden, Nordwesten und Nordosten, der einen breiten, sich nach Osten öffnenden Tieflandsblock umschließt. Die 200-Meter-Tiefenlinie gibt etwa die Grenze des Schelfmeeres und damit die eigentliche Grenze zwischen Kontinent und Ozean an. Der Baltische Schild mit der eingesenkten Ostsee setzt sich in flachen Tafelländern zum Ural und zum Kaukasus hin fort. Das Gelände steigt zu den kaledonisch gefalteten Gebirgen der Skanden sowie Schottlands und Irlands und zu den variskischen Hügel- und Bergländern Mitteleuropas an. Die tektonische Einheit der tertiär gefalteten Hochgebirge von der Sierra Nevada über Alpen, Karpaten, Taurus und Pontus bis zum Kaukasus schließt sich an. Das Mittelmeer ist in einzelne Becken gegliedert, die zum Teil Reste des früheren, durch das eindriftende Afrika ausgequetschten Tethysmeeres darstellen.

Europa

# Digitales Geländemodell der Alpen

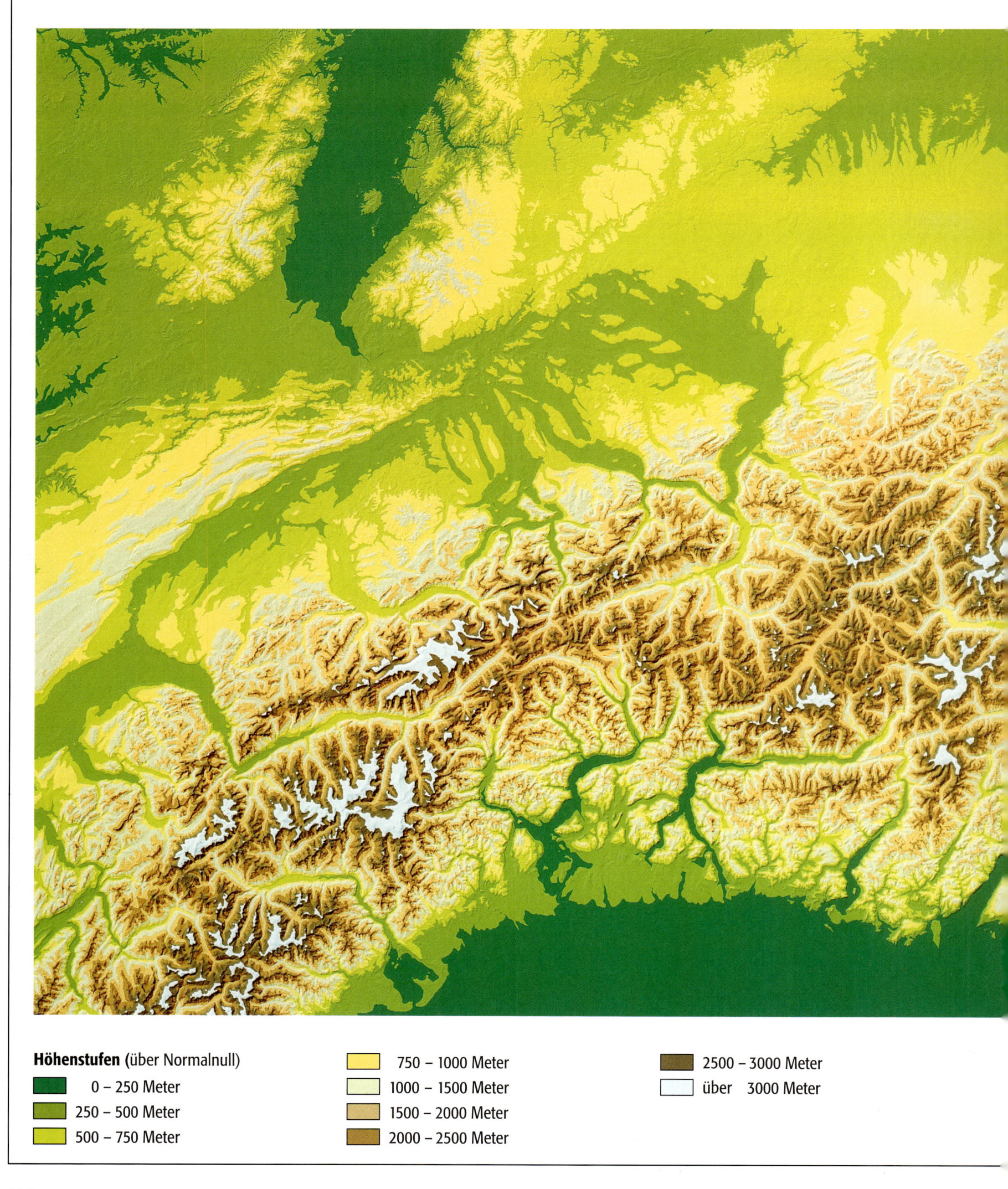

**Höhenstufen** (über Normalnull)

- 0 – 250 Meter
- 250 – 500 Meter
- 500 – 750 Meter
- 750 – 1000 Meter
- 1000 – 1500 Meter
- 1500 – 2000 Meter
- 2000 – 2500 Meter
- 2500 – 3000 Meter
- über 3000 Meter

In einzelnen Höhenschritten sind die Alpen und ihr Umland dargestellt. Dadurch werden die Abgrenzung und das starke Relief des erdgeschichtlich jungen Hochgebirges sowie seine innere Gliederung deutlich herausgestellt. Längs- und Quertäler gliedern die Alpen, trennen die Gebirgsstöcke und -ketten, zeichnen die einstigen Trogtäler der alpinen Talgletscher aus den Zentralalpen in das Vorland nach und zeigen die tektonisch bedingten linienhaften Bahnen auf, entlang deren die Erschließung des Gebirges durch Siedlungen erfolgte sowie seine Überwindung durch den Landverkehr möglich ist.

Europa

Alpen

# Bergsturz an der Bischofsmütze

Am 22. September 1993 stürzten mit lautem Grollen 50 000 Kubikmeter Fels von der Ostwand der Großen Bischofsmütze (2459 Meter) zu Tal. Am Vormittag des 10. Oktober 1993 ereignete sich an der Südostwand erneut ein gewaltiger Bergsturz mit einem Ausmaß von etwa 100 000 Kubikmetern Fels. Durch den Absturz der Gesteinsmassen wurde die Verwitterungsdecke des darunter gelegenen Dolomitgesteins getroffen, und eine dichte Staubwolke wirbelte auf. Als diese sich gelegt hatte, wurden die Felssturznische und die frische Halde des Felssturzbereichs sichtbar.

Die Bischofsmütze ist eine der markanten Berggestalten in den nördlichen Kalkalpen. Sie gehört der Dachsteingruppe an, die vorwiegend vom Kalk und Dolomit der Trias aufgebaut wird und große verkarstete, wasserlose Hochflächen bildet. Darüber hinaus ragen einzelne schroffe Gipfel wie die Große Bischofsmütze.

Österreichische Geologen haben die Ereignisse untersucht. Sie führen diese Bergstürze auf mehrere Ursachen zurück. Die wichtigste Voraussetzung ist der geologische Aufbau. Der massige und spröde Dachstein-Riffkalk, der die Gipfel der Kleinen und Großen Bischofsmütze aufbaut, liegt auf einem Sockel aus Hauptdolomit. Beide Gesteinsarten unterliegen seit den Eiszeiten stark der Verwitterung. In den Riffkalken bildeten sich senkrecht einfallende Klüfte, die sich durch Regen- und Schmelzwasser höhlenartig erweiterten. In den Karsthöhlen wurde im Laufe von Jahrmillionen Lehm abgelagert, der bei Trockenheit schrumpft und der aufquillt, wenn er durchfeuchtet wird. Dadurch wird das Felsgefüge gelockert. Zudem verlieren die Felswände aus Riffkalk ihr festes Auflager, wenn der Hauptdolomit abbröckelt.

Nach einer längeren Regen- und Kälteperiode wurde der Fels am Tag des Bergsturzes, einem Föhntag, stark von der Sonne beschienen. Die plötzliche Erwärmung des Gesteins, der Druck in den wassergefüllten Klüften und das Aufquellen des Kluftlehms brachten die lockeren Wandteile zum Absturz in das Kesselkar.

Wegen ihrer karstbedingten Zerklüftung wird die Bischofsmütze mit einem faulen Zahn verglichen, der langsam zerbröckele. Weitere Felsstürze seien zu erwarten.

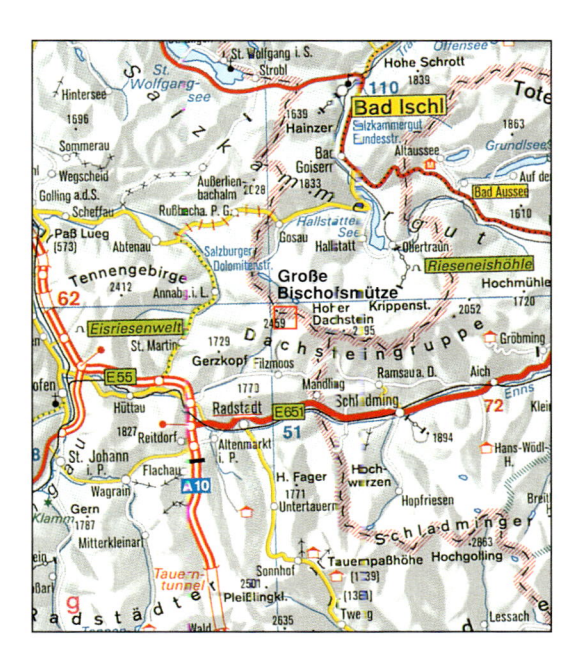

Maßstab des Kartenausschnitts: 1 : 800 000

Europa

# Alpen: Vergletscherung während der

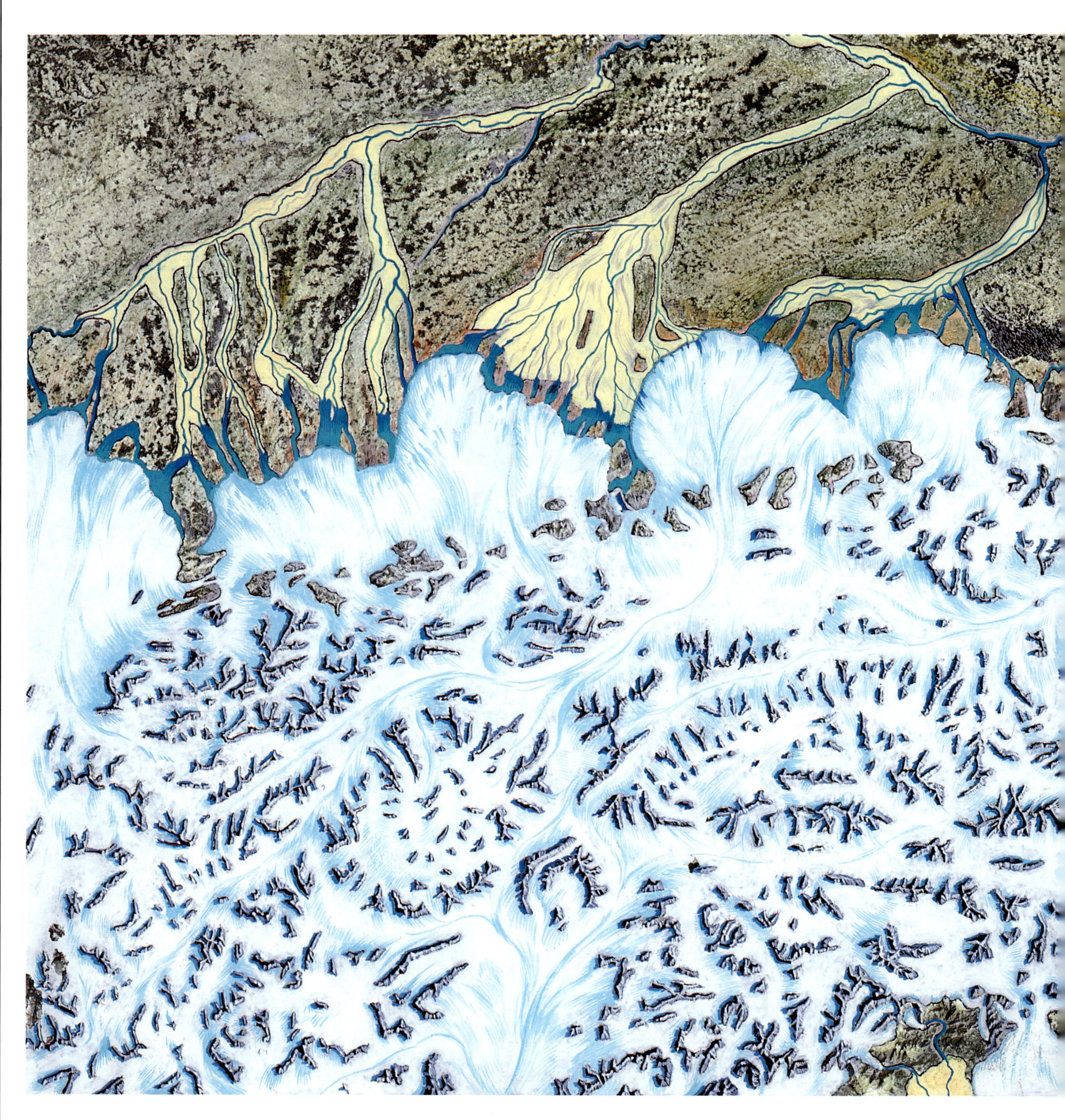

**Vergletscherung**
- Gletschereis
- Mittelmoräne
- Gletscherzunge
- Schmelzwasserrinne
- Schmelzwasserbach
- Schmelzwasserstrom
- Sander
- Altmoräne
- Tertiäres Hügelland

# Rißeiszeit

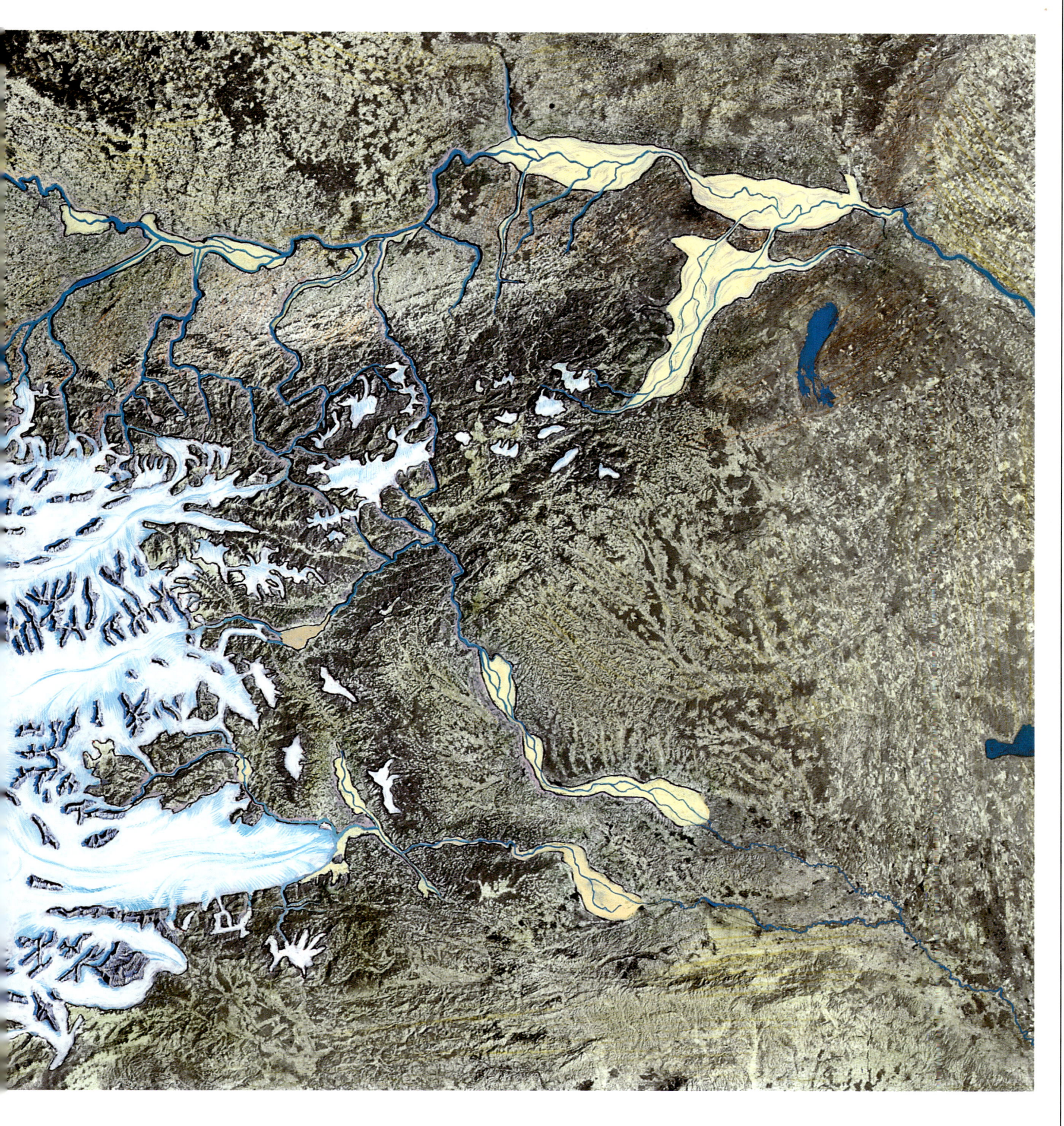

Als alpinen Typ der Vergletscherung bezeichnet man die Erscheinung, daß die Gletscher das vorgegebene Relief des Gebirges nutzen und ein Eisstromnetz bilden, aus dem die höchsten Gebirgsstöcke herausragen. Durch Quertäler fließen die Talgletscher in das Vorland, vereinigen sich dort und bilden mächtige Loben aus, deren Randlagen noch heute die Moränenkränze aus den verschiedenen Kaltzeiten nachzeichnen. Die Schmelzwässer lagern den Schutt der Gletscher im Vorland ab, bauen breite Schotterflächen (Sander) auf und münden im Norden in die »Regenrinne« der Alpen, die Donau, im Süden in den Po.

# Europa

# Der Aletschgletscher

Im wesentlichen sind es drei Landschaften, die das Satellitenbild diagonal gliedern: im Norden mehrere Bergmassive und -ketten der Berner Alpen mit Finsteraarhorn (4274 Meter) und Jungfrau (4158 Meter) als höchsten Erhebungen, im Süden die Walliser Alpen an der Schweizer-italienischen Grenze und in der Mitte das breite Rhonetal, das in seinem obersten Abschnitt Goms genannt wird. In den beiden Gebirgsmassiven breiten sich die größten Eisflächen der Alpen aus. Ihre Kennzeichen sind die Firnflächen im Nährgebiet der Gletscher und die Talgletscher im Zehrgebiet. Hier beeinflussen die vorgegebenen Oberflächenformen die Art der Vergletscherung; diese ist also dem Relief untergeordnet. Sie wird auch als alpiner Gletschertyp bezeichnet.

In den Berner Alpen vereinigen sich auf der ebenen Firnfläche des Konkordiaplatzes mehrere Gletscher, die aus den lehnsesselartigen Hohlformen der Steilwände, den Karen, strömen. In dem Firnbecken erreichen sie eine Eisdicke von 790 Metern. Von dort fließt der 24 Kilometer lange Große Aletschgletscher (nördliche Bildmitte), der längste Eisstrom der Alpen, bogenförmig mit Geschwindigkeiten von 200 Metern im Jahr talwärts. Auf seiner über 120 Quadratkilometer großen Oberfläche trägt der bis 1800 Meter breite Eisstrom das regelmäßige Streifenmuster seiner Mittelmoränen. Noch vor wenigen Jahrzehnten mündeten in ihn von rechts der Mittel- und der Oberaletschgletscher. Dies ist ein Anzeichen für den bei allen Alpengletschern zu beobachtenden Rückzug, vermutlich eine Folge zunehmender Erwärmung des Klimas.

An der steilen Südabdachung der Berner Alpen bahnt sich südlich des Finsteraarhorns der Fieschergletscher seinen Weg nach unten. Nahe der Talstufe von Grimsel und Furka (nordöstliche Bildecke) füllen der schuttbeladene Unteraar- und der Rhonegletscher, aus dessen Schmelzwässern die Rhone hervorgeht, die Täler.

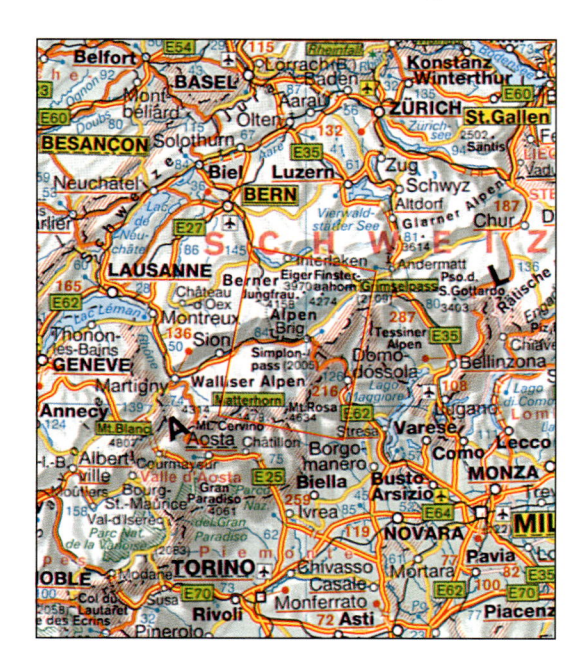

Nach Norden entwässern mehrere Bäche das Bergmassiv zum Thuner und zum Brienzer See. Die beiden über 200 Meter tiefen Seebecken am Alpenrand sind während der Kaltzeiten entstanden, als Gletscher auf ihrem Weg ins Vorland die Senken aushobelten.

In den Walliser Alpen erkennt man an der Nordflanke der Monte-Rosa-Gruppe den Gornergletscher, den mit 13 Kilometern Länge und über 60 Quadratkilometern Fläche zweitgrößten Talgletscher der Alpen. Am südlichen Bildrand wirft das Matterhorn (4478 Meter) seinen markanten Schatten auf die nördlichen Firnflächen. Seine steilen Wände sind darauf zurückzuführen, daß dieser »Karling« während der Kaltzeiten allseits von Karen »angefressen« wurde.

Auch das Rhonetal verdankt seine Prä-

*Vom Eggishorn öffnet sich der Blick auf den Großen Aletschgletscher und sein Streifenmuster der Mittelmoränen.*

*Eisfreie Troghänge und -schultern an den Gebirgsflanken lassen auf frühere Gletscherhochstände schließen.*

gung der kaltzeitlichen Vereisung. Damals füllte ein mächtiger Gletscher das voreiszeitliche Flußtal der Rhone und weitete es durch seine abschleifende und übertiefende Tätigkeit zum breiten Trogtal mit den steilen Trogwänden und den gering abgeschürften Trogschultern. In der Nacheiszeit wurde der Talgrund durch Flußaufschüttungen überdeckt und eingeebnet. Steil eingekerbt in die Troghänge sind die Seitentäler, aus denen sich die Schuttfächer der Nebenflüsse in das Haupttal ergießen. In Höhen von 1500 bis 2000 Metern breitet sich das Grün der Almen aus.

Am südexponierten Sonnenhang wird auf Terrassen bis weit hinauf Obst- und Weinbau, auf der Trogschulter Bewässerungsfeldbau betrieben. Bewässerung ist notwendig, denn das Wallis gehört zu den sonnenreichen Tälern der Alpen: günstige Bedingungen auch für Touristen, die diesen hochalpinen Raum zu allen Jahreszeiten aufsuchen.

Maßstab des Kartenausschnitts: 1 : 4 000 000

Europa

# Das Gewässernetz Europas

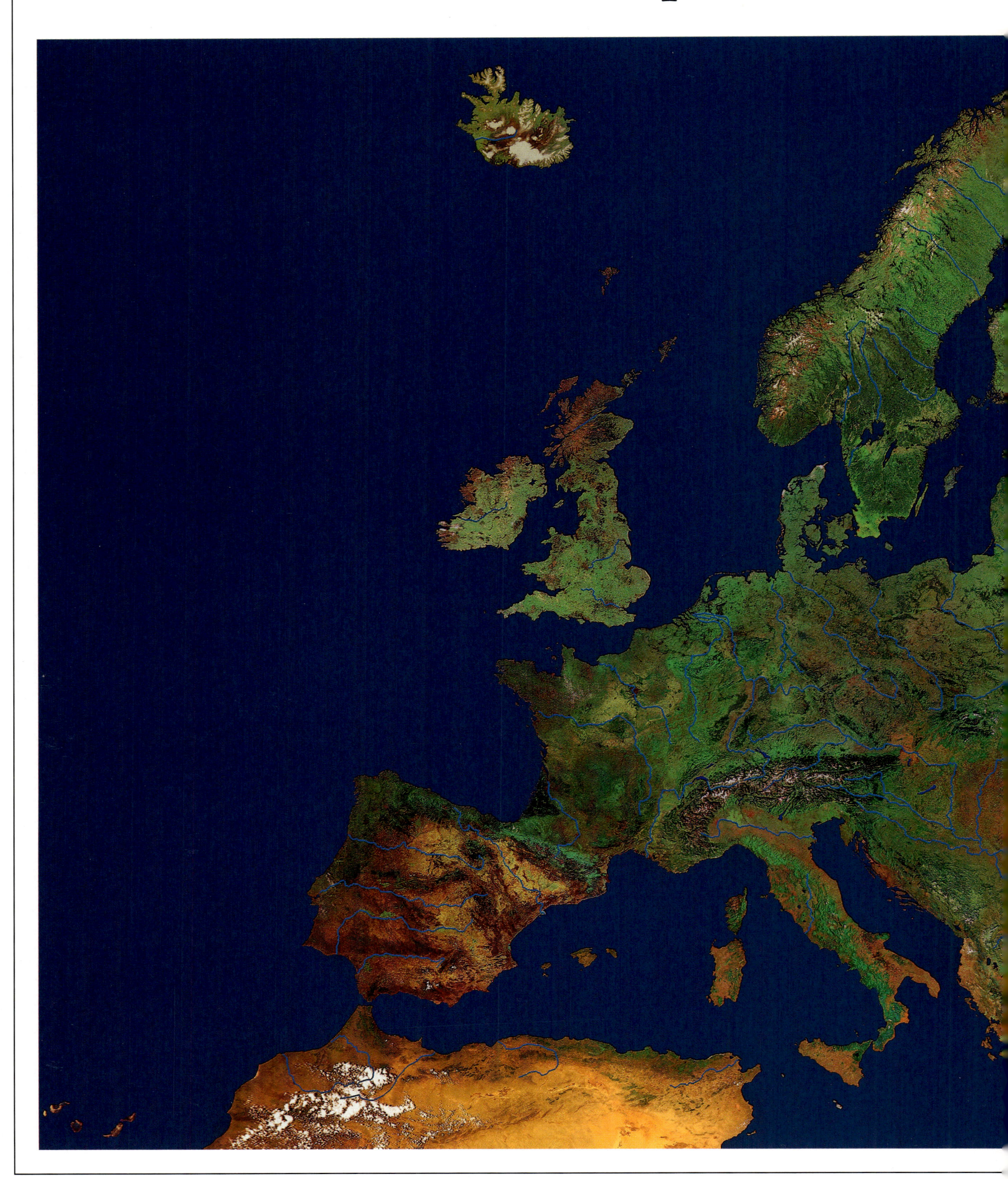

# Gewässer

**Gewässernetz**
- Fluß
- See

In eine Darstellung der Bodenbedeckung sind in diese Satellitenbildkarte die größten Flüsse Europas eingetragen. Die Einzugsgebiete der europäischen Meere sind unterschiedlich groß und reichen verschieden weit in den Kontinent hinein. Zudem besitzen die Flüsse selbst ein differentes Abflußverhalten, das bedingt ist durch den Jahresrhythmus des Niederschlags und der Verdunstung sowie der Schneerücklage und der Schneeschmelze.

Osteuropa wird zum größten Teil durch die Wolga entwässert, deren Mündung in das Kaspische Meer hier nicht mehr abgebildet ist. Dieser mit 3 500 Kilometern längste Strom weist das mit Abstand größte Einzugsgebiet (1360 Quadratkilometer) auf. Er ist vielfach gestaut und steht über Kanäle mit der Ostsee und dem Schwarzen Meer in Verbindung. Ansonsten durchfließen das osteuropäische Tiefland der Don (1870 Kilometer Länge), der in das Asowsche Meer mündet, sowie der Dnjepr, drittlänger Fluß Europas (2200 Kilometer), und der Dnjestr. Demgegenüber sind die Flüsse Ost- und Mitteleuropas, die in die Ostsee münden, relativ kurz und mit einem kleinen Einzugsgebiet ausgestattet: Weichsel (1047 Kilometer), Oder (854 Kilometer), Memel sowie Düna.

Eine Ausnahmestellung nimmt der zweitlängste Strom Europas ein, die Donau. Sie entspringt im Schwarzwald, wendet sich nach Osten, durchbricht mehrere Gebirgsschwellen, nimmt Flüsse aus den Alpen, Sudeten und Karpaten auf, durchfließt die Tiefländer Südosteuropas und ergießt sich nach 2850 Kilometern in einem Delta ins Schwarze Meer.

Alle anderen Flüsse Mittel- und Westeuropas münden in die Nordsee oder den Atlantik. Die meisten von ihnen sind bis weit stromauf schiffbar. An einigen liegen bedeutende Seehäfen, wie zum Beispiel Rotterdam, London und Hamburg.

Aufgrund der sommerlichen Trockenheit und der starken Wasserstandsschwankungen sind die meisten Flüsse Südeuropas nicht schiffbar, abgesehen vom Po, der als Dammfluß die nach ihm benannte Ebene durchfließt.

Als große dunkle Flächen treten die Seen in Erscheinung: im Nordosten der Ladogasee (17 700 Quadratkilometer) und der Onegasee (9 720 Quadratkilometer). Im Vergleich dazu erscheinen der Plattensee (591 Quadratkilometer) und die Alpenrandseen wie Genfer See (581 Quadratkilometer) oder Bodensee (538 Quadratkilometer) sehr klein.

Europa

Gewässer

# Niederlande: Kampf gegen Meer und Hochwasser

Die Geschichte der Niederlande ist eine Geschichte des tausendjährigen Kampfes gegen das Meer. Immer wieder haben katastrophale Sturmfluten das Land bedroht und zerstört, und immer wieder haben die Niederländer dem Meer getrotzt und Land zurückgewonnen.

In typischer Folge reihen sich die Landschaftselemente einer flachen Gezeitenküste hintereinander. Die »Front« zum Meer bildet als natürlicher Deich der bis zu 60 Meter hohe Dünengürtel, der in Nordholland (südwestliche Bildecke) unzerstört vorliegt und der im Bereich der Waddeneilanden mehrfach unterbrochen ist. Der amphibische Bereich des Wattenmeers mit seinen Prielen wird landwärts durch die gerade Linie der Seedeiche abgeschlossen. Durch Kanalsysteme und Schöpfwerke werden die zum Teil weit unter dem Meeresspiegel gelegenen eingepolderten Marschen entwässert.

1260 brach das Meer in das Gebiet des heutigen IJsselmeers ein und raubte das Land. 1894 beschloß das Parlament das IJsselmeerprojekt. Zwischen 1926 und 1932 wurde der Abschlußdeich aufgeschüttet, 1930 mit dem Wierigermeer der erste Polder, 1942 als zweiter der Nordostpolder fertiggestellt und an das Festland angeschlossen. Im Unterschied dazu bleiben Ostflevoland (1957) und Südflevoland (1968) als isolierte Polder erhalten, um den Grundwasserstand auf dem Festland in den Geestgebieten zu sichern.

Der geplante Polder Markerwaard wurde zwar bis Anfang der achtziger Jahre eingedeicht, doch zwischenzeitlich haben sich die Zielsetzungen der Raumplanung in den Niederlanden geändert. Stand früher neben dem Küstenschutz die Landgewinnung für landwirtschaftliche Nutzflächen und Siedlungen im Vordergrund, so gewinnen heute die Aspekte des Naturschutzes, der Wasserwirtschaft und der Erholung an Bedeutung. Aus diesen Gründen wird der Markerwaardpolder nicht mehr fertiggestellt, sondern als Süßwasserreservoir, Fischbecken und für den Wassersport genutzt.

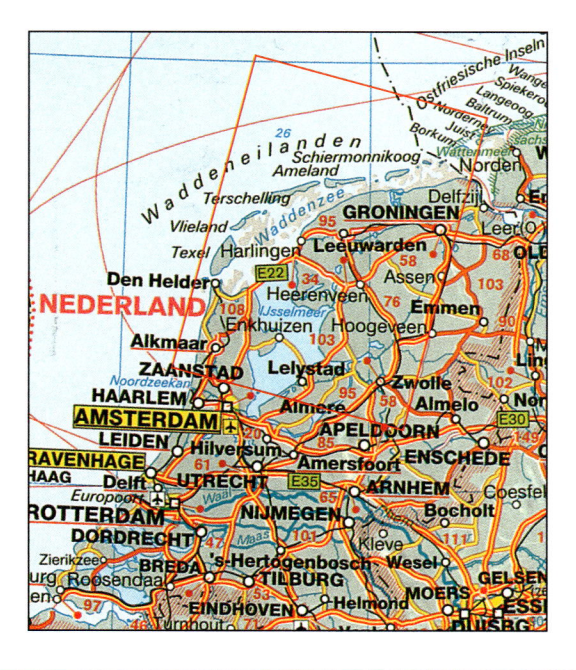

*Das Bild ist aus Daten mehrerer Aufnahmezeitpunkte zusammengesetzt: blau (21. September 1994), grün (30. Januar 1995), rot (5. Februar 1995). An dem Bild der schweren Hochwasser an Rhein, Waal und Maas von Ende Januar 1995 wird sichtbar, daß die Niederlande nicht allein durch das Meer gefährdet sind, sondern daß die Überschwemmung der tiefgelegenen Polder auch von der Landseite droht.*

Maßstab des Kartenausschnitts: 1 : 4 000 000

0   40   80   120   160   200 km

Europa

Gewässer

# Wasserbau-Projekt an der Donau

Das Satellitenfoto zeigt einen Ausschnitt aus der Donaulandschaft zwischen Bratislava im Nordwesten und Györ im Südosten im Dreiländereck Österreich, Slowakische Republik und Ungarn. Hart am westlichen Bildrand verläuft die österreichisch-ungarische Grenze, die mittelbar durch die unterschiedlichen Parzellenformen und -größen sichtbar wird: große Blockfluren der landwirtschaftlichen Produktionsgenossenschaften Ungarns und kleine Streifenfluren der privaten Landwirtschaftsbetriebe in Österreich. Die Grenze zwischen der Slowakei und Ungarn verläuft im Stromstrich der Donau. Eine Vielzahl höchst gewundener Altwasserarme der Donau rahmt das heutige Donauflußbett ein. Am nördlichen Bildrand mäandriert die Kis-Donau, am südlichen die Moson-Donau. Beide Flüsse sind Seitenarme der Donau, die hier am Ende der Eiszeit die größte Flußinsel Europas aufgeschüttet hat. Sie münden unterhalb von Györ in den Hauptstrang des Flusses.

Die sogenannte Altdonau verläuft diagonal durch das Bild. Gut erkennbar sind an den Gleitseiten des Flusses die Kiesbänke.

Besonders auffällig ist der große, hell erscheinende, zum größten Teil nicht geflutete Kanal nördlich der Altdonau im Bildzentrum. Deutlich zu sehen sind auch frisch geschüttete Dämme, die den Fluß ab Bratislava begleiten.

Es handelt sich hier um ein Wasserbauvorhaben, einen Teilabschnitt des bilateralen Gabcikovo/Nagymoros-Projekts, das seit den fünfziger Jahren in Planung ist. Dabei soll die Donau bei Dunakiliti – auf dem Foto am Ende der über 18 Meter hohen beiderseitigen Dämme – über ein Wehr mit etwa 90 Prozent der durchschnittlichen Wasserführung in einen wasserdicht asphaltierten Seitenkanal auf slowakisches Gebiet geleitet werden. Das Schwellkraftwerk Gabcikovo – im Foto an der Grenze zwischen trockenem und geflutetem Kanal – gewährleistet laut Plan eine Fallhöhe von 23 Metern; es soll die größte Schleuse der Welt erhalten. Als Ausgleich für das im Schwellbetrieb zweimal täglich erzeugte künstliche Hochwasser mit einer Flutwellenhöhe von über 4 Metern wird 15 Kilometer oberhalb von Budapest bei Nagymoros ein Stausee mit etwa 110 Kilometern Länge errichtet.

Die beiden Kraftwerke bringen über 880 Megawatt Strom, der je zur Hälfte an die Slowakische Republik und an Ungarn gehen soll. Für Ungarn wären das aber noch nicht einmal 5 Prozent des Energiebedarfs.

Massive Proteste von Umweltschützern haben 1989 das Projekt vorläufig zu Fall gebracht. Die Argumente gegen den Bau lauteten unter anderem:
- Verunreinigung des aus Uferfiltrat gewonnenen Trinkwassers durch verschmutzte Sedimente in den Stauhaltungen,
- vermehrte Algenproduktion im bewegungsarmen Wasser der Stauseen,
- Austrocknung der Auenvegetation an der Altdonau,
- Rückstau der Zuflüsse,
- finanzielle Überforderung der Slowakischen Republik und Ungarns.

Derzeit ist noch nicht das letzte Wort über das Projekt gesprochen; es werden Verhandlungen zur Modifikation des Bauwerks geführt.

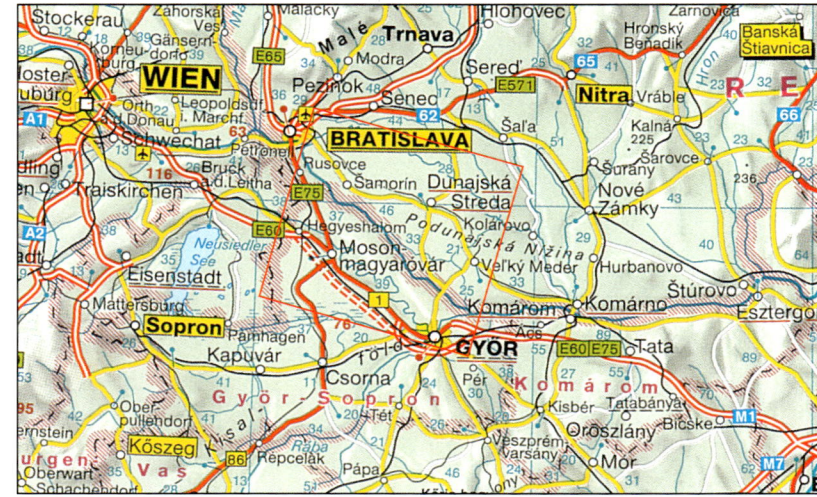

Maßstab des Kartenausschnitts:
1 : 2 000 000

Europa

# Temperatur- und Niederschlagsverte[ilung]

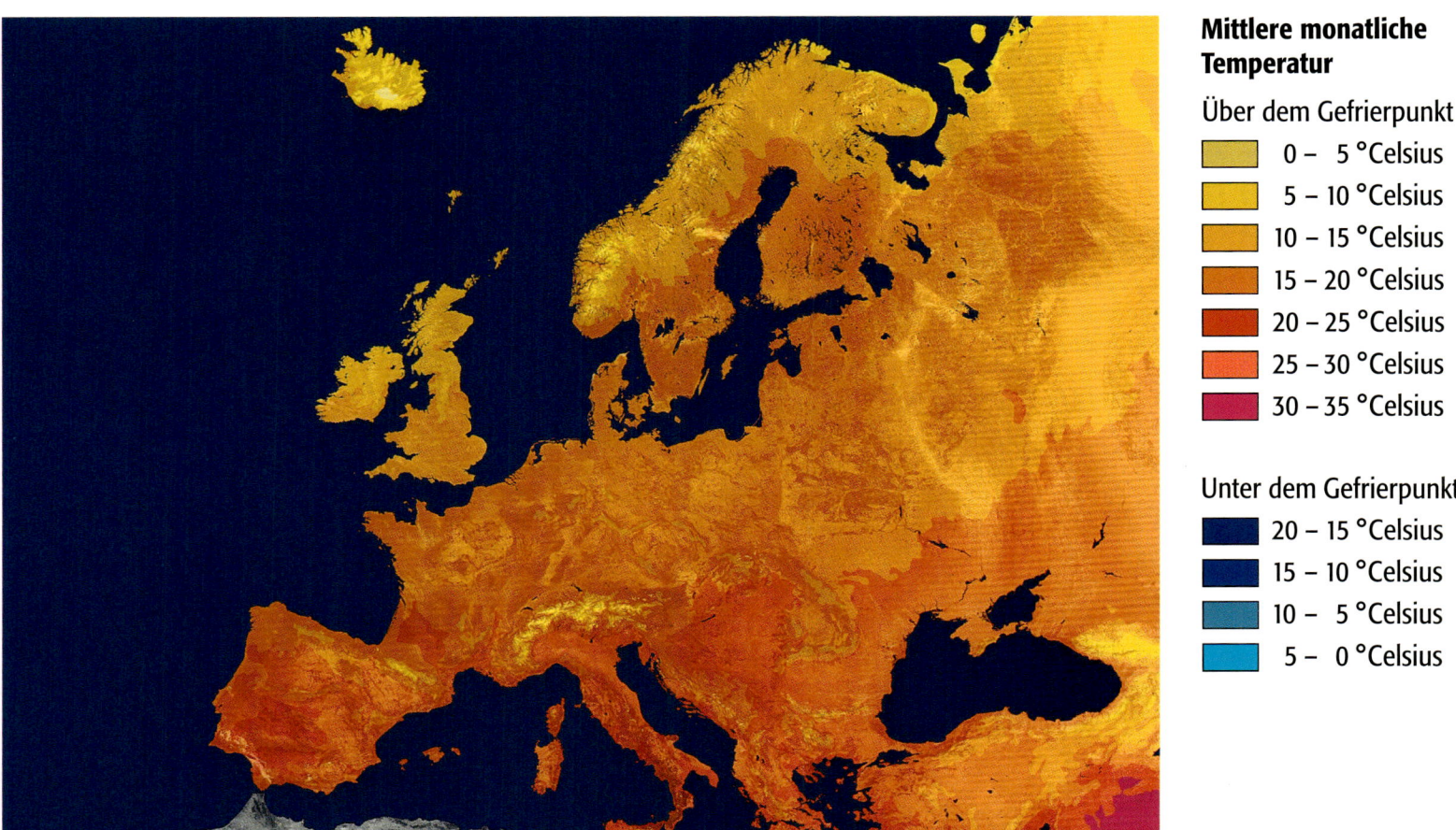

**Mittlere monatliche Temperatur**

Über dem Gefrierpunkt
- 0 – 5 °Celsius
- 5 – 10 °Celsius
- 10 – 15 °Celsius
- 15 – 20 °Celsius
- 20 – 25 °Celsius
- 25 – 30 °Celsius
- 30 – 35 °Celsius

Unter dem Gefrierpunkt
- 20 – 15 °Celsius
- 15 – 10 °Celsius
- 10 – 5 °Celsius
- 5 – 0 °Celsius

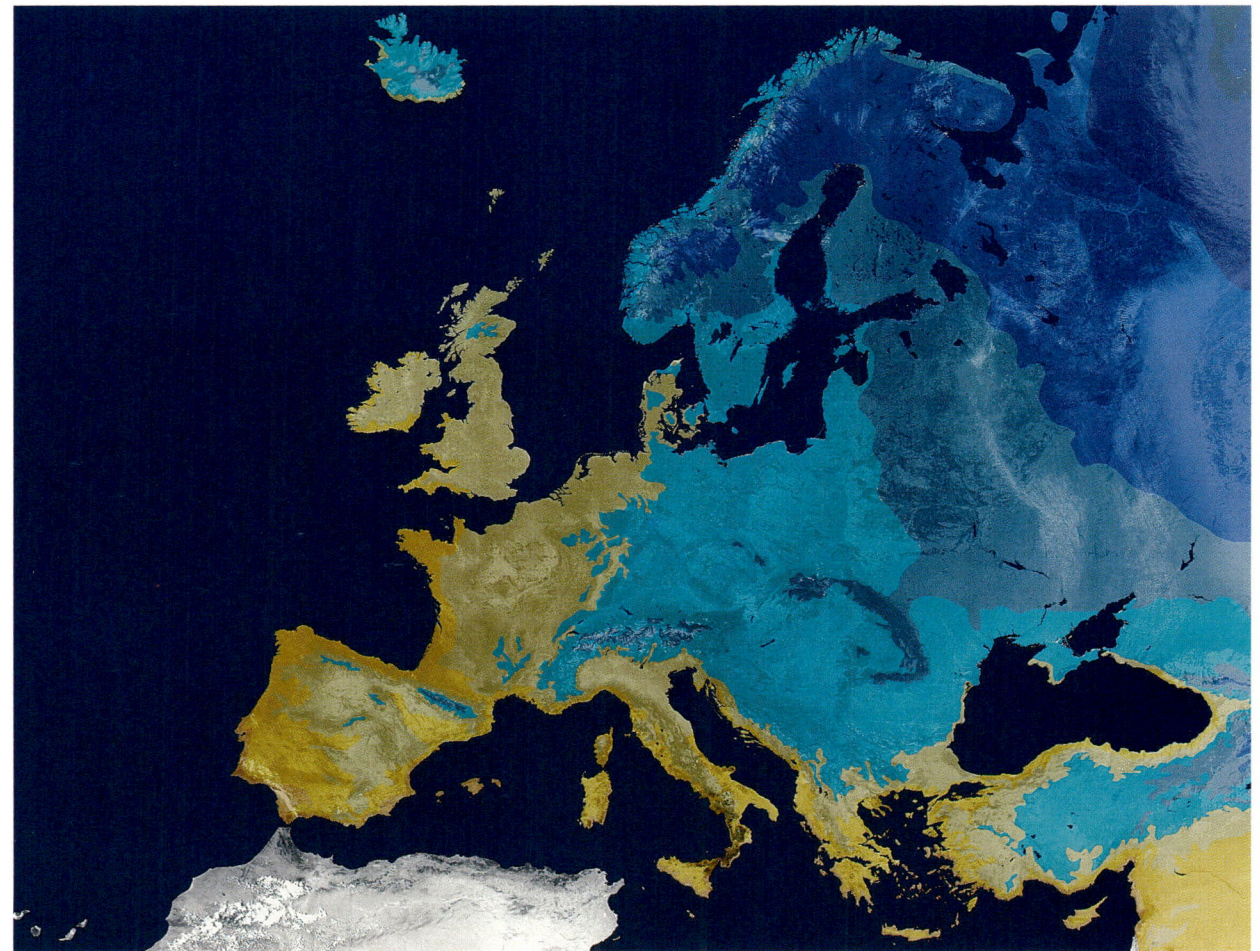

Mittlere monatliche Temperatur: Sommer

Mittlere monatliche Temperatur: Winter

Temperatur- und Niederschlagsverteilung

# ng

**Mittlere monatliche Niederschlagsmenge**

- Unter 10 Millimeter
- 10 – 50 Millimeter
- 50 – 100 Millimeter
- 100 – 200 Millimeter
- 200 – 400 Millimeter
- über 400 "

Mittlere monatliche Niederschlagsmenge: Sommer

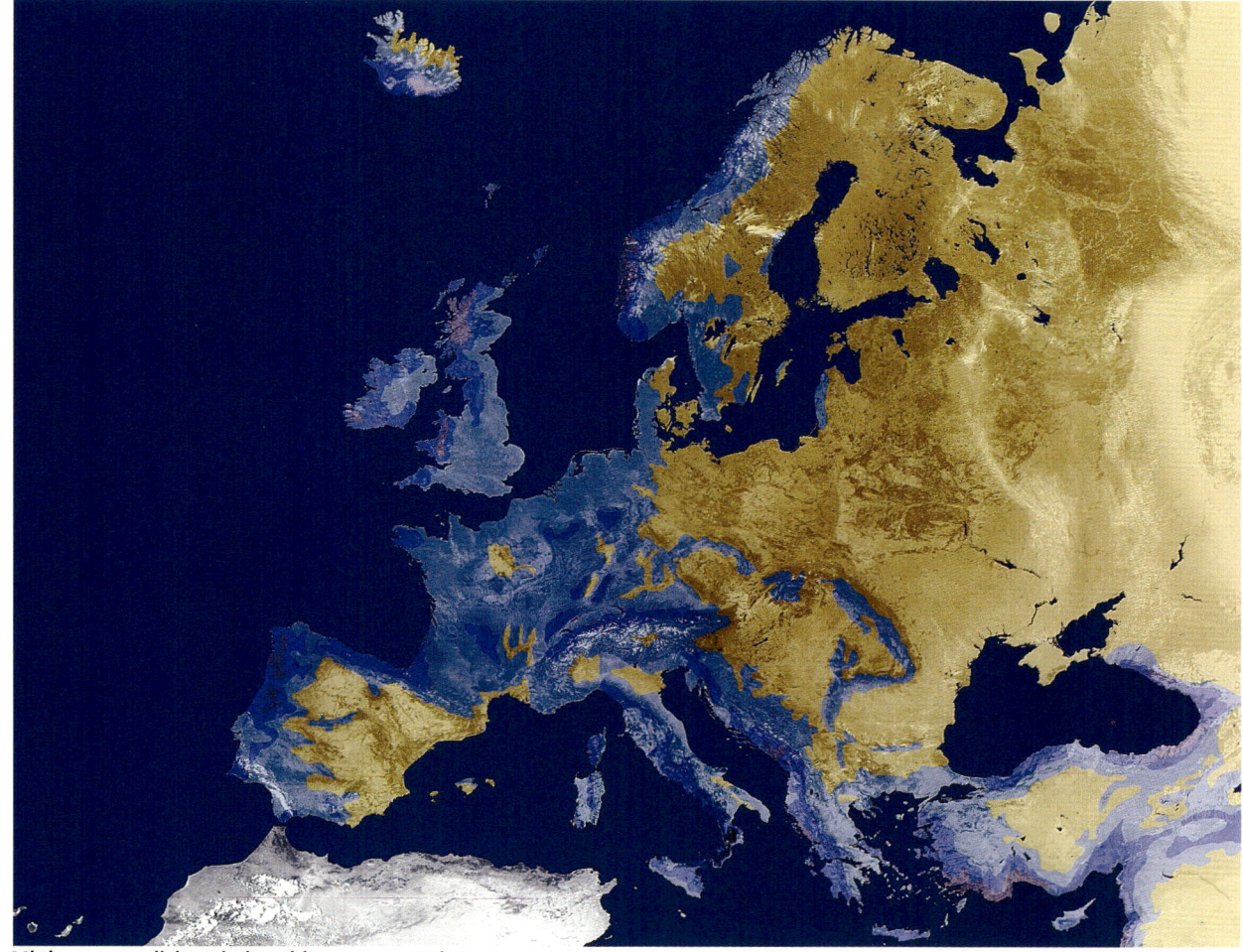

Mittlere monatliche Niederschlagsmenge: Winter

# Europa

# Luftverschmutzung im Ruhrgebiet

Ein breites Band der Stratusbewölkung verdeckt die Gebiete am rechten Bildrand östlich von Köln. Ansonsten aber herrscht klares Wetter, das den Blick auf kleinste Details in dem dichtbesiedelten Rheinisch-Westfälischen Wirtschaftsraum zuläßt – mit Ausnahme der Gebiete, die durch die Rauchwolken aus den Kühltürmen der Kraftwerke beeinträchtigt sind.

Zwei Verdichtungsachsen sind auszumachen. Ein Städteband zieht sich entlang dem Rhein von Köln über Düsseldorf, Duisburg/Rheinhausen mit den Mannesmann-Hüttenwerken und dem Ruhrorter Hafen, Hamborn mit den Werken der Thyssen AG, Walsum bis Wesel. Als Ruhrgebiet im engeren und historischen Sinne wird der Ballungsraum zwischen Ruhr im Süden und Emscher bezeichnet. Hier liegen die Städte an einer aus germanischer Zeit stammenden Durchgangsstraße vom Rhein nach Paderborn, und sie folgen als einstige Zechenstandorte der variskischen Streichrichtung des Gebirges und der Kohlelager im Untergrund: Oberhausen, Essen, Gelsenkirchen, Bochum, Dortmund.

Mit der Wanderung des Bergbaus nach Norden sind auch die Kraftwerke, die auf Steinkohlebasis betrieben werden, in die Lippe- und nördliche Emscherzone abgewandert. Die Rauchfahnen weisen nach Südosten und treffen auf den Anstieg des Sauerlands, wo die Wälder auf der Luvseite der Berge stark geschädigt sind.

Durch den Strukturwandel des Ruhrgebiets seit der Kohlen- und Stahlkrise (ab 1958) hat die Immissionsbelastung vor allem durch Schwefeldioxid um mehr als vier Fünftel abgenommen. Dafür haben Grün-, Erholungs- und Sportflächen zugenommen. Insofern dokumentiert das Satellitenbild einen historischen Stand.

Diese Feststellung trifft nicht im gleichen Maße auf das Rheinische Braunkohlerevier zu. Riesige Haufenwolken aus Dampf begleiten – bei Windstille – die Braunkohlenabgrabungen im Raum Ville-Erfttal westlich von Köln (südwestlicher Bildteil), wo durch die tektonische Hebung der Ville die miozänen Braunkohlelager der Oberfläche sehr nahe kommen. Die Rauchfahnen entstehen bei der Trocknung der Rohbraunkohle in den Kraftwerken und zeigen deren Standorte nahe den Tagebauen an. Die Ausmaße der Landschaftszerstörung werden sichtbar. Der Schattenwurf in den terrassierten Abbauflächen läßt die Tiefe der Eingrabungen (über 300 Meter) erahnen.

*Eine geschlossene Wolkendecke liegt über dem Verdichtungsraum des Rheinisch-Westfälischen Industriegebiets. Bei einer austauscharmen Wetterlage im Winter – Folge einer längeren Kälteperiode – liegt über einer bodennahen Kaltluft eine Warmluftschicht. Hochreichende Schornsteine pausen sich mit ihren Emissionen zwar durch, doch verhindert die Inversion eine Ausbreitung des Rauchs und der Abgase. Es besteht Smoggefahr.*

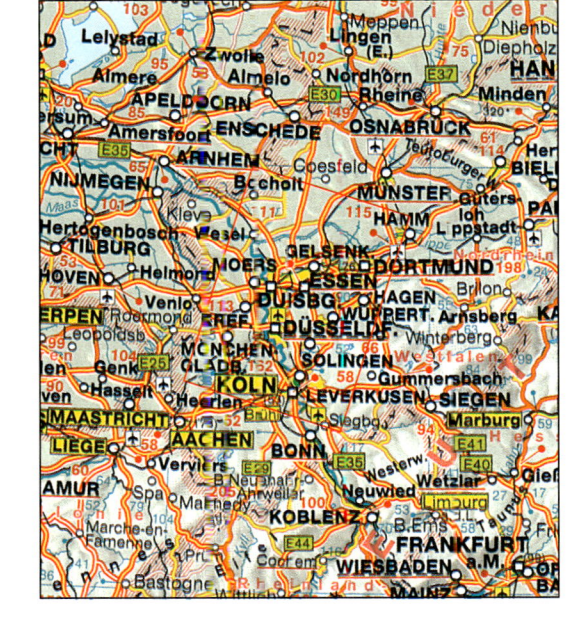

Maßstab des Kartenausschnitts: 1 : 4 000 000

Europa

# Luftverschmutzung durch Flugverkehr

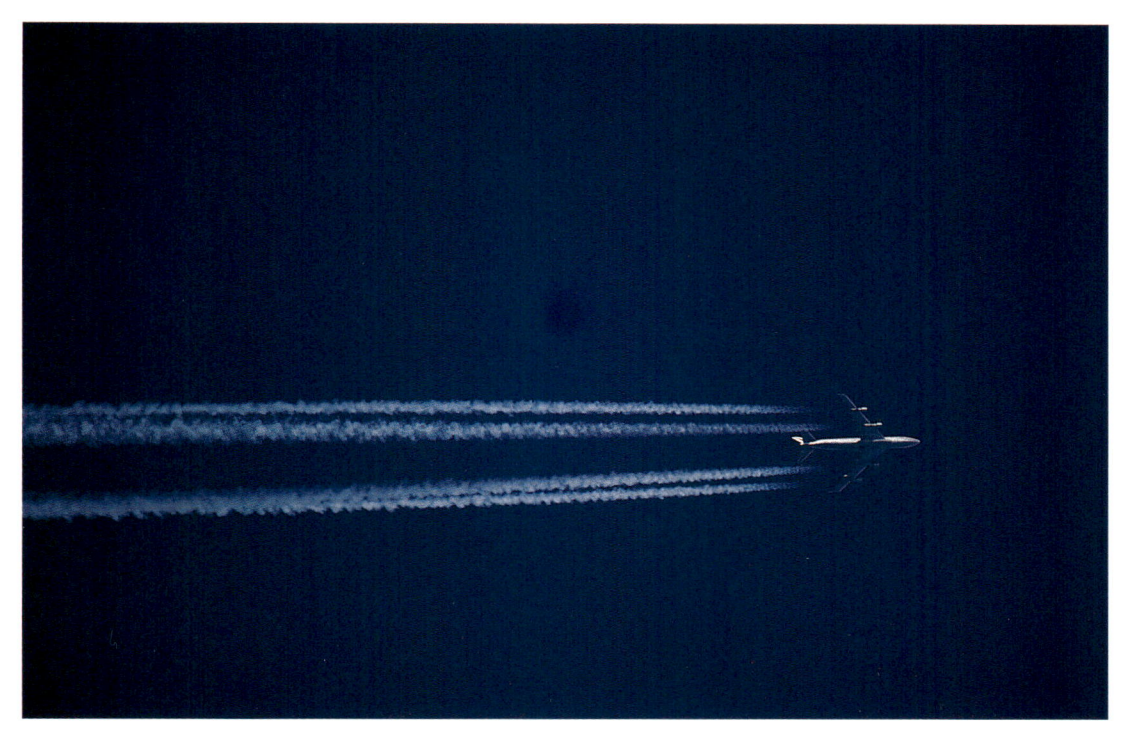

*Nur noch selten kann man über Mitteleuropa einen Himmel ohne Kondensstreifen sehen. Diese künstlichen Eiswolken kondensieren aus dem Wasserdampf, der bei der Treibstoffverbrennung der Flugzeuge entsteht. Die Kondensstreifen enthalten große Mengen von Schadstoffen, wie sie aus dem Straßenverkehr bekannt sind. Sie bauen sich in großer Höhe allerdings nur sehr langsam ab. Der dichte Flugverkehr über Mitteleuropa trägt damit ganz entscheidend zur Luftverschmutzung und zum Treibhauseffekt bei.*

Mittels einer entsprechenden Bearbeitung dieses Satellitenbilds wurden hoch liegende Kondensationsfelder rot eingefärbt. Dadurch werden außer dem Areal aus »Schäfchenwolken« in der südöstlichen Ecke vor allem die mehrheitlich von Südwest nach Nordost verlaufenden breiten Streifen deutlich herausgehoben, die als Kondensstreifen von Flugzeugen zu deuten sind. Unter dem Ballungszentrum dieser Kondensstreifen liegt Hamburg mit seinem internationalen Flughafen Fuhlsbüttel. Der südliche Teil des Satellitenbilds ist annähernd frei von Kondensstreifen, weil dort zum Aufnahmezeitpunkt die Luftschichten entweder zu bewegt oder zu warm waren. Nur bei Temperaturen um minus 50 bis minus 70 Grad Celsius bleiben diese Streifen länger sichtbar.

Ein Großteil der Kondensstreifen ist mit Sicherheit auf Militärflugzeuge zurückzuführen, denn zum einen ist die Dichte der Militärflughäfen in Schleswig-Holstein und Niedersachsen besonders hoch, zum anderen sind die sichtbaren Streifen nicht richtungskonform zu den Flugrouten des zivilen Luftverkehrs dieses Gebiets.

Flugzeuge sind die energieaufwendigsten Verkehrsmittel. Über dem Territorium der Bundesrepublik werden pro Jahr annähernd 3 Millionen Tonnen Kraftstoff verbraucht. Bei der Verbrennung des Treibstoffs entstehen vor allem Kohlenstoffdioxid (8,7 Millionen Tonnen pro Jahr über der Bundesrepublik), Wasserdampf (3,4 Millionen Tonnen), Kohlenstoffmonoxid (48 000 Tonnen), Stickstoffoxid (29 000 Tonnen), Kohlenwasserstoff (9 000 Tonnen) und Schwefeldioxid (2 700 Tonnen). Obwohl die Schadstoffe des Flugverkehrs nur einen Anteil von etwa einem Prozent an der gesamten Emission des Verkehrs haben, sind ihre Auswirkungen mindestens so gravierend wie die des Straßenverkehrs, denn der Luftverkehr emittiert die Schadstoffe weit oberhalb des Erdbodens. Der internationale Luftverkehr wird in Höhen ab 10 Kilometer abgewickelt. Dort herrschen wesentlich andere physikalisch-chemische Bedingungen als in Bodennähe. Deshalb erreichen Abgase des Flugverkehrs sehr starke Konzentrationen und halten sich sehr lange. Die hohe UV-Strahlung in dieser Höhe läßt aus den Stickstoffoxiden der Flugzeugabgase Ozon entstehen. Darüber – in Höhen um 15 Kilometer – wird jedoch Ozon abgebaut. Die Kohlenstoffdioxidmengen, die von Flugzeugen emittiert werden, tragen zum Aufheizen der Atmosphäre bei.

Noch problematischer ist allerdings der Wasserdampf, der bei den niedrigen Temperaturen sofort zu Eiskristallen kondensiert. Diese Kondensstreifen verhindern zwar die Sonneneinstrahlung kaum, halten aber die Wärmeabstrahlung der Erdoberfläche wirksam zurück. Eine NASA-Computer-Simulation errechnete eine Zunahme der Durchschnittstemperatur der Erde von einem Grad Celsius bei einer Zunahme der Eiswolken um nur zwei Prozent.

Dringend erforderlich sind drei Maßnahmen: die erhebliche Einschränkung des Flugverkehrs auf Kurzstrecken; die Einführung von Abgasgrenzwerten für Flugzeuge; das Verbot von Flügen oberhalb der Troposphäre (über etwa 10 Kilometer Flughöhe).

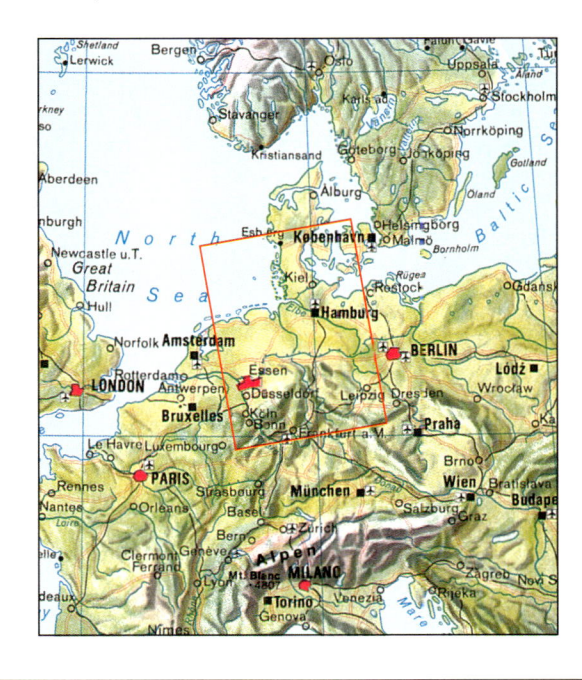

Maßstab des Kartenausschnitts: 1 : 31 000 000

Europa

# Der Waldbestand

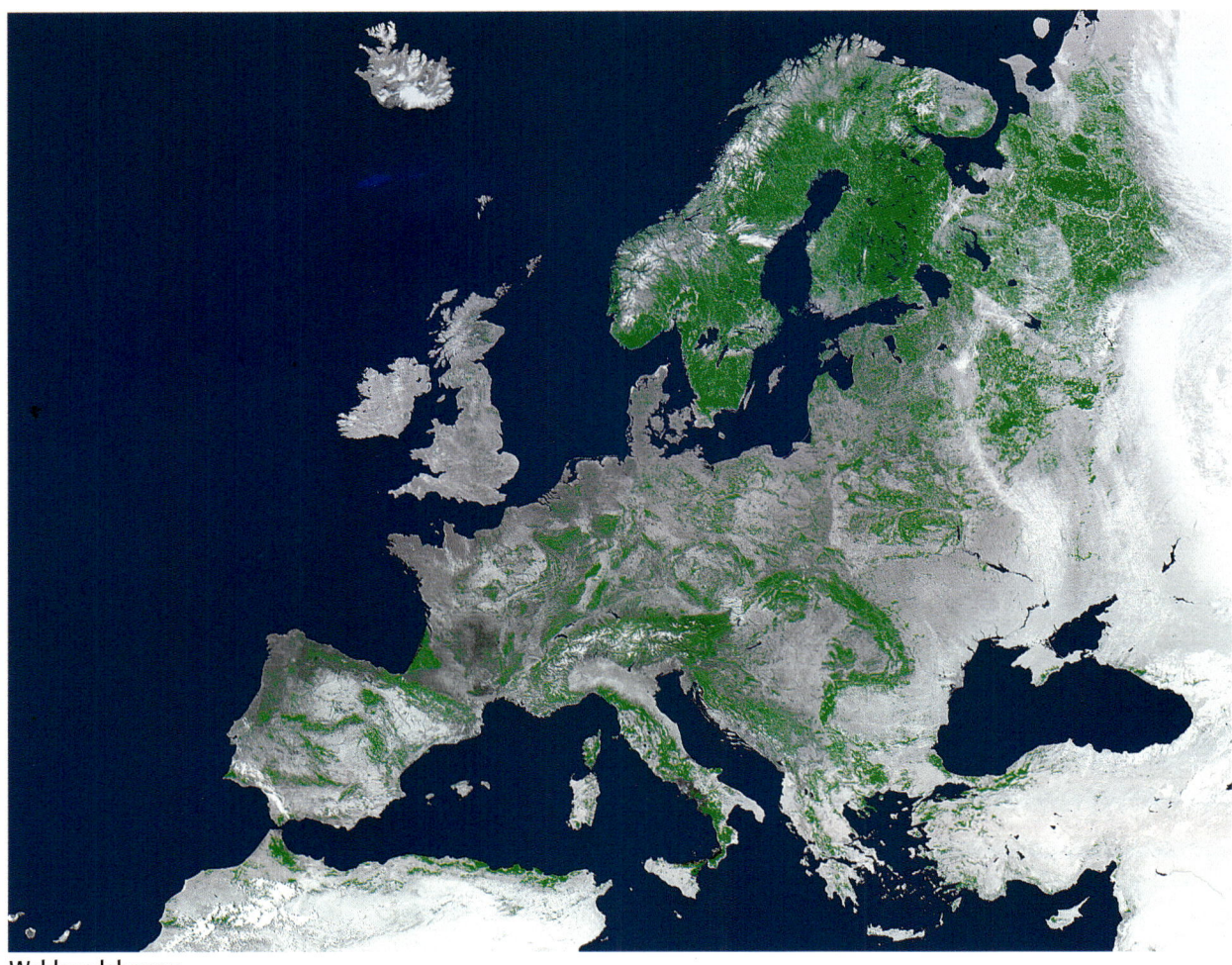

**Waldausdehnung**
- Verbreitungsgebiet

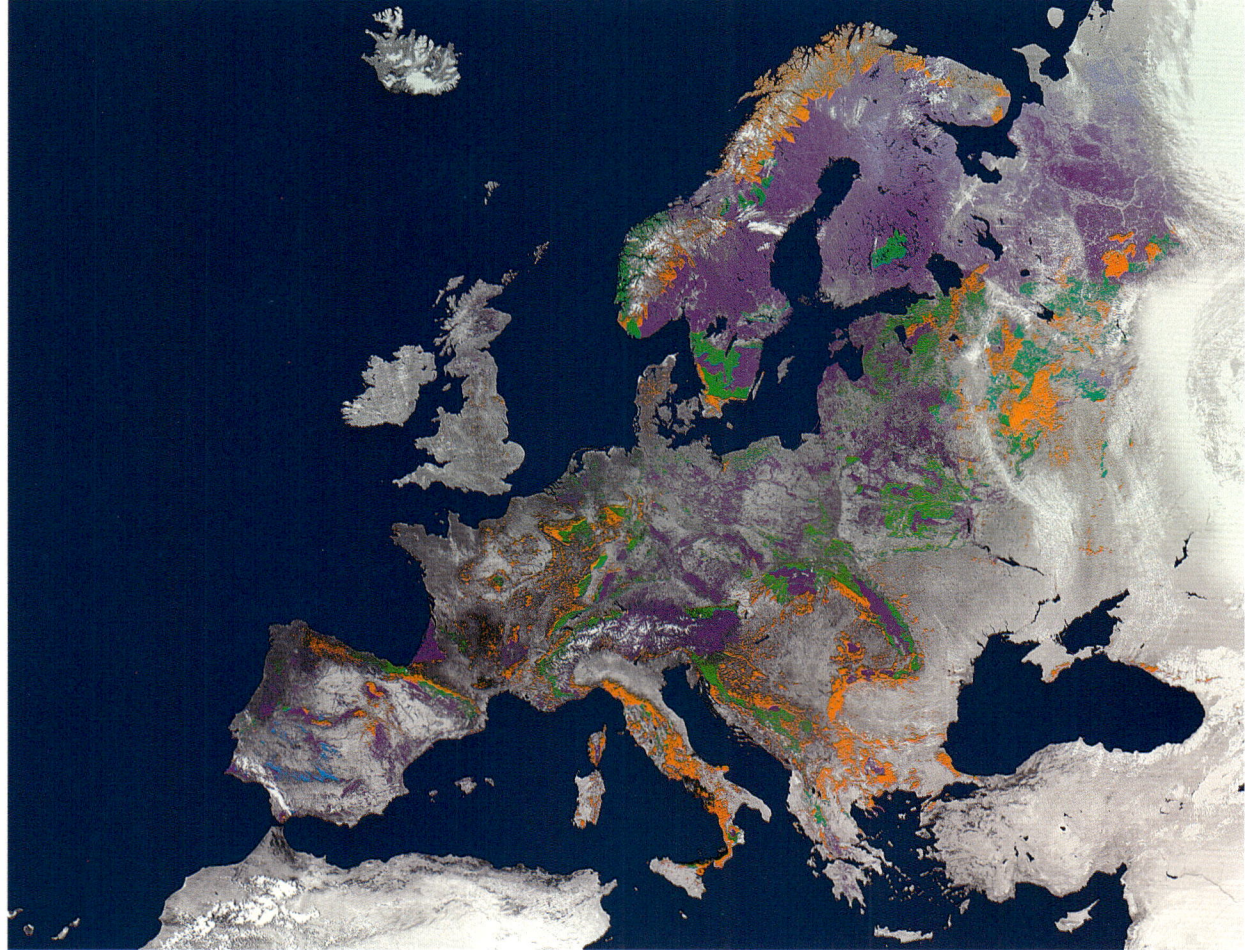

Waldausdehnung

**Waldkategorien**
- Nadelwald
- Laubwald
- Hartlaubwald
- Mischwald

Waldkategorien

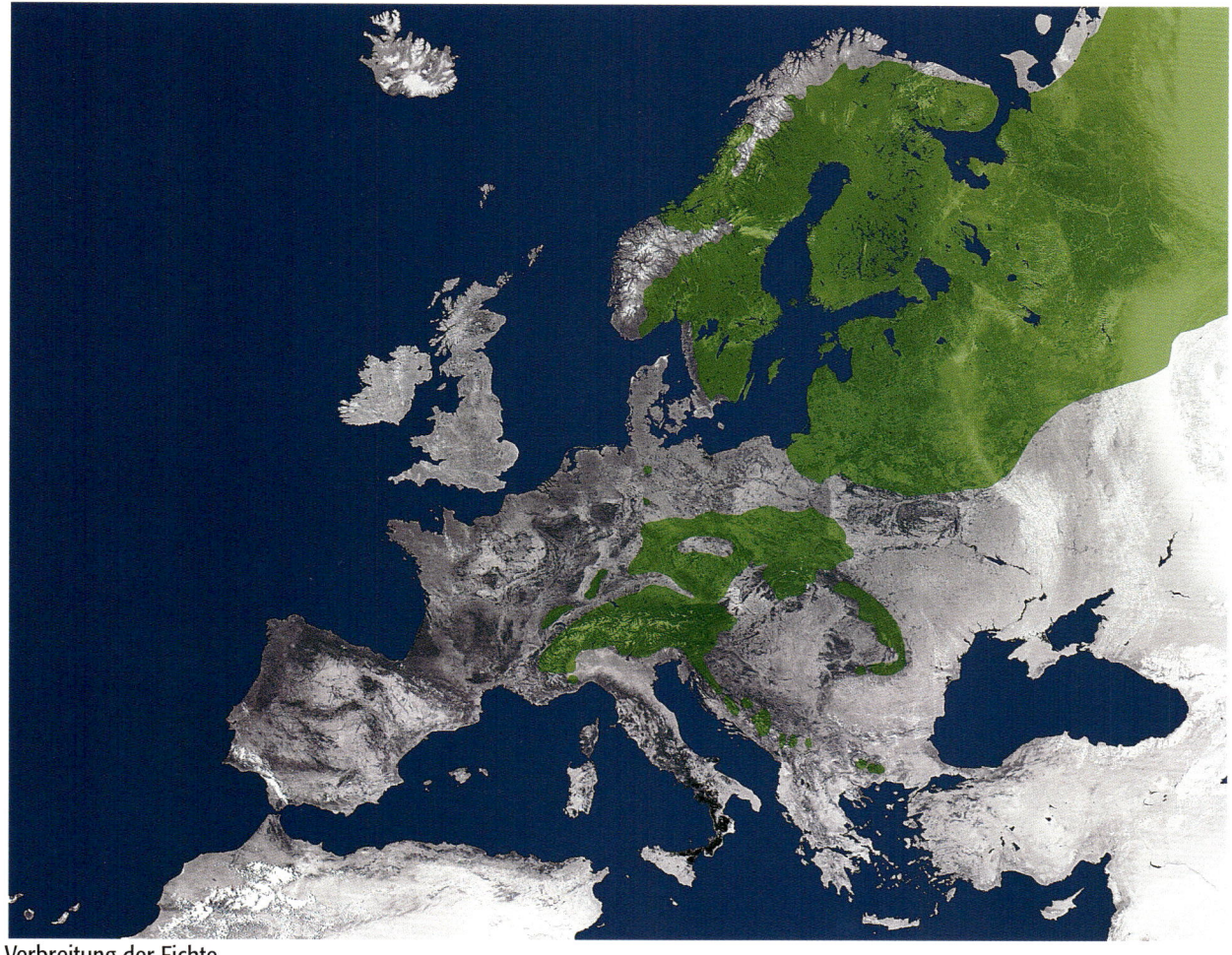

Waldbestand

**Verbreitung der Fichte**
☐ Verbreitungsgebiet

Verbreitung der Fichte

**Verbreitung der Steineiche**
☐ Verbreitungsgebiet

Verbreitung der Steineiche

# Europa

# Waldschäden im Erzgebirge

Mehrere parallel zum Erzgebirge von Südwest nach Nordost streichende Landschaften zeigt der Ausschnitt des Satellitenbildes: in der Bildmitte das Erzgebirge mit seiner sanft abfallenden Nordabdachung, in die die linken Nebenflüsse der Elbe ihre Täler gegraben haben, und dem steilen Abbruch nach Süden zur nordböhmischen Senke. Südlich davon tritt das Böhmische Mittelgebirge ins Bild, an das sich das Tal der stark mäandrierenden Eger anschließt.

Als linienhaftes Element verbindet diese Landschaften die Elbe. In gewundenem Lauf durchfließt sie das böhmische Agrarland, auf dessen Lößhügeln schon frühzeitig der Wald bis auf Restgehölze gerodet worden ist. Sie nimmt die Eger auf und durchbricht zunächst das in den oberen Partien bewaldete Böhmische Mittelgebirge, dann das Elbsandsteingebirge. Die Sandsteintafeln der Sächsischen Schweiz mit ihren einzigartigen Berg- und Felsformen sind weithin bewaldet. Nördlich davon sammelt die Elbe die Flüsse der mit Waldresten bedeckten Nordabdachung des Erzgebirges und tritt in die Dresdener Elbtalweitung ein. Dort kommt es aufgrund der Beckenlage und mangelnder Durchlüftung zu einer Anreicherung von Schadstoffen in der Luft (violette Farbtöne).

Das Erzgebirge war in der Vergangenheit vollständig und noch vor wenigen Jahrzehnten weithin bewaldet. Lediglich in der Nähe der Erzfunde war der Wald seit dem 12. Jahrhundert gerodet worden. Heute aber präsentiert sich dieses einstige Waldgebirge als weitgehend kahle Landschaft. Auf dem Kamm des Gebirges fehlt der Wald fast vollständig, und bis 20 Kilometer die Nordabdachung hinabreichend sind die Waldreste stark geschädigt.

Man weiß inzwischen, daß für das Waldsterben nicht eine einzige Ursache verantwortlich ist, sondern daß mehrere Faktoren dabei zusammenwirken, allen voran die Luftverschmutzung. Und diese Ursache wird auf dem Satellitenbild dokumentiert.

Eine maßlose Ausbeutung der Rohstoff- und Energieressourcen erlebte seit dem Zweiten Weltkrieg das Nordböhmische Braunkohlenrevier, dessen östlichster Teil unter einer Wolkendecke liegt. Hier, in einem Gebiet starker Bevölkerungs- und Industriekonzentration, wird stark schwefelhaltige Braunkohle abgebaut und als Hauptenergieträger in Wärmekraftwerken nahe den Tagebauen verheizt. Lokale und globale Luftströmungen transportieren die Schadstoffe weiter. Saurer Regen und Schwefeldioxidbelastungen haben den Wäldern, vor allem denen auf den sauren Böden des Erzgebirges, zugesetzt. Zur Verwüstung trägt auch die chemische Industrie bei, die jährlich über eine Million Tonnen Schwefeldioxid in die Luft bläst, und aus den Abraumhalden werden 280 000 Tonnen Staubpartikel in die Atmosphäre abgegeben. Wegen der Lage im Lee des Erzgebirges werden die Verunreinigungen durch die Winde verwirbelt und durchmischt, aber nur zum geringeren Teil abtransportiert. 100 Prozent der Waldbestände in der Umgebung des Nordböhmischen Braunkohlenreviers sind tot oder stark geschädigt. Vor allem die empfindlichen Baumarten sind im Erzgebirge ebenso wie im nordböhmischen Becken abgestorben: Tannen, Fichten, Kiefern und Buchen. Riesige vegetationsfreie Flächen wirken wie tote Löcher in der Landschaft. Verschiedene Maßnahmen zur Behebung dieser Schäden wurden eingeleitet.

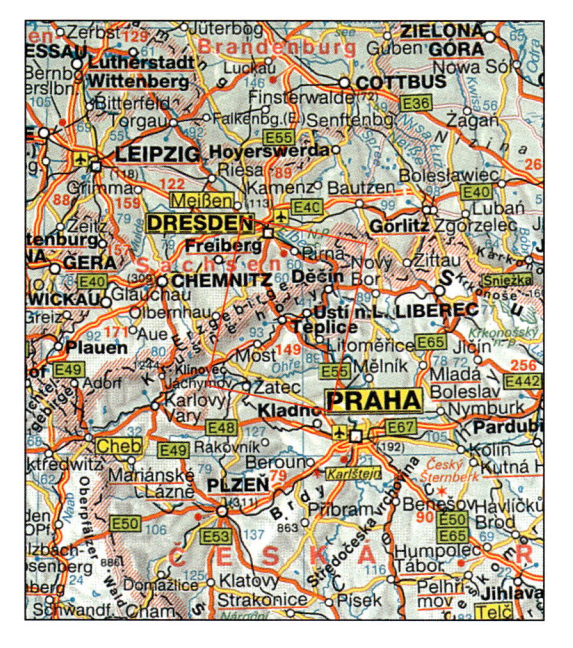

*Baumruinen im Erzgebirge nahe Oberwiesenthal. Das Waldsterben ging mit einem derartigen Tempo vor sich, daß man kaum nachkam, die abgestorbenen Bäume zu beseitigen. Heute versucht man eine Wiederbewaldung, und zwar durch großflächige Einschläge der toten Wälder, gezielte Düngung und Wiederaufforstung mit einem breiten Artenspektrum, das den Standortbedingungen besser angepaßt ist als die Fichten-Monokulturen.*

Maßstab des Kartenausschnitts: 1 : 4 000 000
0   40   80   120   160   200 km

**Satellitenbilddaten**

| Seite | Satellitenszene/Datengrundlage | Aufnahmedatum | © Satellitenbilddaten |
|---|---|---|---|
| 2 o. | Landsat MSS 178\43 | 10. 01. 1973 | Geospace; Eurimage |
| 2 u. | Landsat TM 165\43 | 09. 06. 1989 | Geospace; Eurimage |
| 6 o. | Landsat TM 192\42 | 10. 01. 1985 | Geospace; Eurimage |
| 6 u. | Landsat TM 20\40 | 25. 03. 1984 | Geospace; EOSAT |
| 7 o. | Landsat MSS 217\10 | 18. 04. 1983 | Geospace; Eurimage |
| 7 u. | | 03. 08. 1991 | NASA |
| 17 l. | NOAA | | Geospace; NOAA |
| 17 r. | Meteosat | | Geospace; ESA |
| 18/19 | NOAA-AVHRR-Mosaik | | Geospace; World-Sat |
| 20/21 | Meteosat | 21. 06. 1990 | Geospace; ESOC |
| 22/23 | Meteosat | 10. 03. 1989 | Geospace; ESOC |
| | | 21. 06. 1990 | |
| | | 20. 09. 1989 | |
| | | 20. 12. 1989 | |
| 24/25 | NOAA-AVHRR-Mosaik | | Geospace; World-Sat; Hansen Planetarium; Woodruff T. Sullivan III. |
| 26/27 | DGM | | Geospace; Canadian Space Agency; Energy, Mines and Resources Canada |
| 28/29 | DGM | | Geospace; World-Sat; Canadian Space Agency; Energy, Mines and Resources Canada |
| 30/31 | NOAA-AVHRR-Mosaik | | Geospace; Tom van Sant |
| 32 | Landsat TM 43\35 | 15. 06. 1985 | Geospace; EOSAT |
| 34/35 | NOAA-AVHRR-Mosaik | | Geospace; Tom van Sant |
| 36 | Landsat TM 46\28 | 26. 08. 1986 | Geospace; EOSAT |
| 38 | Landsat TM 63\46 | 30. 04. 1990 | Geospace; EOSAT |
| 40 | Meteosat | 12. 06. 1989 | Geospace; ESOC |
| 41 | Meteosat | 27. 12. 1989 | Geospace; ESOC |
| 42/43 | NOAA-AVHRR-Mosaik | | Geospace; Tom van Sant |
| 44 l. | Landsat-MSS-Mosaik | 1974 | Geospace; EROS |
| 44 r. | Landsat-MSS-Mosaik | 1989 | Geospace; EROS |
| 46 l. | Landsat-MSS-Mosaik | 1974 | Geospace; EROS |
| 46 r. | Landsat-MSS-Mosaik | 1989 | Geospace; EROS |
| 48/49 | Landsat TM 184\51 | 01. 12. 1984 | Geospace; EROS |
| | Landsat TM 185\51 | 06. 11. 1984 | |
| | Landsat TM 185\50 | 06. 11. 1984 | |
| | Landsat TM 186\50 | 13. 11. 1984 | |
| 50/51 | DGM | | Geospace; Canadian Space Agency; Energy, Mines and Resources Canada |
| 52 | Landsat TM 16\24 | 24. 08. 1992 | Geospace; EOSAT |
| 54 | Landsat TM 165\40 | 23. 02. 1991 | Geospace; EOSAT |
| 55 | Landsat TM 165\40 | 05. 03. 1992 | Geospace; EOSAT |
| 56/57 | DGM | | Geospace; Canadian Space Agency; Energy, Mines and Resources Canada |
| 57 | NOAA AVHRR | 06. 08. 1986 | Geospace; DLR |
| 58/59 | | | Geospace; Tom van Sant |
| 60 | NOAA AVHRR | 20. 06. 1992 | Geospace; NOAA |
| 62 | SPOT XS 273\303 | 10. 10. 1988 | Geospace; CNES |
| 64/65 | NOAA-AVHRR-Mosaik | | Geospace; World-Sat; Canadian Space Agency; Energy, Mines and Resources Canada |
| 66/67 | NOAA-AVHRR-Mosaik | | Geospace; World-Sat; Canadian Space Agency; Energy, Mines and Resources Canada |
| 70/71 | DGM | | Geospace; Canadian Space Agency; Energy, Mines and Resources Canada |
| 72 | Landsat TM 191\27; EF | 26. 10. 1988 | Geospace; Eurimage |
| 73 r. | Landsat TM 191\27; IR | 26. 10. 1988 | Geospace; Eurimage |
| 74 o. | DGM | | Geospace; Canadian Space Agency; Energy, Mines and Resources Canada |
| 74 M. | DGM | | Geospace; Canadian Space Agency; Energy, Mines and Resources Canada |
| 74 u. | NOAA-AVHRR-Mosaik | | Geospace; Tom van Sant |
| 75 | DGM | | Geospace; Canadian Space Agency; Energy, Mines and Resources Canada |
| 76 | Landsat TM 192\27 | 11. 10. 1987 | Geospace; ESA; Eurimage; CNES |
| | Landsat TM 192\27 | 22. 08. 1985 | |
| | SPOT Pan 62\255 | 21. 10. 1989 | |
| | SPOT Pan 63\255 | 20. 07. 1990 | |
| 78/79 | NOAA-AVHRR-Mosaik | | Geospace; World-Sat; Canadian Space Agency; Energy Mines and Resources Canada |
| 80 | ERS 1 7027-3627 | 18. 11. 1992 | Geospace; ESA |
| 80/81 | NOAA-AVHRR-Mosaik | | Geospace; World-Sat; Canadian Space Agency; Energy, Mines and Resources Canada |
| 82/83 | NOAA-AVHRR-Mosaik | | Geospace; World-Sat; Canadian Space Agency; Energy, Mines and Resources Canada |
| 84/85 | NOAA-AVHRR-Mosaik | | Geospace; World-Sat; Canadian Space Agency; Energy, Mines and Resources Canada |
| 86 | Landsat TM 5\71 | 08. 08. 1985 | Geospace; EROS |
| 87 | NOAA-AVHRR-Mosaik | | Geospace; World-Sat; Canadian Space Agency; Energy, Mines and Resources Canada |
| 88 | Landsat TM 1\4,1 | 12. 08. 1985 | Geospace; Eurimage |
| 90/91 | NOAA-AVHRR-Mosaik | | Geospace; World-Sat; Canadian Space Agency; Energy, Mines and Resources Canada |
| 92 o. | Landsat TM 196\22 | 25. 05. 1989 | Geospace; Eurimage |
| 92 u. | Landsat TM 196\22 | 07. 07. 1989 | Geospace; Eurimage |
| 94 | Landsat TM 191\29 | 09. 07. 1989 | Geospace; Eurimage |
| 96/97 | NOAA-AVHRR-Mosaik | | Geospace; World-Sat |
| 98 | NOAA AVHRR | 11. 06. 1992 | Geospace; NOAA |
| 100 | ERS-1 7382-2727 | 13. 12. 1992 | Geospace; ESA, distributed by Eurimage |
| 102/103 | DGM | | Geospace; Canadian Space Agency; Energy, Mines and Resources Canada |
| 104/105 | DGM | | Geospace; Canadian Space Agency; Energy, Mines and Resources Canada |
| 106/107 | NOAA-AVHRR-Mosaik | | Geospace; Tom van Sant |
| 108/109 | DGM | | Geospace; Canadian Space Agency; Energy, Mines and Resources Canada |
| 110/111 | Landsat TM 230\69 | 13. 09. 1989 | Geospace; INPE |
| 112 | Landsat TM 231\67 | 02. 08. 1989 | Geospace; INPE |
| 114/115 | Landsat TM 175\15,4 | 12. 06. 1985 | Geospace; Eurimage |
| 116/117 | SPOT XS 285\242 | 30. 05. 1987 | Geospace; CNES |
| 118/119 | Landsat TM 33\29 float. | 09. 08. 1984 | Geospace; EROS |
| 120/121 | Landsat TM 165\43 | 09. 06. 1989 | Geospace; Eurimage |
| 122/123 | SPOT XS 498\383 | 03. 10. 1994 | Geospace; CNES |
| 124/125 | Landsat TM 224\77 | 25. 06. 1987 | Geospace; EOSAT |
| 126 | Landsat MSS-Mosaik | 1987–1989 | Geospace; EOSAT |
| 127 | Landsat MSS-Mosaik | | |
| 128 | Landsat TM 26\47 | 31. 01. 1985 | Geospace; EOSAT |
| 130/131 | NOAA-AVHRR-Mosaik | | Geospace; DLR; Universität Bern; Spacetec Tromsö; Czech Hydrometeorological Institute, Prag |
| 132/133 | NOAA-AVHRR-Mosaik, DSMP | | Geospace; NOAA; NESDIS (DSMP Data at NESDIS) |
| 134/135 | DGM | | Geospace; Canadian Space Agency; Energy, Mines and Resources Canada |
| 136/137 | DGM | | Geospace; DLR |
| 140/141 | DGM | | Geospace |
| 142 | Landsat TM 195\28 | 28. 09. 1985 | Geospace; Eurimage |
| 144/145 | NOAA-AVHRR-Mosaik | | Geospace; DLR; Universität Bern; Spacetec Tromsö; Czech Hydrometeorological Institute, Prag |
| 146 | Landsat TM 198\23 | 05. 07. 1987 | Geospace; Eurimage |
| 147 | ERS 1 (multitemporal) | 21. 09. 1994 | ESA; ESRIN; Eurimage |
| | | 30. 01. 1995 | |
| | | 05. 02. 1995 | |
| 148/149 | Landsat TM 189\27 | 31. 08. 1990 | Geospace; Eurimage |
| 150/151 | NOAA-AVHRR-Mosaik | | Geospace; DLR; Universität Bern; Spacetec Tromsö; Czech Hydrometeorological Institute, Prag |
| 152 | Landsat MSS 197\24 | 10. 03. 1985 | Geospace; Eurimage |
| 153 | Landsat MSS 197\24 | 22. 02. 1985 | Geospace; Eurimage |
| 154 | Nimbus | | Geospace; Eurimage |
| 156/157 | NOAA-AVHRR-Mosaik | | Geospace; DLR; Universität Bern; Spacetec Tromsö; Czech Hydrometeorological Institute, Prag |
| 158 | Landsat TM 192\25 | 30. 10. 1984 | Geospace; Eurimage |

AVHRR = Advanced Very High Resolution Radiometer; DGM = Digitales Geländemodell; ERS = European Remote Sensing Satellite; Landsat = Land Satellite (der NASA); Meteosat = Meteorological Satellite; SPOT = Système Probatoire d'Observation de la Terre

**Bildnachweis**

Adelsmayr, Bad Ischl: 15 o. l.
Agentur Hilleke/Andreas Gruschke, Freiburg im Breisgau: 47
Archiv für Kunst und Geschichte, Berlin: 10/11 o.
Dr. Lothar Beckel, Bad Ischl: 12 o., 14 u. l., 14 u. r., 15 M. l., 73 l., 77
Deutsche Presse-Agentur, dpa, Frankfurt am Main: 34 o., 53 (Photoreporters)
Werner Gartung/laif, Köln: 49
IFA-Bilderteam, München: 102 (Accusani)
Interfoto, München: 10 u., 13 u. (Fritz Hiersche)
Jürgens Ost + Europa Photo, Berlin: 12 u., 115
Raphaela Moczynski, München: 45
National Aeronautics and Space Administration, NASA: 15 M. r., 15 u. l., 15 u. r.
National Reconnaissance Office: 15 o. r.
Okapia, Frankfurt am Main: 9 (NAS/S. Summerhays), 34 u. (NAS/D. Faulkner), 37 (NAS/David Weintraub), 39 (NAS/S. Summerhays), 63 (NAS/Bruce Brander), 90 (Nuridsany und Perennou), 155 (Eric A. Soder)
Premium: 50 (Sekai Bunka)
Dr. Bernhard Raster, Inning: 61 (Uta Weise, Rottendorf), 119 (Uschi Degle, Schongau), 121
Sholihuddin, Jawa Pos Daily, Surabaya, Indonesien: 11 u.
Silvestris Fotoservice, Kastl: 89 (Hansgeorg Arndt), 93 (Walz), 99 (Andreas Werth), 113 u. (Martin Wendler), 129 (Carlo Dani, Ingrid Jeske), 143
Sipa Press, Paris: 69 (Dumas), 95 (Sichov), 101 (EFE), 112/113 (F4/R. Reis), 113 o. r. (R. Azoury/F4)
Robert Stastny, Salzburg: 138/139
Transglobe/Index Stock, Hamburg: 123
Wostok, Köln: 117 (RIA.-Nowosti)
Zefa, Düsseldorf: 13 o., 33 (P. Degginger), 68 (Göbel), 125 (Bramaz), 159 (Damm)

**Quellennachweis**

Dr. Lothar Beckel, Bad Ischl: 16
Lothar Beckel: Satellite Remote Sensing Forest Atlas of Europe. Justus Perthes Verlag, Gotha 1995: 156/157
Lothar Beckel, Johannes Koren: Österreich aus der Luft. Pinguin Verlag, Innsbruck 1989: 14-17
Lothar Beckel, Franz Zwittkovits (Hrsg.): Satellitenbildatlas Europa. Das neue Bild der Alten Welt. RV Reise- und Verkehrsverlag, Berlin, Gütersloh, Leipzig, München, Potsdam, Stuttgart 1988, überarbeitete und aktualisierte Ausgabe 1993: 14-17
Bundesforschungsanstalt für Forst- und Holzwirtschaft: Weltforstatlas, Blatt 6, Europa. Hamburg 1975: 156 u.
A. S. Campbell (Hrsg.): Gemini Space Photographs of Lybia and Tibesti. Petroleum Exploration Society of Lybia, Tripoli 1968: 14-17
Canada Center of Remote Sensing: Interactive Global Change Encyclopedia – Geoscope. Montreal 1994: 26/27, 28/29, 50/51, 56/57, 64/65, 66/67, 70/71, 74/75, 78/79, 80/81, 82/83, 84/85, 87, 90/91, 102/103, 104/105, 108/109, 134/135
Diercke Weltatlas. 3. aktualisierte Auflage. Westermann Schulbuch Verlag, Braunschweig 1992: 144/145
European Commission: The EGII Policy Document – GI 2000: Towards a European Geographic Information Infrastructure (EGII). Brüssel 1995: 14-17
European Commission, Centre for Earth Observation Programmme: CEO Concept. Veröffentlichung CEO/160/1995, Ausgabe 1.0, Januar 1996: 14-17
Food and Agricultural Organization, FAO: World Map of Desertification. Rom 1977: 42/43
Forschungszentrum Karlsruhe – Technik und Umwelt, Tagungsunterlagen vom 24. August 1995: 68 u. r.
Wolfgang Frisch, Jörg Loeschke: Plattentektonik. Wissenschaftliche Buchgesellschaft, Darmstadt 1986 (Erträge der Forschung, Band 236): 30/31
Ernst H. Gombrich: Die Krise der Kulturgeschichte. Gedanken zum Wertproblem in den Geisteswissenschaften. Verlag Klett-Cotta, Stuttgart 1983: 14-17
Jürke Grau, Josef H. Reichholf, Peter Frankenberg (Hrsg.): Die Große Bertelsmann Lexikothek – Naturenzyklopädie der Welt. Band 18, Entstehungsgeschichte, Geologie, Atmosphäre, Mosaik Verlag, München 1995: 78
Die Große Bertelsmann Lexikothek – Atlas International. Verlagsgruppe Bertelsmann, RV Reise- und Verkehrsverlag, München, Stuttgart 1989, 1996: 96/97
Dieter Kelletat: Meeresspiegelanstieg und Küstengefährdung. In: Geographische Rundschau, 42. Jahrgang, Heft 12, Seite 648-652, Westermann Schulbuch Verlag, Braunschweig 1990: 74
Hans Mark: Aerial Reconnaissance – A Short History. Unveröffentlichtes Manuskript, The University of Texas at Austin, Austin 1995: 14-17
Horst Mensching: Desertifikation. Ein weltweites Problem der ökologischen Verwüstung in den Trockengebieten. Wissenschaftliche Buchgesellschaft, Darmstadt 1990: 42/43
Klaus Müller-Hohenstein: Die Landschaftsgürtel der Erde. Verlag B. G. Teubner, Stuttgart 1978, 2. durchgesehene Auflage 1981: 106/107
Münchener Rückversicherungs-Gesellschaft: Weltkarte der Naturgefahren, 2. überarbeitete Auflage. JRO Kartographische Verlagsgesellschaft mbH, München 1988: 34/35, 58/59
National Aeronautics and Space Administration: Mission to Planet Earth – Strategic Enterprise Plan 1995-2000. Washington, D. C. 1995: 14-17
National Geographic Society: The Earth's Surface. Kartenbeilage in: National Geographic, Heft Nr. 187, April 1995, erarbeitet von der Cartographic Division, National Geographic Society, Washington, D. C.: 30/31
Stephan Schmidheiny: Kurswechsel. Globale unternehmerische Perspektiven für Entwicklung und Umwelt. Artemis bei Patmos Verlag, Düsseldorf 1992: 14-17
Josef Schmithüsen (Hrsg.): Atlas zur Biogeographie. Meyers Großer Physikalischer Weltatlas, Band 3, Mannheim, Wien, Zürich 1976: 157 u.
Helmut Schulze (Hrsg.): Alexander Weltatlas, Neue Gesamtausgabe. Ernst Klett Verlag, Stuttgart 1987: 30/31, 34/35
Peter Schütt, Werner Koch, Helmut Blaschke, Klaus Jürgen Lang, Hans Joachim Schuck, Herbert Summerer: So stirbt der Wald. BLV Verlagsgesellschaft, München 1983: 157 o.
Heribert Trotz: Spektakuläre Luftbild-, Flieger- und Ballonfahrer-Aufnahmen. Nusser Verlag, München 1976: 14-17
Ken Wilber: Das holographische Weltbild. Scherz Verlag, Bern 1988: 14-17
World Meteorological Organization: Climatic Atlas of Europe. Budapest 1970: 150/151

**Graphiknachweis**

Bertelsmann Lexikon Verlag GmbH, Gütersloh, Mitchell Beazley Publishers, London: 23 o. r.
Verlagsgruppe Bertelsmann GmbH, Bertelsmann Lexikothek Verlag GmbH, Gütersloh: 8 u.
Verlagsgruppe Bertelsmann International GmbH, München: 71 u. r.

**Graphische Darstellungen**

Prof. Heinrich-C. Berann, Innsbruck: 140/141
Klaus Numberger, München: 68 u. r.
Manfred und Josefa Steuerer, Kartographisches Zeichenbüro, Schliersee: 16, 96/97